国家公园体制建设参考丛书·美国国家公园系列

General Management Planning
管理总体规划

Dynamic Sourcebook
动态资源手册

（最新版）

主　　编：贺　艳　　殷丽娜

编　　委：张贤如　　倪瑞锋　　肖金亮　　付娟娟

马英华　　林玉军　　孙　佳

审校顾问：汪昌极（美）　　苏　杨　　王　蕾

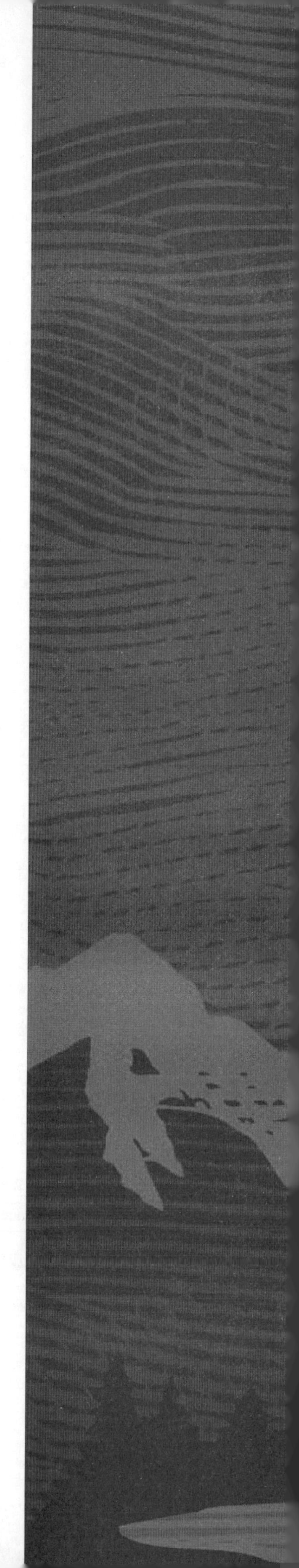

上海远东出版社

图书在版编目(CIP)数据

管理总体规划动态资源手册(最新版)/贺艳,殷丽娜主编.
—上海:上海远东出版社,2016
(国家公园体制建设参考丛书.美国国家公园系列)
ISBN 978-7-5476-1196-8

Ⅰ.①管… Ⅱ.①贺…②殷… Ⅲ.①国家公园—管理规划—研究—美国 Ⅳ.①TU986.5

中国版本图书馆CIP数据核字(2016)第247554号

管理总体规划动态资源手册(最新版)
国家公园体制建设参考丛书·美国国家公园系列

主编/贺　艳　殷丽娜
责任编辑/贺　寅
装帧设计/熙元创享文化

出版:上海世纪出版股份有限公司远东出版社
地址:中国上海市钦州南路81号
邮编:200235
网址:www.ydbook.com
发行:新华书店　上海远东出版社
　　　上海世纪出版股份有限公司发行中心
制版:熙元创享文化
印刷:北京华联印刷有限公司
装订:北京华联印刷有限公司

开本:890×1240　1/16　印张:17.75　字数:300千字
2017年1月第1版　2017年1月第1次印刷

ISBN 978-7-5476-1196-8/G·764
定价:78.00元

本书由2013 年度国家科技支撑计划“重现辉煌”数字圆明园研究

及文化旅游应用示范项目(2013BAH46F00) 资助出版

联合策划：

北京数字圆明科技文化有限公司

北京市海淀区圆明园管理处

北京清华同衡规划设计研究院有限公司

北京清城睿现数字科技研究院有限公司

目录 CONTENTS

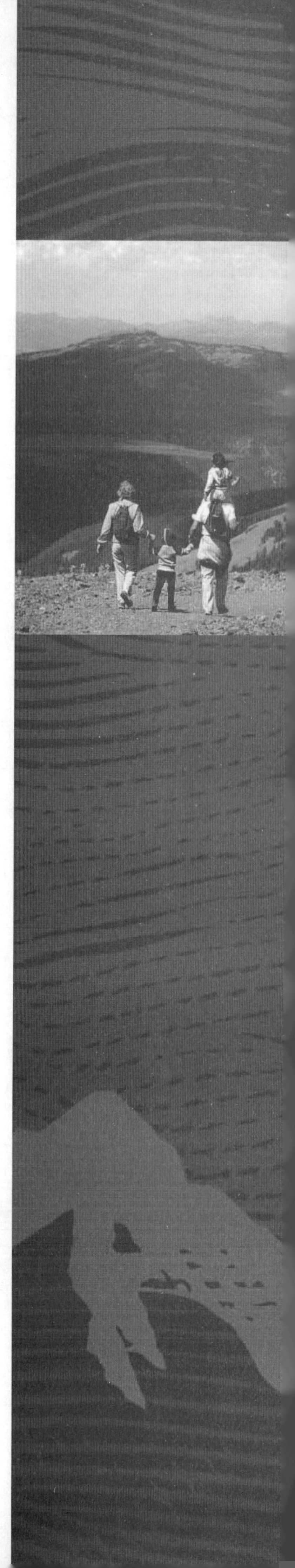

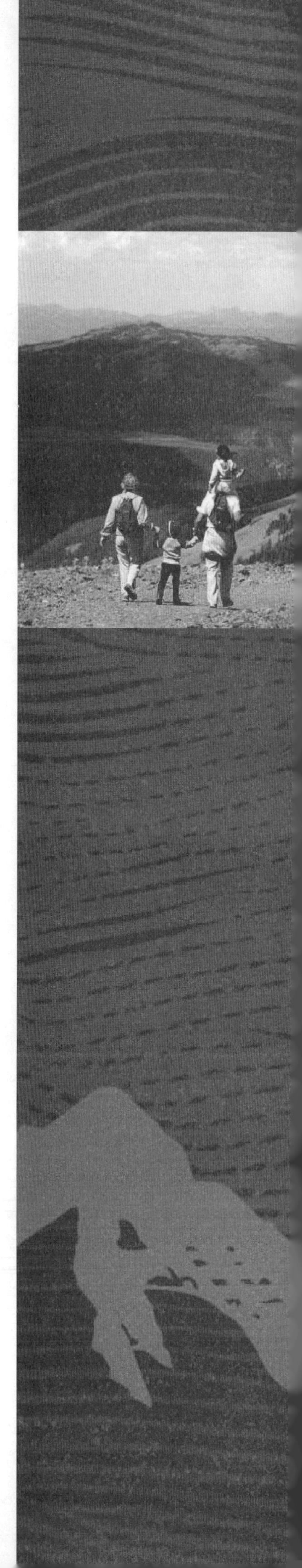

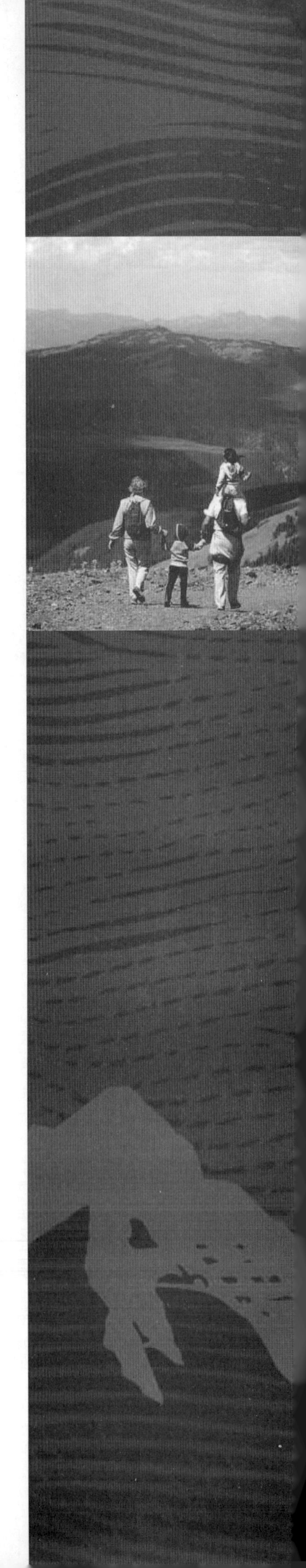

序言

Foreword

中国是世界上生物多样性最丰富的国家之一。自1956年在广东鼎湖山建立第一个自然保护区开始，到2014年为止，全国已经建立2729个陆地自然保护区，面积14699.2万公顷，占陆地国土面积的14.84%，其中，国家级自然保护区428个，占地9648.83万公顷；还建立了156个海洋自然保护区，面积5.28万平方公里，约占国家管辖海域面积的1.76%，其中，国家级的14个。除了这些国家级的自然保护区，还有大量的地方级自然保护区。但这些国家级、地方级自然保护区，并不是我国唯一的自然保护地域，另外还有大量的风景名胜区、各种类型的自然公园，如森林公园、湿地公园、地质公园、海洋公园、自然遗产地等，保护着更多的陆地国土和海洋国土。

同时，中国也是当今世界经济发展最快的国家之一，经过30年的努力，由一个贫困的发展中国家，一跃成为GDP总量居世界第二的新兴经济体国家，成为最大的发展中国家。在经济如此快速发展的同时，也带来了较为严重的环境问题，资源供给越来越匮乏。经济的快速发展，必然需要更多的土地，用来支撑大规模的工业、农业和商业等产业的发展。这期间，一些自然保护区遭到破坏。前述的那些各种类型的自然保护区和公园，大多是20世纪八、九十年代划定的。以后，在大规模经济建设的过程中，很难再有新的较大规模的自然保护区划定，更多的是调整，这种调整有时又会带来不同程度的破坏，有的破坏是较为严重的。这种破坏的趋势如不予以遏制，将给我们的国家带来灾难性的后果。自然保护区的破坏情况，违背了关于推进生态文明建设的国家战略方针，引起了国家领导层的高度重视，他们多次做出重要批示，要求按照生态文明建设新要求，加快推动自然保护区立法步伐，提升自然保护区法律保护效力。

作为承担环境资源立法和监督工作任务的全国人大环境与资源保护委员会（以下简称“环资委”）的组成人员之一，我直接参与了环资委在自然保护区立法中的一些工作，从中颇有一些感受，这是我为本书作序的第一动因。无论哪个国家，立法工作都是十分复杂和不易的。而在中国的诸多领域立法中，有关自然保护区立法的工作难度又可能是最大的，至少是最为困难的立法项目之一。这项立法工作始终是由环资委牵动的，从最早提出的自然保护区法，到以后更名的自然保护区域法、自然保护地法，再到自然遗产保护法，始终是在激烈的争议中进行着，直至上一届即十一届全国人大环资委任期结束为止，相关的法律起草工作始终未能完成。随着“十八大”提出建立国家公园体制，关于制定国家公园法的呼声又在社会中激起，近年来的全国代表大会期间，代表们又持续提出关于制定国家公园法的议案。如何解决这一新的立法动议与以往自然保护区立法主张的关系，不但是摆在立法机关面前的问题，也是摆在科研单位和管理部门面前的问题，需要社会各有关方面齐心协力予以研究、解决。

他山之石可以攻玉，在这个问题上，发达国家的经验值得我们研究借鉴。2015 年，为了了解其他国家的国家公园和自然保护区立法经验，我作为成员之一随环资委代表团赴美国进行国家公园立法交流。期间与美国国家公园管理局的专家和官员们进行了较为深入的交流，通过这样的交流，比较系统地了解了美国国家公园立法的历史、现状，以及有关的理论和实践。下面我想概略地做几点启示性的说明，意在对我们的立法和研究工作有所借鉴。

1872 年，美国第十八任总统尤利斯·辛普森·格兰特签署建立黄石公园法案，世界上第一个国家公园，美国黄石国家公园因此诞生。由此表明，美国是世界上最早建立国家公园和制定相关法律的国家。同时，美国的国家公园与自然生态保护是紧密相联系的，如黄石公园内的森林占黄石公园总面积的 80% 左右。**这是值得我们注意的第一点，也就是生态保护与公园休闲相结合**。此后，1916 年 8 月 25 日，针对国家公园萧条的局面，美国第二十八任总统威尔逊颁布了《国家公园管理局组织法案》，明确成立国家公园管理局的根本目的在于保护景观、自然和历史文化资源、野生动植物，在提供人类享用和休闲的同时加以保护，使后代能够享用到同样的资源。由此，我们又可以从中了解到，美国为管理国家公园设立了专门的机构，即国家公园管理局，这是值得我们关注的第二点。把保护景观、自然和历史文化资源、野生动植物作为保护目标融为一体，是我们应当关注的第三点。还有一个需要我们注意的是第四点——国家公园的管理原则，并非仅仅为了保护，而是把保护与利用相结合，即“在提供人类享用和休闲的同时加以保护”。目前美国国家公园系统由四百零八个单位组成，覆盖近三十四万平方公里土地。这些单位包括五十九个国家公园、二十五个古战场或者军事公园、四个湖泊、十个海滩，十八个自然保护区、两个资源保护区、四条公园公路、一百二十五个历史公园或者遗迹、七十八个国家纪念碑、十八个休息区。这些表明，美国国家公园是将各类自然保护地域整合在一起，构成国家公园体系，这是我们应当关注的第五点。

在我国60多年的自然保护区建设、管理实践中，取得了不小的成就，但也存在着许多问题。这些问题存在的根本原因是管理上缺乏科学的规范，特别是立法工作严重滞后。尽管有一部作为行政法规的《自然保护区管理条例》，并发挥了不小的作用，但随着经济社会的不断发展进步，不断出现的许多与自然保护区事业相关的问题，仅仅依靠这样一部条例，是难以应对的，也难以支撑起庞大的自然保护区建设、管理事业，需要我们尽快制定一部法律来支撑我国的自然保护事业。美国国家公园的实践有很多方面值得我们借鉴，我们的现实问题也应该予以总结。借鉴外来的经验，研究本土的实际，形成我们自己保护自然、推进生态文明建设的法律，是我们的当务之急。这既是完善法律的需要，也是推进生态文明建设的需要。

在结束此序之前，我特别要感谢美国国家公园管理局官员汪昌极先生，他在热情地接待我们并和我们热烈交流的过程中，得知我有清华的背景，特意将清华同事编著的《美国国家公园管理政策》和这部《美国国家公园管理总体规划动态资源手册》的书稿介绍给我们，回京后汪先生又通过邮件解答了我们交流中未能来得及回答的许多问题，并为我们提供了不少最新的宝贵资料。随后，本书的作者和汪昌极先生都建议我为此书写个序；汪先生还亲自给我写信，说和我是同一年生人、学的同一专业（土木工程）、现在又都从事同样的生态保护事业，望我一定写个序——这是我为此书作序的第二动因。

最后，我对编著此书的清华同事们的国际视野和国际合作精神，以及对我国生态文明建设的关心和关切，也非常赞赏——这是我为此书作序的第三动因。我相信，清华同事们编著的这部《美国国家公园管理总体规划动态资源手册》对于我国制定有关自然保护地域的法律，乃至建立新时期的国家公园体制，都是颇有意义和价值的。

谨以此为序，并与编者和读者共勉。

袁驷 Yuan Si

全国人大环境与资源保护委员会副主任委员

清华大学校务委员会副主任

2016年4月于清华园

前言

Preface

作为一个历史悠久、幅员辽阔、人口庞大且经济正日益腾飞的国度，中国面临着对文化与自然遗产等资源的保护与经济发展的矛盾与抉择。如何解决这一问题，如何选择发展道路，如何为子孙后代留下一片世外桃源，是一个有着学术和现实意义的重要命题。

2012 年，中国共产党第十八次全国代表大会将“生态文明建设”纳入中国特色社会主义事业“五位一体”的总体布局，提出建设“美丽中国”、实现民族永续发展的目标。十八届三中全会提出了“建立国家公园体制”这一生态文明制度建设的重要改革举措，“国家公园体制”这一概念首次进入中国最高层级的政策文件之中。中国自古崇尚天人合一，自然与人文的融合程度较高，中国建立国家公园体制更应该立足中国的实际情况，保护最有中国代表性的资源生态系统、资源遗产，以及不可分割的人文历史遗存。

然而，虽然中国在资源生态系统和文化资源遗产保护体系建设方面取得一定成效，但“国家公园体制”在我国尚属新生事物，相关的理论研究与实践经验，都还较为缺乏。“他山之石，可以攻玉”，在初创和探索阶段，借鉴学习其他国家的既有经验与体制，以便少走弯路，用最短的时间建立适合我国国情的相关体系，很有必要。北京清城睿现数字科技研究院作为国家文物局国家考古遗址公园运行第三方评估机构，一直积极关注国际最先进的理念和实践经验，研究自然文化资源、管理体制、资金保障、规划管理、特许经营、社区发展等多个相关领域的最新成果，发起编制《国家公园体制建设参考丛书》。丛书选取国际上最有影响的国家公园组织和机构发布的一手资料进行系统梳理，有针对性地为我国国家公园相关问题，特别是国家公园体制的建立和完善，提供重要的借鉴参考，并推动国家公园未来的发展。

美国堪称世界上建立国家公园体制最早、发展最为完备的国家。从 1832 年乔治·卡特琳提出建设国家公园的想法，到 1872 年黄石国家公园的首次尝试；从 1916 年国家公园管理局的设立，到 2011 年新百年发展行动纲领的提出，美国国家公园和国家公园管理局在一个世纪的发展历程中，努力寻找着资源保护与合理利用、自身发展与区域促进、惠及当代与传承后代的平衡点。而国家公园管理体系本身在制度设计和管理方面展现出来的严密、科学和高效，不仅让国家公园成为最具吸引力和影响力的地方，也对世界100多个国家的自然和文化遗产资源管理产生着深远影响。美国作家、史学家华莱士·斯特格纳说："美国国家公园是我们有史以来最伟大的创造，是我们美利坚品格和民主精神最完美、最优秀的体现。"今天，国家公园已不再是专属于美国人民的宝贵财富，它也正成为其他国家维系历史文化传统的最优选择。

下属于美国内政部的国家公园管理局（National Park Service，简称NPS）作为"国家公园"理念的创造者和实践者，最能集中反映遗产管理的先进经验和成果。自1916年由《基本法》成立以来，管理局公开的资料中囊括了从联邦机构到公园单位的政策、规划、历史、报告等各方面内容，全面系统地反映了美国国家公园的特色。所以，我们将"美国国家公园系列"选定为《国家公园体制建设参考丛书》的第一个系列。选编美国国家公园管理局最新版的规范文件与案例报告陆续出版，如《美国国家公园管理政策》《美国国家公园管理总体规划动态资源手册》《美国国家公园规划标准》《美国国家公园第28号文指导手册：文化资源管理》和《美国国家公园参观与薪金带来的地方社区经济收益（汇编本）》《国家公园游客消费产生的影响对当地社区、所在州和整个国家的经济贡献（汇编本）》《迈阿密圆形遗址特别资源研究》《大峡谷国家公园基础评估》《金门大桥国家休闲区总体管理规划稿》以及《金门大桥国家休闲区远期解说规划概要》等。希望这些材料能对当前国内重点关注的国家公园体制的建设，以及国家考古遗址公园建设等问题提供有价值的参考。

本书的编译获得了美国国家公园管理局的授权；得到了全国人大环境与资源保护委员会副主任委员、清华大学校务委员会副主任袁驷先生和国家发展改革委社会发展司彭福伟副司长等同志的支持和推动。本书在编译过程中还得到了美国国家公园管理局公园设施管理部官员汪昌极先生、国务院发展研究中心研究员苏杨先生、世界自然基金会王蕾女士等专家的帮助，对本书内容进行了审校和指导。在此，本书编译委员会一并致以诚挚的感谢。

为何要制定
美国国家公园管理局规划

Why the National Park Service Plans

美国国家公园管理局编制本规划的目的在于指导其体系中的各部门进行决策，确保所作决策能够尽可能高效且充分地实现美国国家公园管理局的使命，即：

规划——关于权衡、优先级与解决方案的决策

对于葛底斯堡战场的某些区域而言，修复战场遗址是否比保存现状更好？应该在何种程度上增强景观的自然价值？为了恢复大湿地国家公园的自然生态系统功能，应当最优先采取什么措施？怎样缓解锡安国家公园的交通拥堵问题？是否应当鼓励或者要求游客搭乘公共交通工具？交通方式的多样化将如何增加游客体验机会？国家公园管理局在与当地社区合作保存和阐释新贝德福德捕鲸业历史时，应该发挥什么作用？在过去的十年中，巨柱仙人掌国家公园的使用率增加了50%，造成资源破坏，并使得寻求不同类型体验的游客之间产生了冲突，那么就游客体验而言，该公园所期望的资源条件和相关体验机会是什么？

“美国国家公园管理局致力于保护国家公园体系的自然和文化资源与价值不受破坏，以使当代人及子孙后代都能够从中获得休闲、教育和启发。为了促进全国乃至全世界范围内的自然与文化资源保护工作和户外休闲活动，管理局要同各个伙伴机构开展广泛合作。”（《美国国家公园管理政策》（最新版）第2页）。

在践行这一规定的过程中，美国国家公园管理局的管理者们需要关注以下问题，并在错综复杂的情况下不断作出决策：

- 为维护公众的享用权而采用的对重点自然与文化资源的保护方式；
- 对有限资源的竞争性需求；
- 使用可支配资金和人员时的优先级配置；
- 区分地方与国家利益，权衡哪个最重要。

规划能够提供解决这些问题的方法和工具，减少矛盾冲突，探寻双赢的解决方案：在此类方案中，公众对公园的享用权就成为确保公园资源不受破坏并流传后世的一个战略因素。

美国国家公园管理局需要遵循一系列规划法规和要求，从而为其所服务的机构和公众作出最佳决策。根据相关法律规定，美国国家公园管理局应当制定出综合性的整体规划，用来指导更为具体的项目，以充分的环境信息和分析为基础来作出决策，并追踪规划目标的实施进度。正是通过

这些流程，美国国家公园管理局才变得更加高效、更加善于协作、更加负责任。

在动态的决策过程中，规划行为本身在持续性和适应性之间提供了一种平衡。美国国家公园管理局的成功日益取决于其雇员在持续处理和创造性运用新信息方面的能力，而且雇员们在解决复杂的、变化着的问题时常常需要与他人协作。在这样的工作环境里，规划就提供了一种有逻辑的、可追踪的决策依据：它首先关注为何设立公园、需要什么条件，然后才深入研究具体措施的相关细节。通过界定公园需要达到和保持的状况，规划为公园管理团队提供了一块试金石，使他们既能根据变化着的形势来调整相关措施，同时又能对公园的最重要事项保持关注。

规划过程能够确保决策者掌握关于收益、环境影响（自然、文化和社会经济）及成本等方面的充足信息。将公园放入与周围生态系统、历史背景、社区以及国家保护区体系之间的关系中加以分析，这有助于公园管理者和员工理解公园怎样与友邻及其他机构形成在生态、社会和经济上均可持续的互动体系。事实证明，这样考虑大背景后作出的决策更有可能取得长远的成功。逐步开展针对特定地点的、更加详细的分析，则有助于将具体措施在自然、文化和社会经济方面的负面影响及其成本降至最低。

一个好的规划应当对决策所涉及的所有利害关系人提供一个机会，使他们能够参与规划制定过程，并理解作出的决策。国家公园对美国公民来说是具有象征特殊显著性的场所，往往是公众高度关注的焦点。贯穿整个规划过程的公众参与活动则为公园管理者和规划团队提供了一个专门机会，来与公众互动，了解公众的关注、期望和价值标准。理解公众在公园资源和游客体验方面所持的价值标准，通常是把规划成功转变为可实施性决策的关键。公众参与也为政府官员们共享公园的建立目的和重要性等相关信息提供了机会，也给他们提供了管理公园土地与周边地区的机会，并设定了约束条件。

最后，规划有助于确保并记录这样一个内容：管理决策促进了公共资金的有效使用，而且管理者在决策过程中对公众负责。公众及其选举的代表越来越关注如何使用有限的赋税资金、取得了什么成果。国家公园规划的最终成果应由美国国家公园管理局、合作伙伴和公众之间就以下问题达成共识：为何应当把规划中的各片区域作为国家公园体系的一部分进行管理？这些区域应当具备什么资源条件和游客体验？怎样可以最好地实现并长久保持这些条件？

编写本资源手册的目的

The Purpose of This Sourcebook

这本《管理总体规划动态资源手册》是美国国家公园管理局《美国国家公园管理政策》（最新版）第2章和《公园规划程序标准》（美国国家公园管理局，2004b版）的配套材料。这两个文件此前被合并在《第2号局长令：公园规划》中，现在该局长令已作废。现行的政策和标准共同为包括管理总体规划、项目管理规划、战略规划和实施计划等各个层面在内的公园规划和决策提供了基本的政策要求。

这本资源手册阐述了公园管理总体规划和配套的环境影响报告或环境评估书的制定过程。手册中推荐了一些方式、方法和工具，这些可能有助于规划团队制定管理总体规划，并使之满足美国国家公园管理局政策和标准的相关要求。手册中提出的方法都不是强制要求使用的，规划团队可根据自身的具体需求来选择方法，只要最终的规划符合相关政策、程序标准和环境合规性等要求即可。不过，遵循这些步骤会使得在呈现管理总体规划所需信息时采用的方式更具有一致性。我们还将组织不同方面（例如资源管理、荒野管理、解说、交通和设施建设等）的项目管理者编写更多专门适合制定其他层面规划的指南，并进行公布以供相关领域机构和负责人参考。

不同的公园有不同的需求，这取决于它们面临的问题或争议、所处的地理位置、面临的政治环境以及担负的使命等复杂因素（公园规模并不总与其复杂性成正比）。这本资源手册中提供了多个示例，涵盖了制定管理总体规划的大部分章节，并且给出了示例模板和参考资料的有效链接，重点标注了规划团队可能需要考虑的信息。规划团队需要对这些材料进行筛选，自行判断哪些示例最符合他们的需求，哪些工具最有用。完成不同的管理总体规划所遵循的路径总体上相似，但每个规划有其特殊的具体情况，因而每个团队需要运用自身最专业的判断力，来挑选最适合的具体方案和技术。

这本资源手册是一个动态的文件。与2008年三月份的版本相比，美国国家公园管理局积累了更多的经验，这些经验是在更新了相关标准之后，从公园的基本要素、游客容量和成本估算等新增内容中提取出来的。随着越来越多的规划被制定出来，美国国家公园管理局还将添加更多范例、方法、工具和提示的相关链接。最新版本的资源手册将在国家公园管理局的官网上发布，链接为http://parkplanning.nps.gov/GMPSourceBook.cfm 。

本版资源手册中的关键变动之处如下：

● 探讨了在制定管理总体规划过程中与华盛顿地区办事处进行磋商的程序问题，见第 2 章（2.4）和附录 A.1；

● 修订了项目协议内容，见第 3 章（3.5.1）；

● 修订了追加资金申请的相关内容，见第 3 章（3.5.5）；

● 新增了关于气候变化与管理总体规划备选方案，以及在影响分析中考虑气候变化等内容的简要探讨，见第 7 章（7.2.3）及第 10 章（10.3.1）；

● 扩充了关于文化资源影响的探讨，见第 10 章（10.3.1）及附录 I.1；

● 修订了关于《国家历史保护法》第 106 条的探讨，见第 10 章（10.3.6）；

● 修订了怎样制定可选性最终（展示）计划的相关指导，见第 12 章（12.5）；

● 适当改变了项目后评审和审查表格，见第 12 章（12.6）及附录 K.1；

● 更新了美国国家公园管理局规定的在《联邦公报》上发布通知的相关信息，见附录 A.3.a；

● 增加了管理总体规划中公众参与的有益思路和建议，见附录 D.9；

● 更新了个人联系方式和网站列表，见附录 L；

● 筛选并精简了法律与行政命令列表，以及如何在互联网上找到该手册的新信息，见附录 M。

正如 2008 年三月版的指导手册一样，这本资源手册中的信息已经包含了自 2004 年现行《公园规划程序标准》获批之后、更新版本的美国国家公园管理局《美国国家公园管理政策》（最新版）获批以来，管理总体规划是如何持续发展演变的。

第一部分：总论

General Considerations

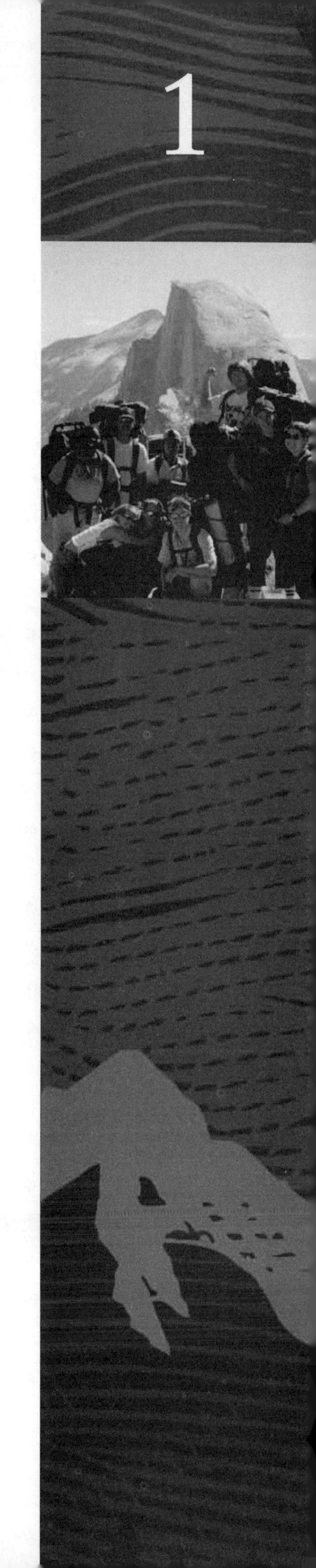

1. 管理总体规划概览

1.1 规划过程的价值

规划团队、公众、公园员工和美国国家公园管理局管理者们普遍关注书面管理总体规划的内容，然而，制定规划的过程往往比成文的文件更有分量。这一过程的价值主要有：

◆ 与外部的利益相关者建立并加强联系；

◆ 使来自公园不同部门和单位的员工有机会探讨公园所面临的问题和关注事项；

◆ 使公园的员工有机会退一步思考，审视公园的“全局”；

◆ 为各区域的公园管理者们提供机会，探讨共同的问题和关注事项；

◆ 使公园决策所涉及的每一个利益相关者都有机会参与规划过程，并理解所作出的决策；

◆ 为美国国家公园管理局的管理者和员工提供集中的机会，参与公众互动，了解公众的关注点、期望和价值标准；

◆ 使美国国家公园管理局管理者和员工有机会提升公众对公园的认知，向波及的民众解释公园的目的、特殊显著性以及公园管理方面的机遇和限制等方面的知识；

◆ 确定解决公园面临的众多任务中的一般优先权，使人们有条件应对新出现的问题、变化着的公园状况或新要求。

> 改善未来的唯一已知方式就是规划。
> ——阿什利·布里连特

1.2 美国国家公园管理局规划框架概览

国家公园体系的管理工作依次受到法律、政策和规划的约束和指导。法律和政策是由国会或美国国家公园管理局的领导授权的，它们规定了公园必须满足的基本要求。关于法律和政策，公园的管理人员和员工均无权决策，只能执行。公园规划则是一个决策过程，它在遵循法律和政策的前提下，针对应当如何管理公园的资源、游客和设施设定了发展方向。在某些情况下，公园规划也能够对法律和政策提出修订建议。

1.2.1 公园规划项目的标准

《2004 年公园规划程序标准》（美国国家公园管理局 2004b）中给出了公园规划的框架，提供了一个有逻辑的、可追踪的决策基本原理，用来指导如何在经过逐步细化和互补的多层规划后做出决策。该基本原理如下：

◆ 首先应当就“为什么”（法律

和政策）设立公园、公园应当具备和保持“哪些”（期望的状况/标准）资源条件和游客体验达成共识；

◆ 然后将关注点转向“怎样”（优先级排序/适应性管理策略）实现这些条件。

美国国家公园管理局规划框架先从宏观的管理总体规划入手，通过逐步细化的程序，逐步推进到战略规划、实施计划和年度计划等（见图 1.1）。在管理总体规划过程中撰写的基础评估和期望状况报告，是联结上述不同规划成分的共同纽带。在管理总体规划中列出期望状况，就为后续的规划提供了反馈环，使得公园的员工可以判断是否正在实现管理总体规划中设定的目标。

1.2.2 基础评估

基础评估是规划和管理的基础，它主要关注的问题是为什么要设立公园。基础评估中描述了公园的“目的”和“显著特殊性”，使得未来的管理和规划都聚焦于公园资源和价值中最重要的方面。基础评估中明确了实现公园目的和特殊显著性需要具备的基础资源和价值，以及规定公园各项基本管理职能的法律和政策要求。

可以把制定基础评估当作制定管理总体规划的第一步，也可单独进行编制，但不能替代管理总体规划。

1.2.3 管理总体规划

管理总体规划应当重点关注公园需要维持“什么”样的资源条件和游客体验——就哪种资源条件和游客体验最能实现公园目的达成的一种共识。管理总体规划为公园内部的资源保护和游客接待确定了一个宏观方向，因此，管理总体规划对于公园来说是最广层面的决策。《公园规划程序标准》规定，管理总体规划的目的是“确保公园的管理者

图 1.1：美国国家公园管理局规划框架

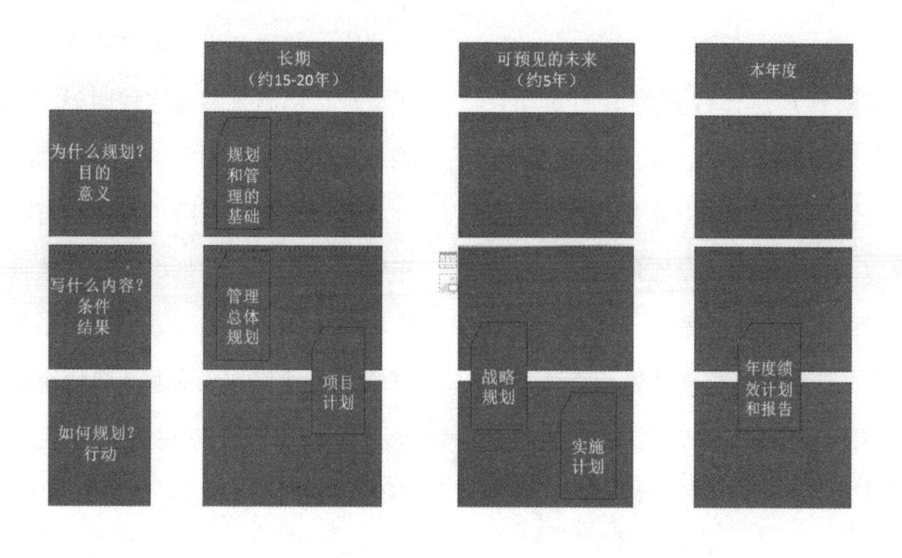

和利益相关者在资源条件、游客体验机会、常见的管理、使用和开发方式等问题上达成清楚明确的共识，从而以最佳方式实现公园的宗旨，并保护公园内的资源不受破坏，为后世子孙所共享”。虽然美国国家公园管理局《美国国家公园管理政策》（最新版）中就各种类别的公园资源和价值管理提供了基本指导，但它也允许管理者在某些情形下进行自主决策，例如解决相互重叠的问题，或者考虑恢复某些已经不存在的条件等。管理总体规划适用于指导此类宏观政策层面的决策过程。

制定管理总体规划时应当符合《国家环境政策法》和《国家历史保护法》第106节的要求，符合相关规定，即必须以充分的信息和分析为基础来做出决定，必须制定出一整套合理的备选方案并逐一进行考虑。此外，《国家环境政策法》还要求决策应当建立在科学的信息基础之上。

1.2.4 项目管理规划

紧随管理总体规划之后的是项目管理规划，它旨在寻找并推荐最佳策略，以实现管理总体规划中各项目领域（资源管理、游客接待、设施管理等）所需要的资源和游客体验条件。项目管理规划如同一座桥梁，连接了管理总体规划中的定性化期望状况报告、公园战略规划，以及实施计划中的定量化目标和实施行为。例如，公园资源管理战略是将管理总体规划中与自然和文化资源相关的定性化期望状况报告转换成可长期监测的、可度量的或客观的指标，以此来评估对期望状况的实现进度。关于项目管理规划的其他例子有全面解说规划、游客接待规划和资产管理规划等。

1.2.5 战略规划

公园战略规划是建立在管理总体规划和随后的项目管理规划基础之上的，它记录了未来三到五年内应当优先处理管理总体规划中的哪些期望状况，以及在项目管理规划中相对应的策略等事宜的决策过程。战略规划中的信息被用来编写美国国家公园管理局的工作业绩，并用来满足《1993年政府绩效与成果法》的要求。

1.2.6 实施计划

实施计划涵盖各方面的议题，它选取公园战略规划中优先考虑的期望状况和战略，并详细说明未来若干年内将要采取什么措施来实现这种期望状况。实施计划的范例有很多，包括管理特定物种及其栖息地、荒野、空中游览、越野车辆、洞穴、火与烟、渔业、放牧、古生物学资源、声音景观、植被、矿产/石油和天然气、水资源、博物馆藏品、景点设计、综合生态系统管理、病虫害综合治理、自然资源修复和解说媒介等等。

1.2.7 年度绩效计划和报告

年度绩效计划和报告中列明了每财政年度各公园的年度目标，其中包括一份年度工作计划，明确描述了公园为实现年度目标需要采取的具体措施，包括成本预算和工作量等细节。年度绩效报告中记录了上一财政年度公园在实现年度绩效目标方面的进展情况，如果有需要，还应当对未能实现年度绩效目标的原因加以分析。公园的员工可以根据上述信息来思考为了更好地实现公园宗旨，是否需要补充或修订规划。

1.3 管理总体规划是一个决策过程

可以用多种方式来看待管理总体规划：

◆ 它是一个合乎逻辑的“决策过程”，通过收集并运用有关信息，来制定一系列相关决策；

◆ 它是一个“存档过程”，使用专门设计的、便于理解的格式来记录决策和依据；

◆ 它是一个“工作过程”，规划团队按照为决策而设定的一系列具体步骤一步步前进。

这本资源手册大体上符合第一种解读，但其中也结合了部分特定步骤或特定记录要求中的具体信息。表 1.2 是一个大纲样本，可供对管理总体规划 / 环境影响报告或环境评估书等相关构成内容感兴趣的人参阅。管理团队想要了解工作过程中某个具体步骤的相关信息时，则可查阅第 1.5 节和表 1.3，这两部分描绘了管理总体规划 / 环境影响报告或环境评估书的详细工作流程。

管理总体规划的制定方式应当具有灵活性。试图从头到尾按部就班地完成规划则必然会遭遇挫败，因为规划并不是一个线性的过程，而是一个迭代的过程，在每一步上获取的信息都不断地为此前的工作成果提供反馈。

表 1.1 中展示了在决定公园应当实现和保持什么类型的资源条件和游客体验时，应当如何收集和运用信息。换句话说就是，管理总体规划过程的“输入”和“输出”分别是什么。

1.4 管理总体规划文件

表 1.2 中列出了对于管理总体规划 / 环境影响报告和管理总体规划 / 环境评估书来说，一份典型的内容表中包括哪些部分。对于《国家环境政策法》中要求的元素，比如封面、摘要和索引，《第 12 号局长令：保护规划、环境影响分析与决策》中对此已经进行了探讨（见美国国家公园管理局 2001a，2001b），故此处不再重述。

表 1.1：管理总体规划过程的要素

什么最重要？
资源、体验、故事

管理总体规划的步骤：
- ◆ 识别和 / 或确认公园的宗旨、特殊显著性和特殊要求
- ◆ 确认和 / 或识别基础的和其他重要的资源和价值
- ◆ 确认和 / 或识别主要的解说主题

最重要的事物正在发生什么变化？
背景、状况、趋势、利益、关注事项

管理总体规划的步骤：
- ◆ 分析基础的和其他重要的资源和价值
- ◆ 明确机构和公众的利益和关注事项

最重要的事物有哪些未来可能性？
备选管理方案

管理总体规划的步骤：
- ◆ 确定备选的概念
- ◆ 确定潜在的管理分区
- ◆ 制定备选管理分区方案
- ◆ 描述各备选方案中各具体区域的期望状况

对最重要的事物而言最佳的长期管理方向是什么？
挑选期望的资源条件、体验与故事的首选组合

管理总体规划的步骤：
- ◆ 分析环境影响
- ◆ 分析对公众而言具备的价值
- ◆ 审查备选方案

表 1.2：典型管理总体规划 / 环境影响报告或环境评估书草案中应当包括的内容

封面 摘要 目录、图片、表格与地图等列表 简写和首字母缩略词
规划的目的与需要
引言 ◆ 美国国家公园管理局的规划过程概览（美国国家公园管理局为什么要制定管理总体规划） ◆ 规划 / 环境影响报告的目的 ◆ 对规划 / 环境影响报告的需要 ◆ 公园概述
规划与管理的基础 ◆ 公园的目的、特殊显著性和特殊要求 ◆ 对基础的和其他重要的资源和价值的确认和分析 ◆ 要诠释的主要主题 ◆ 美国国家公园管理局法律与政策要求概述 管理总体规划 / 环境影响报告的范围 ◆ 管理总体规划需应对的问题 / 关注事项（包括排除在长期考虑之外的问题） ◆ 影响方面（包括纳入考虑的和排除考虑的方面） ◆ 与其他规划项目的关系 ◆ 规划的后续步骤和实施
备选方案
引言 ◆ 备选方案涵盖范围 ◆ 首选方案的选择方法

◆ 制定备选方案时使用的潜在管理分区
现行管理备选方案（无行动） ◆ 概念 ◆ 边界调整建议【无】 ◆ 管理分区【如果适用】 ◆ 具体区域管理 ◆ 成本估算
备选方案 A ◆ 概念 ◆ 潜在的边界变更【如果存在的话】 ◆ 管理分区 / 期望状况 ◇ 期望的资源条件 ◇ 期望的游客体验 ◇ 管理、开发与使用权的合理分类和分层 ◇ 游客容量相关指标和标准 ◆ 具体区域的管理【如需要】 ◆ 备选方案的成本估算
备选方案 B 及其他备选方案 ◆ 同上
缓解措施
未来需要开展的调查和规划
不再进一步考虑的备选方案和措施
备选方案比较表

影响比较表

确定环保优选方案

美国国家公园管理局首选方案的选择依据

受影响的环境
（需进行环境影响分析的地区范围）

资源描述
游客接待
需要进行影响分析的其他主题

环境后果

引言
◆ 环境影响、影响临界值与损害的分析方法
◆ 累积环境影响

现行管理备选方案（无行动）
◆ 影响主题 1
◇ 直接与间接影响分析
◇ 累积影响分析
◇ 结论与损害确认
◆ 影响主题 2
◇ 同上
◆ 不可避免的负面影响
◆ 本地短期使用和长期生产力之间的关系

◆ 不可逆转或修复的资源投入

备选方案 A、B、C
◆ 同上

磋商与协调

公众参与发展简史

与其他机构和组织的协商

未来需满足的要求

针对环境影响报告终稿：公众对管理总体规划 / 环境影响报告草案的评议和相关回应

◆ 书面与口头评议概述
◆ 对首选方案的调整（如果存在此种情况）
◆ 对实质性评议的回应

接收此规划的政府部门、机构和组织

参与人员列表
附加资料
附录
词汇表
参考文献
索引

1.5 管理总体规划是一个工作过程

表 1.3 列出了编写一份典型的管理总体规划 / 环境影响报告或管理总体规划 / 环境评估书时需要遵循的关键步骤。需要注意的是，这一工作流程表并没有列出所有步骤，特别是公园、地区办公室和华盛顿地区办事处对各种产品和步骤的审查和批准环节。并不是每一项管理总体规划都必须按照这个顺序逐一实施这些步骤。

表 1.3：典型管理总体规划 / 环境影响报告和管理总体规划 / 环境评估书的工作流程

管理总体规划 / 环境影响报告的工作流程	管理总体规划 / 环境评估书的工作流程
1. 项目启动 / 内部调研 1.1 起草项目协议草稿 1.1.1 项目调研并指派规划团队 1.1.2 制定项目进度表、测算工作量和预算；明确任务 / 职责 1.1.3 制定公众参与策略 1.1.4 起草项目协议 1.2 批准项目协议（公园、地区、华盛顿地区办事处；有的情况下也涉及丹佛规划与设计管理中心（下文简称丹佛管理中心）	**1. 项目启动 / 内部调研** 1.1 起草项目协议草稿 1.1.1 项目调研并指派规划团队 1.1.2 制定项目进度表、测算工作量和预算；明确任务 / 职责 1.1.3 制定公众参与策略 1.1.4 起草项目协议 1.2 批准项目协议（公园、地区、华盛顿地区办事处；有时也涉及丹佛管理中心）
2. 公众、机构及合作关系调查 / 原始数据采集 2.1 在《联邦公报》上发布意向公告 2.2 发起环境合规性协商活动 2.3 收集并分析与游客接待和资源相关的数据 2.4 起草基础评估书 2.4.1 明确并确认公园宗旨、特殊显著性、要诠释的主要主题以及基础	**2. 公众、机构及合作关系调查 / 原始数据采集** 2.1 在《联邦公报》上发布意向公告 2.2 发起环境合规性协商活动 2.3 收集并分析与游客接待和资源相关的数据 2.4 起草基础评估书 2.4.1 明确并确认公园宗旨、特殊显著性、要诠释的主要主题以及基础资源

资源和价值 2.4.2 确认特殊要求和任务 2.4.3 确认美国国家公园管理局的法律与政策 2.4.4 分析基础资源和价值 2.5 开展公众、机构与合作关系调查 2.5.1 撰写并发布调研新闻稿 2.5.2 举办公开会议 2.5.3 审议并分析公众评议	和价值 2.4.2 确认特殊要求和任务 2.4.3 确认美国国家公园管理局的法律与政策 2.4.4 分析基础资源和价值 2.5 开展公众、机构与合作关系调查 2.5.1 撰写并发布调研新闻稿 2.5.2 举办公开会议 2.5.3 审议并分析公众评议
不适用政策豁免	**3．获得政策豁免，将环境影响报告转变成环境评估书＊** 3.1 在《联邦公报》上发布环境影响报告终止通知。 ＊为简明起见，此处将获取政策豁免的步骤置于公众调查评议分析之后。但在公众调查评议分析之后，任意时间都可以申请针对起草环境评估书的政策豁免。
3．制定备选方案 3.1 制定初步备选方案 3.1.1 划定潜在管理分区的范围 3.1.2 制定初步备选方案的概念和备选方案范围 3.1.3 起草并发布初步备选方案的概念及相关新闻稿（可选项） 3.1.3.1 评审并分析对初步概念或初步备选方案的相关评议 3.2 确定首选方案 3.2.1 进一步分析备选方案，并描述其影响 3.2.2 估算备选方案的成本	**4．制定备选方案** 4.1 制定初步备选方案 4.1.1 划定潜在管理分区的范围 4.1.2 制定初步备选方案的概念和备选方案范围 4.1.3 起草并发布初步备选方案的概念及相关新闻稿（可选项） 4.1.3.1 评审并分析对初步概念或初步备选方案的相关评议 4.2 确定首选方案 4.2.1 进一步分析备选方案并描述其影响 4.2.2 估算备选方案的成本

3.2.3 选择首选方案（优势选择法）	4.2.3 选择首选方案（优势选择法）
4. 编写并发布管理总体规划／环境影响报告初稿 4.1 在《联邦公报》上发布可用性公告 4.1.1 美国国家公园管理局发布管理总体规划／环境影响报告初稿的可用性公告 4.1.2 环境保护署发布管理总体规划／环境影响报告初稿的可用性公告 4.2 对管理总体规划／环境影响报告初稿进行公众评议 4.2.1 组织公开会议或听证会 4.2.2 收集、分析、总结并回应机构和公众的实质性意见	**5. 编写并发布管理总体规划／环境评估书初稿** 5.1 对管理总体规划／环境评估书草稿进行公众评议 5.1.1 组织公开会议（自行决定） 5.1.2 收集并分析机构和公众的意见
5. 起草并发布管理总体规划／环境影响报告终稿 5.1 在《联邦公报》上发布可用性公告 5.1.1 美国国家公园管理局发布管理总体规划／环境影响报告终稿的可用性公告 5.1.2 环境保护署发布管理总体规划／环境影响报告终稿的可用性公告	**不适用**
6. 起草并发布决策记录 6.1 地区主管签署决策记录 6.2 在《联邦公报》上发布决策记录或记录概要，并在当地报纸上发表当作记录	**6. 起草并发布无重大影响的调查结果** 6.1 在当地档案记录报上发布公告 6.2 在《联邦公报》上发布无重大影响的调查结果或结论（《第12号局长令》第6.3.G节规定应当在《联邦公报》上发布公告）

7．制定并发布最终规划(展示规划)	7．制定并发布最终规划（展示规划）
8．项目收尾 8.1 项目后评估／管理记录的合并和归档	8．项目收尾 8.1 项目后评估／管理记录的合并和归档
9．实施管理总体规划	9．实施管理总体规划

1.6 管理总体规划与荒野、自然景观河流、商业性游客服务等相关文件的整合

在某些情况下，公园和规划团队希望把管理总体规划与对荒野的研究或管理规划，以及对自然景观河流的合格评估、研究或管理规划结合起来。而在其他情形中，管理总体规划中可则能会提到商业性游客服务。在上述几种情况下，规划团队就需要另外考虑其他可能相关的法律规定和美国国家公园管理局的《管理政策》。在内部调研阶段尽早探讨这些问题有助于规划团队决定是在编制管理总体规划的同时处理这些议题，还是把它们作为各项独立工作来完成。

1.6.1 对荒野／自然景观河流的评估与研究

制定管理总体规划的过程中，我们有机会去分析是否有可能将某一公园内的景点认定为荒野和／或自然景观河流。这些分析可以以评估的形式进行(根据一定标准检查公园陆地和水体，判定它们是否达到资格认证的最低要求)；分析过程也可以是正式研究（见下文）。如果没有分析过公园中的陆地和水体是否有可能被认证为荒野或自然景观河流，那么至少应当在管理总体规划过程中对其进行评估。一旦发现了可能符合条件的资源，就应当在管理总体规划中进行相应的区域划分，以保护其荒野或自然景观河流的价值，直到完成正式的研究工作，并且国会已就相关机构的提案开始采取行动。

◆ 荒野适宜性评估

荒野资格评估的基本盘点程序和标准收录在《美国国家公园管理政策》(最新版)（第 6.2 节）、《第 41 号局长令：荒野保护与管理》，及其配套参考手册（美国国家公园管理局 1999a，1999b）中，相关负责人可从中查询获得最具时效性的具体指南。相关资源可在网站 http://home.nps.gov/applications/npspolicy/DOrders.cfm 中获得。

根据不同的情况，管理总体规划

中可能需要包括荒野研究，也可能同时包括适宜性评估和研究。规划团队也可以向华盛顿地区办事处寻求政策豁免，从而跳过荒野适宜性评估环节，直接进行荒野研究。

◆ 自然景观河流的资格评估

如果公园中的某些河流或河段已被列入美国国家公园管理局全国河流名录（http://www.nps.gov/ncrc/programs/rtca/nri/index.html），或者其河流特征可能符合全国自然景观河流体系标准（http://www.nps.gov/ncrc/programs/rtca/nri/eligb.html），那么该公园就需要根据《自然景观河流法》（第5【d】【1】条）的规定，评估该河流的潜在适宜性。管理总体规划和其他对河流资源具有潜在影响的规划中可能不会提出不利于某条河流中请国家自然风景的相关行动。资格认定不要求正式的研究，也不需要公园管理局进行相关认证。如果资格认定的结果是肯定的，则公园管理机构应当妥善管理该河流，保证认证资格时所凭借的资源和价值不会缩减。如果公园管理者决定开展正式研究，则可以结合管理总体规划或管理总体规划修订工作同时进行，也可以在符合《国家环境政策法》规定的条件下作为单独的规划程序来完成（参见美国国家公园管理局《美国国家公园管理政策》（最新版），第2.3.1.9节）。关于自然景观河流的更多细节，可参见自然景观河流跨机构协调委员会编制的《2004年自然景观河流参考指南》。

◆ 荒野研究与自然景观河流研究

不论是荒野还是自然景观河流的认证，都要经历包括公共协商程序在内的正式研究过程，才能向立法机构提交认证提案。这些研究可与管理总体规划制定过程相结合进行，充分利用已经开展的公众参与活动和环境合规性评议结果。这样同步开展研究工作，不会增加额外的分析量，不会过度加重管理总体规划工作的负担，却可以比较经济地实现多项职责。关于荒野研究的更多指南可参见美国国家公园管理局《美国国家公园管理政策》（最新版）（第6.2节）和《美国国家公园管理局第41号参考手册：荒野保护与管理》。自然景观河流研究的相关指南可参阅自然景观河流跨机构协调委员会于1999年发表的技术文献《自然景观河流的研究过程》（http://www.rivers.gov/documents/study-process.pdf）。

将管理总体规划与荒野研究相结合的公园有彩岩国家湖滨区、大沙丘国家公园与保护区、奥扎克国家水路风景区、海峡群岛国家公园、大湿地国家公园和大落羽杉国家保护区。

锡安国家公园和雕像古冢国家保护区则结合了管理总体规划与自然景观河流的资格评估和适宜性研究。

1.6.2 荒野 / 自然景观河流的管理规划

规划团队可能会决定将自然景观河流管理规划或荒野管理规划与管理总体规划相结合，但是，规划团队必须确定在管理总体规划中这两种规划所要求的详细程度是否合理。（通常情况下，荒野管理规划是一种实施计划，要比管理总体规划更加具体。）

◆ 自然景观河流管理规划

一些已经认证的自然景观河流属于国家公园体系的其他单位，而不属于需要专门制定管理总体规划的独立公园。但《自然景观河流法》规定针对此类河流应当编制专门的管理规划；编写的管理总体规划可能会符合该法案的要求，但是管理总体规划中必须注明所制定的规划同时也是适用于已认证的河流的一个综合性管理规划，并且符合《自然景观河流法》第 3(d)(1) 条的相关规定。2004 年格兰德河自然景观河流管理总体规划 / 环境影响报告就是将管理总体规划与河流管理规划相结合的一个范例。

◆ 荒野管理规划

拥有荒野资源的公园在编写公园管理总体规划时，也可能需要考虑能够在多大程度上满足荒野管理规划的要求。与管理总体规划合并制定的荒野管理规划应当说明区域划分情况和期望状况，并设定实现期望状况的指标和标准。这些都是管理总体规划本身的要求，因此不会给规划团队增加额外的工作负担。关于公园小道和其他公共设施、篝火以及游客容量等问题的决策，则可以在区域划分和期望状况中提出，而无须具体到某条小道或某座木屋。对于问题很少或荒野使用率很低的公园，这种程度的荒野规划就可以满足其大部分需求。之后，荒野管理规划将提供一个宏观框架，以指导例如消防管理规划或道路规划等更为详尽的实施计划。对于荒野问题比较复杂的公园，如提供大量隔夜或日间游览、商业化背包旅行或攀岩运动等；或对接待量较大的公园来说，则通常需要单独编制一份荒野管理规划，以便就这些问题提供管理指南。阿波斯特尔群岛国家湖滨区和火岛国家海岸就将管理总体规划和荒野管理规划结合在了一起。

1.6.3 管理总体规划中的商业性游客服务

公园中的商业性游客服务包括（但不限于）餐饮、交通、住宿、导游和租赁等接待活动。这些服务通常获得了特许经营权和商业使用权，需遵守《1998 年美国国家公园管理局改善特许经营管理法》（《公园管理法合集》第四条，105-391 页）。该法案的第 402b 条规定：

国家公园体系中各单位所建设的公

共住宿、设施和服务必须限于以下条件：

（1）对于所属国家公园体系内各机构的公众享用来说，这些设施是必需的、适合的；

（2）与所在公园单位的资源和价值的保存和维护相一致，且可行度最高 。

因此，管理总体规划中提议的任何商业性游客服务都应当满足以上两个条件，并遵循该法案中的其他条款以及实施这项法案的其他法规（《联邦法规》第 36 编第 51 条）。更多关于管理总体规划的商业性游客服务指导可参见美国国家公园管理局《美国国家公园管理政策》(最新版)(第 10.2.2 条和第 10.3 条)和《第 48A 号局长令：特许经营管理》（美国国家公园管理局 2004a）。

2. 管理总体规划之项目管理

2.1 项目领导团队

2.1.1 华盛顿地区办事处公园规划与特别研究部

华盛顿地区办事处掌管公园规划、设施和土地方面工作的副主管负责指导和监督美国国家公园管理局内部的管理总体规划活动。华盛顿地区办事处公园规划与特别研究部的项目经理，在副主管的领导下，具体负责管理美国国家公园管理局规划工作。华盛顿地区办事处在管理总体规划方面的主要职能如下：

◆ 为国家公园体系、美国国家公园管理局各部门、地区办公室和各个项目中心的所有公园的管理总体规划制定相关政策并协调有关活动。

◆ 为管理总体规划、景观河流系统和河流及道路规划项目制定美国国家公园管理局标准、设定优先级并分配资金。

◆ 华盛顿地区办事处对各区负责人提交的规划和研究报告进行政策审查。

◆ 与七个地区规划办公室、丹佛管理中心以及规划领导小组合作制定公园规划指南并组织相关课题培训。

◆ 协调与美国国家公园管理局各部门、各公园和各地区办公室的规划活动。

只要睁开双眼寻求，探索就没有止境。

——贾瓦哈拉尔·尼赫鲁

2.1.2 规划领导小组

规划领导小组是就管理总体规划的政策、项目标准和其他指导方面，为华盛顿地区办事处项目经理出谋划策的国家级委员会。

规划领导小组的主席是华盛顿地区办事处公园规划和特别研究部的项目经理；规划团队的成员包括：

◆ 各区监督项目规划的副主任；

◆ 各区的规划项目经理；

◆ 丹佛管理中心经理；

◆ 丹佛管理中心规划总监；

◆ 来自华盛顿地区办事处自然资源管理和科学部、华盛顿地区办事处文化资源管理部、哈伯斯费里中心、环境质量部、国家休闲和保护中心、华盛顿地区办事处交通规划部以及战略规划办公室的代表们；

◆ 驻守在各公园的规划人员。

规划领导小组通常每年举行一次例会，集中研究并探讨规划区内涉及国家利益层面的问题，确定项目的政策方向，并明确财政和人员需求。平时，规划领导小组也通过电话会议和电邮的方式来开展工作。

2.1.3 项目顾问委员会

规划项目顾问委员会是规划领导小组的下属机构，由华盛顿地区办事处项目经理和七个负责管理总体规划项目的地区副主管构成。该委员会要经常为华盛顿地区办事处项目经理出谋划策，每半年就重大政策或资金问题提供建议，并负责更新半年制的美国国家公园管理局优先级列表。此外，该委员会还负责审批额外项目资金的相关申请。

2.1.4 地区办公室

七个地区办公室（东北区、国家首都区、东南区、中西区、山间区、西太平洋区和阿拉斯加区）在制定管理总体规划过程中扮演着重要角色。它们参与本区管理总体规划项目资金申请和文件初稿质量评审等工作，同时，它们也可以制定管理总体规划。各地区办公室主任有权签署管理总体规划/《国家环境政策法》相关文件。

2.1.5 丹佛规划与设计管理中心

丹佛规划与设计管理中心的规划部门在管理总体规划制定过程中十分重要。其最主要的作用就是根据地区办公室的要求编写管理总体规划方案，同时，它还为正准备开展管理总体规划项目的公园和地区提供技术支持，并且协助华盛顿地区办事处编写规划指南（例如这本资源手册）和提供其他所需项目支持。

2.1.6 各机构的职务与责任

如上所述，参与管理总体规划制定过程的机构主要包括各公园、七个地区办公室、华盛顿地区办事处，通常还包括丹佛管理中心。这些机构的职务与责任在项目协议中都有明确界定，但可能会根据管理总体规划的情况而有所微调。表2.1明确了这些机构的主要职能。

其他机构也可能会参与或部分参与制定管理总体规划，包括自然资源项目中心、华盛顿地区办事处文化资源项目办公室、哈伯斯费里中心、国家荒野和休闲娱乐区项目办公室、商业服务规划机构和交通规划机构等。

表 2.1：管理总体规划制定过程中各机构的职务与责任

公园职责	**地区职责**	**华盛顿地区办事处职责**	**丹佛管理中心职责（如适用）**
	申请规划资金	制定管理总体规划政策和指南	为华盛顿地区办事处的规划工作提供项目支持
提交规划制定申请	确定需要规划的公园	确定管理总体规划优先次序、协调工作并分配资金	
在开始管理总体规划前，收集有关资源、游客使用和其他方面的数据	与丹佛管理中心和/或外部承包商执行规划和合同	提供并协调华盛顿地区办事处政策审查服务	
指派规划项目小组成员和主题专家	可能会分派规划项目小组成员和主题专家		提供合适的项目经理和其他主题专家；协助绘图和编辑
	提供质量控制和评估等服务		可能会向公园、地区和其合作伙伴提供技术支持
设定管理总体规划方向	设定管理总体规划方向	设定管理总体规划方向	协助设定管理总体规划方向，但主要负责控制质量、进度和成本
	负责既定管理总体规划的准备工作，或监督承包商		根据各地区的申请来制定管理总体规划方案

主持公众参与活动；主导与社区和合作伙伴的互动	协助公众参与活动并建言献策	与外部各方交流系统内的公众参与过程和活动	协助公园员工开展公众参与活动
评审管理总体规划初稿	监测并评审管理总体规划的政策一致性和质量控制工作	评审管理总体规划文件初稿是否与政策相一致（包括项目协议）	评审管理总体规划初稿的质量控制问题
（公园负责人）向地区主任推荐管理总体规划方案	（地区主任）审批管理总体规划方案	提供公共资料印制许可权	
实施获批的管理总体规划方案	推进并监控实施获批的管理总体规划方案		

2.2 项目指南

关于管理总体规划项目协议，《联邦公报》通知，在规划、环境和公共评论系统中进行华盛顿地区办事处相关评审工作时提交项目规划公文应遵循的步骤，以及华盛顿地区办事处关于印制公开管理总体规划初稿和终稿的相关程序等事项，华盛顿地区办事处专门制定了磋商和协调指南，可参照附录A。

2.3 项目资金

2.3.1 总述

美国国家公园管理局从国会处获得一笔特定的拨款（作为建设账户资金的一部分），并在国会的指导下资助公园筹备管理总体规划项目，或资助其他地区（如国道）开展类似的全面规划项目。2006财政年度的管理总体规划拨款为720万美元。管理总体规划资金是建设计划的一部分，资金本身是“没有年限”要求的，即若非强制使用则可以无限期保留。然而，如果某一年分配给某一特定项目的资金在当年没有得到强制使用，那么这些资金余额将被打回建设计划账户中，以便为未来几年内的单个项目重新分配资金。

管理总体规划资金是“项目”资金，而所有的项目资金的使用都必须符合美国国家公园管理局的政策，不能用来支付丹佛管理中心和哈伯斯费里中心以外的正式员工的工资。通常，管理总体规划资金用来聘请经验丰富的规划人员（来自丹佛管理中心、地区办公室或私营承包商）来负责制定包括编制《国家环境政策法》相关文件在内的大部分规划内容，以此协助公园员工开展总体项目规划。公园管理者和员工在管理总体规划制定过程中要投入时间和精力，特别是领导或投身公民参与和公众参与等相关活动，这是他们的日常职责。

管理总体规划项目主要基于美国国家公园管理局优先级列表（下文将详细说明）展开。要依照为管理局联合需求而制定的进度开展各项目，并通过项目管理信息系统提交项目报表，以便在美国国家公园管理局列表中赢得一席之地。

2.3.2 总体管理在国家公园体系内的优先级列表

制定管理总体规划在国家公园体系内的优先级列表时以五年为一个周期。代表规划领导小组中各地区和项目区域的评审团采用优势选择法，对所有项目进行评估与排序。评审团主要从以下五个方面评估项目优势：

- ◆ 公园管理对基本方向或方向调整的需求度；
- ◆ 特定的资源管理问题；
- ◆ 特定的游客使用问题；
- ◆ 特定的公园运营问题；
- ◆ 对于美国国家公园管理局而言的其他优势（例如，为美国国家公园管理局的规划工作提供了创造与革新范例的项目，可能会为在地域上或主题上相关联的其他公园提供解决方案的项目）。

优势选择法中对所有项目的“优势 / 成本”比率进行了排序，生成了一份列表。国家公园体系内部优先级列表不包括区域优先列表。

国家公园体系内部优先级列表通常分为小型项目、中型项目和大型项目三个等级，可以涵盖不同类型的公园。尽管此种优先级列表规定了排序依据，但在决定项目排序时还要考虑其他因素，例如公园员工的准备情况、数据的可用性、与其他机构的协作以及当地利益相关者的诉求等。这意味着任意一年中项目等级的前 5 名或前 10 名都可能有资格申请资金，但排名第 6 的项目可能会先于排名第 4 的项目启动，但排名第 20 的项目却不能先于其他排位更靠前的项目启动。

2.4 管理总体规划制定过程中与华盛顿地区办事处的协商

附录 A-1 是华盛顿地区办事处公园规划与特别研究部就管理总体规划进行商议的程序。如附录和表 2-1 所示，与华盛顿地区办事处进行商议的主要目的是确保美国国家公园管理局高级项目管理者和领导同意规划中所制定的主要政策和决议，并支持规划进行，同时确保规划符合美国国家公园管理局的政策要求。为了实现这一目标，国家公园管理局鼓励规划团队在规划过程中的关键节点，就关键问题（包括项目协议、初步备选方案以及公共资料的初稿和终稿）定期与公园规划与特别研究部进行协商，这有助于避免出现潜在的障碍和延误，能够明确官员发布简报的需求，方便评审和批准。

建议规划团队将公园规划与特别研究部的项目经理和分析师添加为邮件收件人，这有助于确保华盛顿地区办事处同步跟进正在进行的管理总体规划制定工作。

3. 项目启动

3.1 确定需要管理总体规划

《国家公园及休闲娱乐法案》(《美国法典》第16卷第1a-7节）规定“应当及时制定并修订”管理总体规划。根据美国国家公园管理局、其他土地管理机构以及私有机构的相关经验，此类总体规划的有效年限通常是15到20年。然而，个别公园的情况变化有快有慢，因而15到20年只是估测的、“及时”修订计划所需要的时间。《政府绩效与成果法》中使用这个年限被来定义工作目标的“实时性”。

对于美国国家公园管理局公园规划项目的目的来说，如果管理总体规划能够为公园制定管理决策指明基本方向，并符合《国家公园及休闲娱乐法案》（公法第95-625条）的相关要求，那么这套管理总体规划就具有实时性。

有时候尽管问题复杂，但答案却简单。

——西奥多• 盖泽尔（瑟斯博士）

3.1.1 判断管理总体规划需要时要考虑的因素

1998年，美国国家公园管理局通过了公园规划的新政策和新标准，其中收录了总体规划应如何最好地为公园服务的新概念。新政策和标准要求调整管理总体规划的关注点，注重从关注具体发展和相关活动向关注宏观方向的转变，例如公园应实现和维持何种资源条件和游客体验。调整管理总体规划总方针的主要理由如下：

◆ 经验证明，以往的规划关注的是具体的问题、设施和管理措施，因而通常在实施计划之前就已经过时了。

◆ 管理者需要相关机构内部，以及各机构和公众之间在长期发展方向（不会过时）上达成一致，以支持一贯的、众人拥护的决议。

◆ 当公园面临的当前问题和解决方法存在争议时，利益相关者就很难从长远和整体的角度来考虑公园问题。

在新政策和新标准指导下制定的管理总体规划与以往众多规划有很大不同，1998 年之前批准的规划方案大多不符合现行项目标准。尽管一些规划在随后几年内能够对公园的发展方向提供适当指导，但美国公园体系内的大多数机构的规划已经相当过时，已经无法指导解决当前面临的问题。

1988 年美国公园管理局《第 2 号局长令》得以实施，随后被并入《2004 年公园规划项目标准》和美国国家公园管理局的《美国国家公园管理政策》（最新版），自此管理总体规划的内容得到了以下扩充：

◆深入分析对于公园目的与特殊显著性来说，什么是“根本”资源和价值；

◆ 严密分析损坏的可能性；

◆ 对用户容量方面的指导更加精细；

◆ 对公园基础设施维护成本的分析更为详尽，并关注各部门对资产管理的重视度。

那些没有正式思考这些基本考虑因素的公园管理者与员工们，往往需要制定新规划，以便在管理总体规划过程中有效且更高效地行事。此外，之所以需要制定新规划还有其他一些强有力的理由，例如游客数量和类型发生了实质性变化、关于公园最重要的因素出现了新的研究和学术成果、相邻土地的使用情况发生了改变、为了寻求合作机会，以及关注交通系统以应对游客数量增加所带来的影响等。许多公园反映需要一份新的管理总体规划来建造并提供一个平台，供公园周边社区、当地政府官员、印第安部落和其他相关机构等广大群体相互协商。

3.1.2 权衡管理总体规划的成本

根据待解决问题的复杂度、引发争议的可能性和其他因素，更新管理总体规划或制定新的管理总体规划所需要的时间和工作量可能差别很大。影响管理总体规划制定成本和效率的主要因素有以下几个：

◆ 待解决问题的复杂程度；

◆ 引发争议的可能性；

◆ 符合《国家环境政策法》的水平；

◆ 公众参与策略的性质与程度；

◆ 在公园资源地理位置和状况、游客使用情况或其他关键信息等方面缺乏数据。

除这些因素外，基础评估也可能会影响制定管理总体规划的成本和效率。

3.2 修正或替换现有的管理

总体规划

制定管理总体规划意欲指导未来15至20年内的公园规划工作。美国国家公园管理局《美国国家公园管理政策》（最新版）规定，管理总体规划可能每10至15年需要进行一次复审，但如果情况发生了巨大变化，则可能会缩短复审的间隔时间（见第 2.3.1.12节）。公园内部和外部环境在不断发生变化——变化速度可能超过预期，或发生了意料之外的变化，也可能是没有出现预期的变化；规划的标准也有可能会发生改变。即使是在有着悠久传统、并且建立了良好使用和发展模式的公园，其资源也可能会受到威胁，场地也可能会变得拥挤，游玩模式也可能发生改变，也或许公园的设施需要大量的修缮或维护。所有这些情况都会使管理总体规划变得过时。

美国国家公园管理局政策是对《政府绩效与成果法》的解读，正如其所描述的那样，使用年限未超过20年的管理总体规划即可以被认为是实时的管理总体规划（从签署环境影响报告决议记录或环境评估书无重大影响的调查结果等年份算起），这也符合《1978年国家公园及休闲娱乐法案》的以下法定要求：

◆ 保护区域资源的有效措施；

◆ 开发类型和总体强度（包括游客的流通与交通模式）、位置、时间和预期成本等方面的合理指示；

◆ 游客承载力的确定；

◆ 公园外部边界潜在调整的指示。

（这些因素在“第4章：管理总体规划的法律要求”中也有相关论述）

《公园规划项目标准》中规定在解决涉及例如公园范围或者可能需要更改管理总体规划的期望状况等具体问题时，允许对现有的管理总体规划进行修订，而不用重新制定一份新的管理总体规划。此外，该标准还指出公园负责人和区域主管负责决定是否修订现有规划（而不是制定一份新规划）。但是如果现有管理总体规划已严重过时（如上所述），则应当更换管理总体规划，而不是只对其进行修改。

在判断应修订还是更换管理总体规划时，可将现有管理总体规划分为四类：

◆ 现有管理总体规划仍适应公园的发展需要（例如管理区域和期望状况仍然有效）。这种情况下，大约每5年评审一次管理总体规划以保持其效用。

◆ 现有管理总体规划不符合《国家公园及休闲娱乐法案》的有关规定。这种情况下，则应更换规划而不是简单地进行修改。

◆ 现有管理总体规划符合法律要求，但是公园当前或预期将面临问题，需要制定新的管理总体规划。

◆ 需要对现有管理总体规划的一项或多项要素进行补充或调整，但其他部分仍然有效。这种情况下，只需修订现有规划即可。

如果需要进行重大改变，而这种改变可能会产生新的、或具有争议性的行为或影响，并且没有对该行为和影响进行分析，那么此种情况下则需要遵照正式的修订或替换手续来进行。可能引发管理总体规划重大调整的情形有：

◆ 边界的调整；

◆ 相邻土地的使用情况发生了变化，需要对公园资源管理和游客使用进行重大调整；

◆ 区域内的娱乐环境发生了变化，会对公园资源管理和游客使用造成显著影响；

◆ 需要指导怎样处理大型露营活动、漂流和游览偏远地区等新型游客参观和游玩行为；

◆ 原规划中没有考虑到的新的研究或科学成果；

◆ 由于资源条件、使用模式和水平、政策发生了重大改变，需要对大片区域进行重新分区，或重新定义各管理区；

◆ 当前游客容量指标的相关标准发生重大改变也会引起区域管理目标的调整。

在决定修订还是替换管理总体规划时，应当注意到制定一份全面管理总体规划的好处：

◆ 决策者要考虑累积的、长期的环境影响和成本，这有利于他们在解决原有问题时，避免出现新问题，或使情况恶化；

◆ 各利益相关者都参与到规划过程中，就众多相互关联的问题交流各自的利益和关注事项，在这种情况下制定的决议，能够得到更广泛的理解和更长期的支持；

◆ 实施计划可对总体规划进行细化分层，以求在长期内更好地提高效率、节约成本。

在继续介绍下列实施计划之前，应首先考虑完成管理总体规划的修订或更换工作，以便提供总体指导方针：

◆ 对调整游客流通方式的全面解释性规划；

◆ 一项资源管理／治理策略，识别出受威胁的物种或濒危物种，保护这些物种可能需要按季节关闭一些以往认为不是特别敏感的区域；

◆ 一份文化景观报告，建议改变特定区域的治理方式；

◆ 一项土地保护规划，当美国国家公园管理局意欲收购某个地块时，用来划分出私有土地；

◆ 一项商业服务规划。

修改却不替换现有规划的好处在于：

◆ 与撰写新的管理总体规划相比，修订现有规划所花费的成本更低；

◆ 消耗的时间更少，公园员工的工作量更小；

◆ 更为集中地关注某几个具体问题。

用修改现有规划来代替撰写一份新的管理总体规划，可能存在以下风险：

◆ 它是一个“零碎的”决策过程，可能会忽视某些累积影响；

◆ 在解决原有问题的同时可能会产生新的问题；

◆ 若进行额外修订，那么多个规划流程则可能引起公众抗议或疲劳；

◆ 若进行额外修订，则需要开展多个项目并准备多份合规文件，因而长期成本更大。

如果决定对现有管理总体规划进行修订，则可考虑使用两类修订方式：（1）小幅度修改或“微调”，这主要针对微小且无争议的变化；（2）重大变化。一项变化是小是大，需要公园负责人和地方主管根据调整内容的重要性以及可能对环境造成的影响和争议作出判断。

管理总体规划的微小变化可能包括：区域边界地理位置的微调，或是在不改变原有规划目的的前提下对特定区域的期望条件进行细微更改。此处再次强调一下，这些微小变化并没有改变现有管理总体规划的方向和目的。如果原有管理总体规划或《国家环境政策法》文件中已经提到了这些细微更改的影响，则应采用备忘录的形式来记载这些细微的变化并存档；如果文件中没有提及，则需要使用环境筛查表对这些细微变化进行评估，以确定管理总体规划对《国家环境政策法》相关法律的符合度，并将信息适当传达给公众。

以下示例揭示了因相邻土地的使用和娱乐环境发生变化而对现有的管理总体规划进行修订时的基本原理（源自项目的项目管理信息系统声明）：

“爱达荷州公园与娱乐部成功提交了一份《娱乐与公共目的法》申请，要求把相邻的美国内政部土地管理局的土地划分出来，供石城国家保留地的游客露营之用。该提案已处于最后的设计阶段，它排除了在保护区内开发类似功能场地的需要，而可能只需要在保护区内建设野外露营地来丰富游客体验。这个问题将在管理总体规划修订版中进行研究，此外，修订版中也会提到路口、野餐设施、公共厕所和其他项目的地理位置，还会谈到所提议的公园游客服务中心周边的场地事宜和工程范围。目前新城堡岩石国家公园有望进行此类活动。”

在编写这本手册期间，已经完成的或正在修订的管理总体规划的最新案例有“密德湖国家休闲区管理总体规划修订／环境评估书”以及“大雾山国家公园埃尔克蒙特历史区管理总体规划修订”。

3.3 判断进行管理总体规划的准备度

美国国家公园管理局《美国国家公园管理政策》（最新版）要求公园规划要基于科学、技术和学术分析。成功完成管理总体规划的一个关键要素是，具备规划过程所必需的充分的基础评估、背景调查和其他信息。在开始管理总体规划前应先收集并整合数据，这有利于制定基础评估书和可行的管理备选方案，同时能够为恰当地描述受到影响的环境和造成的环境后果提供必要的细节。规划过程开始后，如果很好地“找到”对关键信息的需求，那么在开展管理总体规划之前进行充分的研究则会减少管理总体规划进度延迟的可能性。《公园规划项目标准》中提议如果某个公园没有行之有效的数据收集和分析项目，则最早就要在制定公园管理总体规划之前提前五年开展调查工作。可能许多公园有大量的原始数据可供使用，但规划框架里却通常没有对其进行分析和整理。获取必要且充分的信息就是进一步识别影响管理总体规划准备度的各因素，这样做是为了在美国国家公园管理局对管理总体规划进行优先级排序时更加重视获取信息。

管理总体规划开始之前收集的典型信息可能包括受威胁的和濒危的动植物清单、水质调查、湿地和植被覆盖测绘、历史资源研究、文化景观清单、历史建筑报告、考古学和人种学的概述和评估，以及其他相关自然文化资源信息。应当根据公园规划的需要量体裁衣，选择调查类型，以填补空缺，并更新过时的信息（参见“附录L：规划中的数据需求和来源”）。此外，一些地区办公室也推出了并不断维护所需的研究列表，以确保有足够的信息来支撑完成管理总体规划。

3.4 申请与接收管理总体规划项目资金

3.4.1 项目管理信息系统声明

需要制定初始管理总体规划、新的管理总体规划或需要修订管理总体规划的公园，应向项目管理信息系统提交一份声明，这是年度国家公园体系综合需求的一部分。提名表中要求各申请方描述关于重要资源的管理、游客使用、交通和公园面临的运营问题等方面的内容，并且要说明管理总体规划如何能够帮助解决这些问题。这些信息将用来对申请美国国家公园管理局项目资金的管理总体规划项目进行评审和评级。

一份优秀的项目声明最重要的是解释制定管理总体规划的特殊显著性和在特定管理问题上将取得的成效。例如，描述公园受到临近住宅区影响（即存在的问题）的声明，其作用不如一份解释制定管理总体规划将如何有助于解决这一问题的声明（通过指导如何识别和控制当地娱乐设施的使用情况对公园历史景观的影响来解决问题）。同样，在一份声明中陈述公园中发现了濒危物种，不如详细阐述在调整那些可能与保护该物种相冲突的游客使用和管理实践方面，管理总体规划将如何指明管理方向。应当鼓励公园员工在准备项目管理信息系统声明之前与当地规划主管进行交流，寻找优秀范例并添加到项目管理信息系统声明中。

项目声明可能会被纳入年度工作需求中，但是优先级列表通常要每几年才制定或更新一次，而且面向的是未来五年。

现有管理总体规划的修订项目同样有资格申请项目资金，其申请程序同制定新规划项目的申请程序一样，但管理总体规划修订项目（或者是对以往的修订项目进行编辑）可能更适合其他类型的资金。这些资金包括华盛顿地区办事处公园规划与特别研究部提供的区域定向资金（过去称为自由支配资金），以及可能用于支持解决某一具体问题的规划工作的一系列方案而分发的资金。例如，如果一个管理总体规划修订项目是关于某项具体的建筑工程、濒危物种的管理、商业服务问题或文化景观治理等，那么建筑、自然资源、特许经营或文化资源类项目则可能提供资金支持此类规划。

3.4.2 评估管理总体规划准备度的贡献因素

一旦将某个项目列入了国家公园体系优先级列表，便可以开始计划获得管理总体规划启动资金的时间。然而，这一决策过程需要对有助于项目“准备度”的各个因素进行评估，包括：

◆ 当前有效数据的可用性；

◆ 现任公园领导继任且承诺参与多年规划过程的前景；

◆ 公园与相关利益公众之间的关系状况；

◆ 公园临近的居民、合作伙伴以及相关组织的意愿；

◆ 与国家、当地政府或其他机构的其他规划项目的协调性；

◆ 解决潜在争议问题时应考虑的其他“政治”时机因素。

附录1是两个项目管理信息系统声明范例，一个是“石化森林公园管理总体规划”，另一个是“欧扎克国家景观河道管理总体规划”。

3.4.3 启动和年度资金分配

每年，各个地区都要向华盛顿地区办事处项目经理提交下一年度将新增的和继续进行的管理总体规划项目预测报告，通常在8月中旬通过电子邮件的方式通知各个地区提交预测报告，并要求他们在9月中旬做出回复。华盛顿地区办事处项目经理与区域项目经理协商确定采取何种调整措施来平衡项目预测和预算资金。

每年，区域项目经理要对本区的项目进行两次评审，检查项目情况，并确定为反映项目进展延误或加速而需进行哪些资金调整。单个项目的资金调整都必须经华盛顿地区办事处预算办公室由华盛顿地区办事处项目经理批准。

提交管理总体规划项目资金年度申请是地区办公室的职责。由丹佛管理中心牵头的项目，则由丹佛管理中心与地区办公室共同协商确定区域资金申请中包括的项目成本。对于分配给丹佛管理中心的多数管理总体规划项目而言，管理总体规划项目资金直接转到丹佛管理中心的账户上，但丹佛管理中心仍然是区域项目的一部分，并为区域服务。因此，在决定资金需求、向华盛顿地区办事处公园规划与特别研究部申请本区域的管理总体规划项目资金上，地区办公室负最终责任。

3.5 项目协议

项目协议是关于项目的综合策略，它明确回答了原因、内容、参与者、时间、方式与规模等问题。项目协议的目的是动员所有相关方参与到项目中来，统一各方的期望，在项目任务以及如何完成任务等问题上达成一致，并在此基础上采取行动。项目协议的内容包括项目审查、主要问题、成果、岗位与职责、进度表和预算。

项目协议通常是项目经理以项目管理信息系统中的项目描述为基础，与公园、地区办公室以及规划团队协商制定的（参见上文第 3.4.1 节）。内部调研包括讨论、会议、实地考察和数据收集，开展内部调研的目的是确定项目的范围、人员配置、预算安排和进度。当且仅当《联邦公报》发布意向公告之后，才能按照《国家环境政策法》的规定开展正式调研；然而，非正式的调研则可能需要提前几个月开始。

管理总体规划明显包括两个阶段：（1）制定基础评估，（2）完成管理总体规划的其余部分。如果某个公园已经准备好申请项目规划（参见第 3.3 节），那么则可以撰写一份单独的项目协议，内容应涵盖管理总体规划过程的两个阶段。如果制定基础评估和准备管理总体规划的其余部分之间可能会相隔数年，则需要为独立的基础评估准备一份相对简洁的项目协议；当公园和规划团队准备完成管理总体规划的其余部分时，则再另外准备一份项目协议。以下是关于撰写完整的管理总体规划（包括基础评估）项目协议的指导说明：

项目协议的相关标准可参见《公园规划项目标准》，此处不再重复。这本资源手册补充说明了项目协议各部分通常所包含的内容。

3.5.1 典型的项目协议中包含的

内容

封面（有时称作标题与签字页）

项目协议的封面需标明：

◆ 能够最佳表述项目产出或服务内容的项目标题；

◆ 项目管理信息系统编号；

◆ 公园全称和其他区位信息，例如公园所在州以及所属的美国国家公园管理局分区；

◆ 制定协议的年月；

◆ 协议签署各方的职位、签名栏和日期；

◆ 正式合作机构的职位与签名栏（如适用）。

项目协议是机构内部文档，不推荐由合作伙伴和利益相关者（即使是法定的利益相关者）签署项目协议。当项目协议中包含有合作伙伴或利益相关者的重大贡献时，应对其进行总结说明，但是建议单独附上一份备注来详细解释这些人的贡献，除非他们只是提供了经济赞助。

项目协议的签字页应当参照如下格式，且必须附上电子签名。

批准

地方官员日期

同意

公园负责人日期

推荐

华盛顿管理处公园规划与特别研究部，主管日期

推荐

（丹佛管理中心或地区办公室）规划总工程师日期

引言

一个简短的引言（一段或两段）要解释说明协议的重要性、协议的总体内容以及协议如何保证有效且高效地开展规划活动（引言申明请参照附录B.2.a）。

项目目的和范畴

这部分主要说明项目的目标成果（例如大树国家公园的管理总体规划）以及工作范畴（例如可能是整个公园范围的更新工作，也可能只是对某个问题的改善和修正）。同时，需要明确附带的环境资料的类型（例如环境影响报告），以及该项目包含的主要的额外成果（例如荒野研究）。

正如项目管理信息系统声明中所描述的，项目范围中应包括关于需要管理总体规划的初始声明（例如现有管理总体规划制定之后出现了新问题；国会扩大了公园的原有边界；或是现有管理总体规划已经超过20年，无法解决当前问题）。

另外，此部分还包括公园的一些相关信息。

主要问题和机会

严谨周密地考虑问题是制定一份实际且有用的规划的核心。这部分描述了项目启动时已知的主要问题和机遇。该部分的信息应足够使相关各方明白需要开展这种规划项目，并达成一致。此外，这部分内容还应找出可能引起争议的已知领域。

该部分应当阐述当前怎样理解规划要解决的问题。项目管理信息系统声明中要表述促使制定管理总体规划的众多问题（如同前文所述），但只能把项目管理信息系统声明看作是识别规划问题的一个来源。制定基础评估以及开展内外部调研（取决于项目协议的时间安排）都有助于识别规划问题。

描述问题时应提供足够的细节，使不熟悉公园状况的人也能够清楚地明白所存在的问题。要对每个问题和机会都进行简要说明，确保相关人士了解项目中的所有关注事项。不应当使用问句的方式表述议题，例如在沙丘植被上修建供人穿行的小道可能会造成沙丘的不稳定，此时需要简单论述踩踏沙丘为何会造成水土流失和风蚀现象，从而使得问题陈述能够为进行后续分析、明确期望状况和游客体验等提供一个总体框架。若以泛泛的问句来表述问题（例如“沙丘系统的期望状况是什么？实现它们需要采取哪些合理的游客体验和管理措施，具备什么设施？”），则不够具体，不足以指导进一步分析或制定备选方案以解决潜在问题。

主要产出和服务

项目协议的这一部分内容明确了项目过程中将会产生的所有成果。通常包括以下几项内容：

◆ 地区及华盛顿地区办事处的简报和相关资料；

◆ 新闻简讯——项目一共包括多少阶段，处于什么阶段（列明是否额外需要教育类简讯）；

◆ 内联网服务（环境和公共评论系统规划、环境和公共评论系统内部与外部网站的维护）；

◆ 新闻发布会；

◆ 公众集会便利服务和评议总结；

◆ 管理总体规划 / 环境影响报告的初稿及终稿（包括纸质和电子档）；

◆ 管理总体规划终稿或“展示的”管理总体规划书；

◆ 决议资料（决议记录或无重大影响的调查结果）；

◆ 项目收尾的协调活动，包括项目后评审；

◆ 规划、环境和公共评论系统进度表及节点的定期更新。

数据需求

应当深入总结对于项目成功至关重要的信息需求，特别是处理基础的及其他重要的资源和价值所需的数据，以及解决项目启动时的已知问题所需要的数据。总结时应当明确当前的可用信息及其存储位置，以及另外可能需要哪些新数据。同时应当列出项目所需的专项研究，例如游客调查、自然文化资源调查或交通分析等，还应指出相关负责机构、资金来源以及获取资金的方式。商议过程中应当认识到现有政策不允许使用管理总体规划资金来收集新数据，因而要强调其他项目区域在支持数据采集工作方面的职责。管理总体规划资金得到合理使用，主要用来收集、分析和总结对项目随时可用、且必不可少的现有数据。

确定项目关键数据可用之后，才能够获得资金并启动项目。为了确保制定决策时有充足的信息支撑，应当在整体进度表中明确收集关键性缺失数据或组织必要调查所需要的时间，而这个过程通常处于制定基础评估和完成管理总体规划其余部分两个阶段之间。

这部分应当重点解决设施状况评估和资产优先级排序的信息需求，同时应当说明这种信息在无行动备选方案成本估算中的作用，以及在制定备选方案时怎样使用这种信息。

公民、公众和合作伙伴参与的相关策略

项目协议必须解决管理总体规划启动之后，公众、合作伙伴和员工的参与问题。公众参与管理总体规划表明美国国家公园管理局致力于推进公众参与持续进行的动态谈话，并增强大众及美国国家公园管理局自身对各公园资源的全部意义和当代相关性的理解。项目协议的这部分内容应当阐明公众参与的目标，制定沟通策略大纲与协议，明确关键的利益相关者以及他们参与项目的方式。制定相关策略时需要综合考虑公告、会议、协商、简讯和《国家环境政策法》、《国家历史保护法》和《濒危物种法》中规定的评审文档，以及《美国公园管理局局长 75A 号令：公民参与和公众参与》（美国国家公园管理局 2003c）中规定的其他相关要求。

使公园的所有员工，特别是规划团队以外的人员都参与到整个规划过程中来，这一点至关重要，这有利于确保在制定计划时，所有项目执行人员都有机会分享并交流其利益诉求和关注事项。由于公园员工居住在公园周边的社区，所以他们可以分享并交流其对于规划的理解、想法和感受。只要员工认为他们是规划的主人翁，这种“基层”沟通就会有利于规划项目的进行。

项目协议中应包含公众参与策略和常规途径，或者是动员公园员工参与的简单策略，以此指导具体活动（参考“5.4 制定公众参与策略”和附录D）。公众参与策略也可以是对项目协议的总结，或者作为附录添加到项目协议之后。

合规性和商议

这部分概述了项目将如何遵守《国

家环境政策法》、《国家历史保护法》第106条、以及正式商议活动的相关规定。应当特别注意《联邦公报》中的通知和《国家环境政策法》中关于公众参与的相关规定，这有利于在项目进度表和成本估算中适当考虑这些要求。此外，这部分还要明确与诸多机构进行商议和协调的已知要求，这些机构包括国家和部落历史保护办公室、《国家历史保护法》第106条（《美国联邦法规》第36编第800.2【c】条）中定义的“协商机构”、美国鱼类与野生动物管理局和其他机构。围绕项目协议开展区域和华盛顿地区办事处政策协商，有助于确保项目规划团队识别出需要进行的所有商议活动。

在追踪项目的合规性时使用了规划、环境和公共评论系统。建立规划、环境和公共评论系统的宗旨就是为了推动保护规划与环境影响分析中的项目管理流程。

一些项目可能符合使用环境评估书来作《国家环境政策法》合适途径的相关标准，而不符合环境影响报告的相关标准。这种情况下，就应当在合规性和商议这一部分列明（进行调研之后）做出以上决策并获得所需政策豁免等应当遵循的步骤。

项目管理［可选］

这一部分是新增内容，《公园规划项目标准》中并未特别指明。该部分的目的是清楚地描述项目管理的总体办法，包括调整或改变项目规模、进度控制、成本控制以及质量控制的程序等(实例参见附录B.2.b）。

沟通程序［可选］

这一新增内容为解决规划过程/项目中沟通协议关键问题提供了机会，它强调小组成员之间进行清楚、公开以及基于信任的沟通对规划项目取得成功的重要性。沟通的主题可能包括行政记录职责、文档邮寄、FTP文件传输、电子邮件、传真、规划、环境和公共评论系统、团队参与和会议，以及文档追踪等（相关实例参见附录B.2.c）。

生产、商议和审查方面的岗位和职责

本章节认为开展管理总体规划项目需要公园员工、华盛顿地区办事处、区域项目经理以及规划和项目管理支持人员之间的广泛合作、协调和商议。项目经理与公园负责人以及区域或华盛顿地区办事处的项目领导（如适用）协商决定项目所需的专业知识和可用的学科知识，并负责组建规划团队。项目团队成员的构成将在下一章节中予以详细说明。

项目协议中明确了执行规划项目时下列各实体和各专业知识领域的作用和主要职责：

◆ 项目管理/团队领导；

◆ 跨学科项目团队；

◆ 公园、区域和华盛顿地区办事

处的主要项目管理者 / 顾问；

◆ 公园以及区域的支持人员；

◆ 承建商；

◆ 其他参与者和顾问（例如主题专家、同行评审）；

◆ 有特殊任务需要的公园或区域办公室人员（例如成本估算）。

如果一部分工作需要外包，则需要明确外包的服务内容，但承建商职责范围内的工作则需要在项目协议之外单独制定相关文件。项目协议应当避免冗长或列出具体的任务清单，相反应该关注总体职责。签订项目协议后，公园负责人、地方官员和项目经理就相当于承认他们已了解项目内容，也代表员工们承诺在管理总体规划进行期间竭尽奉献。

项目团队成员和顾问

如上所述，项目经理负责组建规划团队。其中一些成员是长期参与规划过程的，而其他顾问则是出于信息收集、审查或撰写文档的需要，在适当的规划阶段才确定下来并被邀请参与项目规划的。对于一项可靠的规划来说，找到与公园特定资源和价值相关且适合的跨学科专业知识是必不可少的，这意味着，对于盖茨堡公园之类的文化公园来说，其规划团队的核心成员中应当包括一名史学家和一名考古学家；但在佛罗里达湿地公园等自然资源类公园的规划制定过程中，水文学家和生物学家则应该发挥显著作用。虽然如此，但“自然”类公园的管理总体规划团队中也可能需要文化资源管理方面的专家，而“文化”类公园也同样需要自然资源领域的专家。

规划团队指定专门负责某些关键任务的人员，包括成本估算辅助、地理信息系统支持、与印第安人进行协商、规划、环境和公共评论系统管理以及与公众的主要联系（包括组织会议）等，这种做法可能比较合适。规划团队不属于公园员工，因而有必要确定负责与公园员工沟通的主要联络人。

项目进度表，包括关键节点

这部分要明确项目的各个关键节点和成果，以及预计项目启动和 / 或竣工的财政年度和月份。同时，需要明确主要的假设事项（例如评审时间）和限制因素（例如年度资金限制）。由于项目进度往往容易变动，并且很容易过时，因而不建议制定详细进度表。进度表中应包括需要进行审查和批准的节点（例如地方政府批准和华盛顿地区办事处政策审查），包括执行审查和批准工作的领导机构。展示进程的首选方法是按照财政年度和时间顺序将这些关键节点进行排列，这样能够显示出对项目流程的了解和掌握。美国国家公园管理局内部网上的规划、环境和公共评论系统网站（https://pepc.nps.gov）将会对以下这些关键节点进行追踪，项目协议中需要就这一事项明确并分配任务和职责。

以下是与管理总体规划／环境影响报告相关的节点，为了符合项目协议的要求可以对它们进行调整。

◆ 项目协议的批准；

◆《联邦公报》上发布意向公告；

◆ 公众调研会议；

◆ 公众调研简讯；

◆ 备选方案简讯；

◆ 公园以及区域审查；

◆ 华盛顿地区办事处政策审查初稿；

◆ 同意印刷的管理总体规划／环境影响报告初稿；

◆《联邦公报》上发布可用性通知；

◆ 公众初审会议；

◆ 管理总体规划／环境影响报告终稿及可用性公告；

◆ 决议签署记录；

◆《联邦公告》发布的决议记录的可用性公告；

◆ 后项目评审；

◆ 印制管理总体规划终稿。

项目预算与资金来源

该部分明确规定了项目每财年的预期成本和项目的主要成本要素（例如员工服务费、差旅费用、印刷费用和承包费用）。项目协议中的成本估算是对项目管理信息系统声明中最初的成本列表的更新，一旦签订了项目协议，项目协议中的成本估算就成为新的项目成本上限。

为了便于理解，我们根据资金来源对成本估算进行了分解，例如，由管理总体规划项目、美国联邦土地公路项目或联邦土地公路项目／管理总体规划支持款项、文化资源款项、公园基地、区域资助帐户或其他资金所支付的部分需要明确标示出来，以及同时要清楚地标明每个项目的财年总成本。项目协议中一般不包括由公园基地基金支付员工工资所引起的、由公园负担的费用，但如果公园负责支付员工参与公共或小组会议的差旅费用，则应在项目协议中对这部分进行描述。

此处还应当对成本估算所基于的各种假设进行总结，如人员需求、差旅安排、公众参与、部落商议、咨询费用、预计成本规模、估算的文档大小与副本数量，以及一般的印刷质量等（例如黑白打印还是彩色打印，这会对印刷成本产生重大影响）。

增加资金的需求（变更项目成本上限）通常在申述过程中提出，而不是在项目修正过程中提出。

——项目完结

项目协议中的项目完结部分主要描述关键参与者在执行项目后评审工作中的职责，总结管理总体规划制定过程中的优势和不足（包括“经验教训”相关文档）、管理记录的合理问责，以及协助公园员工制定管理总体规划初始实施策略。项目完结部分的最终文件要以电子档形式发送给信息技术中心。

通常，决议记录或无重大影响的调查结果获批之后，规划团队才开始开展项目评估或完结工作。理论上，规划过程的主要参与者同样也要参与项目后评估工作（最好通过召开规划团队会议的方式进行），以此来检查规划过程中的优势和不足，并总结“经验教训”。项目经理要与华盛顿地区办事处公园规划与特别研究部协调使用项目后评审调查问卷，推进后续的研讨工作，并做好相关记录。这些工作都将协助美国国家公园管理局推进未来规划和管理总体规划制定过程。

——项目协议的修订

项目协议中应当明确在什么条件和情况下需要对其自身进行修订，谁有权启动修订工作，以及修订的评审和批准程序。问题、数据需求或公众争议等方面的实质性变化可能会导致项目节点和／或项目范畴发生重大改变，此种情况下，经相关审查和批准后，可对项目协议进行修订。

——附录

如有必要，还应附上有利于理解项目协议各条款的相关信息。

3.5.2 项目协议实例

项目协议实例可在以下网站获取：

◆ 规划、环境和公共评论系统网站：https://pepc.nps.gov；

◆ 山间区网站：http://imgis.nps.gov/；

◆ 丹佛管理中心工作流程模板网站http://home.nps.gov/dscw/index.htm。

3.5.3 项目协议的审核和批准过程

根据不同区域的规定，编制项目协议需要的时间也不同。通常，最初会将项目协议初稿递给公园和各地区办公室，由他们收集信息和资源，并提出补充意见。在收录了他们的意见后，会将修改后的项目协议提交到环境和公共评论系统中进行公布，并将电子版项目协议发送给华盛顿地区办事处公园规划与特别研究部。美国国家公园管理局规定中的所有主要流程都有机会对项目协议进行审核和评议。华盛顿地区办事处项目经理审查项目协议是否符合相关政策和项目标准，之后会以电子档的形式将华盛顿地区办事处的综合评论反馈给地区办公室，并且对需要进行的修改做出指示。完成修订并获得公园负责人的同意和地方官员的批准后，地区办公室项目经理（或丹佛管理中心规划部主管，如适用）和华盛顿地区办事处公园规划与特别研究部项目经理就会向上级举荐修订之后的项目协议。经过这些程序之后，再将签署的项目协议终稿的副本分别递送给编制项目协议的公园、地区办公室、丹佛管理中心（如适用）和华盛顿地区办事处公园规划与特别研究部（关于华盛顿地区办事处协商和项目协议流程指南的更多细节请参阅附录 A.1）。

项目协议从启动到获批的整个过程比较漫长，项目开始后可能会花费六个月或者更多时间才能敲定最终的项目协议。

3.5.4 项目协议的修订过程

项目协议是一份动态文件，为了保持其有效性，就需要随着项目的推进而不断更新项目协议。可能会以附件的形式或新协议的形式来对项目协议进行修订，突出之前各签署方同意进行的改动。除了项目范畴、进度或成本方面发生实质性改变外，修订项目协议一般不需要华盛顿地区办事处进行政策审查。如有疑问，可以致电华盛顿地区办事处公园规划与特别研究部项目经理或发送电邮来确认是否需要进行华盛顿地区办事处政策审查。对于所有已签署的修订文件，都应当将相关副本递送至华盛顿地区办事处公园规划与特别研究部进行项目存档，并且在线追踪系统中也应对所有修订内容进行及时反映。出现下列变动时需要修订项目协议：

◆ 项目范畴、数据需求或公众争议等问题发生实质性变化，将导致项目节点和／或项目范畴发生重大改变（特别是基础评估和管理总体规划其余部分都没有覆盖到的内容）；

◆ 进度调整涉及的时间跨度超过六个月；

◆ 追加的资金超过了项目预算上限；

◆ 公园负责人和项目经理等关键人员的更换引起了上述变化（例如，进度表的延误超过六个月）。

3.5.5 申请

签订项目协议意味着各签署方承诺使用划拨的项目资金来完成管理总体规划，并使之符合既定的项目方针和标准，以及项目范围等要求。项目启动之后，规划团队应当预见到项目范畴或进度可能会发生变化，从而提醒地区和公园领导将开销控制在预算范围内，并考虑超出管理总体规划大纲之外的资金来源。应当将获批的项目预算上限视为管理总体规划大纲中可为本项目提供的最高金额，以及应制定出使用这笔资金可能取得的最佳管理总体规划。

项目规划过程中可能会发生意料之外的情况，并影响到项目预算上限。如果项目成本有可能超过项目预算上限，则应当准备一份申请书，并提交给华盛顿地区办事处公园规划与特别研究部项目经理审核。提高项目预算上限是否需要书面申请，这取决于多方面因素，例如项目完成的阶段、申请的金额和例外情形等。如果华盛顿地区办事处公园规划与特别研究部要求提交正式的书面申请，其内容应当包括项目简介、截至提交申请时的项目进展时间表、达到每个关键任务所花费的资金，以及包含当前的项目成本上限、申请上涨的金额和申请获批后新的项目上限等内容的一份声明。此外，申请书中还应给出申请提高项目上限的详细理由和依据，并解释清楚超出原项目预算上限的原因、申请获批后将带来的好处，以及将怎样慎重使用追加资金来创造合格的成果等。

3.6 规划追踪与互联网的公众评议（规划、环境和公共评论系统）

规划、环境和公共评论系统建于2005年，是建立在网络基础上的、美国国家公园管理局对需要进行合规性审查的项目进行管理和追踪的数据库。规划、环境和公共评论系统有助于对合规性审查的各个阶段进行管理，同时也是制定项目行政记录的有效辅助手段。在华盛顿地区办事处评审过程中，凡涉及《国家环境政策法》的所有文件都需要在美国国家公园管理局内部的规划、环境和公共评论系统网站上进行公布，包括项目协议和所有的管理总体规划初稿。该系统还有一个公共网站，个人可以从中查询到正在或将要接受合规性检查的项目，也可以浏览美国国家公园管理局内部网站上的项目管理信息。

规划、环境和公共评论系统的这个公共网站（http://parkplanning.nps.gov）允许人们通过单个外部网站及时获取有关项目描述、《国家环境政策法》工作流程信息（例如公众调研公告、会议和评议时期），以及规划和《国家环境政策法》相关文件（例如管理总体规划书、消防管理计划、环境评估书、环境影响报告以及其他规划和决议文本）。

规划、环境和公共评论系统中允许个人通过网络在线评论，对规划文档进行评论，并直接发表在规划、环境和公共评论系统里，这就为公众对提出的项目或当前开展的项目进行评论提供了便捷渠道。当然也可以提交书面评论，但需要项目规划团队的人员手工扫描并提交到规划、环境和公共评论系统里，因而在此强烈建议把规划、环境和公共评论系统作为公众提交电子评论的唯一方式，以节省规划人员手工上传评论的时间。所有管理总体规划项目团队都必须使用规划、环境和公共评论系统作为与公众交流的网络工具，并将新闻简讯、管理总体规划初稿和终稿都公布到规划、环境和公共评论系统上。规划、环境和公共评论系统公共网站上的公园负责人简介部分应当包括公众在新闻简讯意见表中提出的问题，并指导如何回应这些问题。

规划、环境和公共评论系统的内网部分（pepc. nps. gov）具有以下特色：

◆ 追踪项目重大事项；

◆ 能够发布公开文档和内部文档，供相关机构和公众进行评审；

◆ 能够收集、分析并回应内部评论和公共评论；

◆ 团队合作与沟通；

◆ 能够获取国家公园体系中各级别和各地区的规划项目数据；

◆ 项目规划过程中关于现状和趋势的报告。

每个项目协议都要明确向规划、环境和公共评论系统录入并维护数据的岗位与职责。一些公园设有负责公园项目数据完整性的规划、环境和公共评论系统专员，但对于其他没有设置规划、环境和公共评论系统专员的公园，则要由项目经理、团队成员或区域协调员来负责这方面的工作。对于已经开展的项目，如果项目协议中没有明确向规划、环境和公共评论系统录入和维护数据的职责，则应该在项目进行过程中予以确定。

使用内部系统的所有人员都必须在接受过适当的规划、环境和公共评论系统使用培训之后，才能取得登录密码。相关人员可登录内部站点“美国内政部学习”网（https://www.doi.gov/doilearn）来学习相关课程。为了获取访问规划、环境和公共评论系统的登录名和密码，使用人员必须学习“规划、环境和公共评论系统导论”这门课程。

为了帮助相关人员获得关于规划、环境和公共评论系统的更多信息，规划、环境和公共评论系统网站上设置了一个十分有用的工具按钮，其中包括系统指南、培训材料、电子课程和其他工具。点击“规划、环境和公共评论系统调整”的链接就可以查询到规划、环境和公共评论系统的定期更新和完善。关于在规划、环境和公共评论系统中提交规划文档由华盛顿地区办事处进行审查的操作指南，则可以参阅附录 A. 4。各地区与各公园的规划、环境和公共评论系统管理员在提供相关信息方面也很有用，人们可以在规划、环境和公共评论系统主页上查询到这些管理员的名单。

4. 管理总体规划的法律要求

4.1 管理总体规划内容的法律要求

《1978 年国家公园及休闲娱乐法案》（《美国法典》第 16 卷 1a-7）明确了管理总体规划的相关法律要求。《1978 年国家公园及休闲娱乐法案》规定，管理总体规划中必须包含以下内容：

1. 保护资源的措施；

2. 开发类型和总体开发强度（包括游客流通模式和交通模式、体系和方式），包括总体区位、实施时间和预期成本；

3. 游客承载量的确定和实施；

4. 可能会进行的边界调整。

为满足上述要求，管理总体规划可以采取以下方式：

1. 阐述公园各个特定区域欲实现或维持的预期资源条件和游客体验；

2. 明确资源管理的类型和层级，以及与期望状况相适应的游客使用权的管理、开发和使用（上述要求1和2）；

3. 设定游客承载量的量化标准（法律需求3）；

4. 解决潜在边界调整（法律需求4）。

国家公园管理局的主要职责是保护其管辖范围之内的国家公园和国家遗址，使其在供人们使用和享受的同时，又能保持其自然状态。在保护其控制下的各地区的资源方面，管理局的其他活动都必须排在这一基本功能之后（但却不是附属关系）。

——斯蒂芬·马瑟

国家公园管理局局长

4.1.1 保护资源的措施

管理总体规划中的资源保护措施不能为具体工作的实施提供详细指导，而是对一段时间内实现期望状况需要采取哪些合理的管理措施提供总体指南。至于何时应该采取措施以及采取何种具体措施的决议，则应属于公园资源管理战略、战略规划和实施计划的考虑范畴。资源保护措施的具体阐述如下：

在管理总体规划制定过程中，保护资源主要通过两个步骤来实现。第一步是必须明确在实现公园目标并维持其重要性中发挥基础作用的资源和价值，以及相当重要、因而在规划过程中需要特别考虑的其他资源和价值。这些资源包括游客体验的机会（第6章将具体探讨这一内容）。第二步是确定这些资源和价值的期望状况，包括适合用来实现和维持所需资源条件和游客体验的、管理措施、资源开发和使用方面的种类和层次（第6章将进行具体探讨）。这种逐步深入的方法有助于确保：（1）制定规划和决策时始终关注最重要的事项；（2）管理人员对结果（期望状况）负最终责任，而不仅仅是负责执行某项具体的、有效或无效的管理措施。

管理总体规划中关于所需资源条件的陈述通常是广泛的、定性的目标，因而是不可测量的，但它可以为公园各类资源项目的管理者提供重要指导，帮助他们从管理总体规划中引申出有关计划、战略和实施等方面的规划决策。正如《公园规划项目标准》中规定的，各种项目管理规划的目的之一就是将管理总体规划中对期望状况的定性阐述转化为可以长期监测的定量或客观指标，用以评估期望状况的实现程度。

如果一段时间之后，执行某项具体管理措施没能够实现期望状况，那么管理者则需要在管理总体规划以及其他相关项目规划的指导下，制定和采取更多有效措施。公园的战略规划只为最重要、优先级最高的行动分配资金，而具体的行动细节则由项目实施计划（如有需要）或年度工作计划来规定。要将监测和管理措施的循环实践活动长期持续下去：采取必要的和基本合理的管理措施来实现期望状况；监测并评估产生的效果；根据观测到的结果，继续执行或者修订管理措施。

4.1.2 开发的类型和总体强度，包括交通

根据相关法律规定，管理总体规划中必须有公园在公众享受和使用方面的开发类型和总体强度（包括游客的流通和交通模式、体系和方式）方面的指示。具体说，应当包括总体区位、实施时间和预期成本。

最初，美国国家公园管理局认为满足这些要求的有效途径是将设施规划作为管理总体规划的一个关键部分，制定出详细的概念性开发规划和成本预算。然而，历年来对于管理总体规划过程的评估结果显示，只要资金允许，就需要重复进行或更改场地细节规划。现阶段的工作只是在管理总体规划中提出一个总体指南，而将具体的场地规划工作留到下一阶段。

现有的管理总体规划通过管理分区来划分开发类型和强度，也就是根据开发的特定类型和强度划分公园的区域。分区方案包括资源保护和游客体验的期望状况，以及各区域所适宜的设施的类型和层级。例如，93 号航班纪念公园的管理总体规划就为游客服务设施（包括游客中心、卫生间、通道、人行道、园林等）划定了一个区域（分区），该区域位置是由美国国家公园管理局与参与管理总体规划制定过程的广大公众共同商讨决定的，认为这种开发类型适合该公园。开发层级通常讨论“分散的”或“高密度”等限定词，但并不量化设施的占地面积或道路的具体长度，因为这些指标在整个规划过程中可能会发生变化。编制成本估算（包括开发成本）的相关内容将会在第 9 章中进行具体论述。

交通是公园总体管理和其他规划工作中必不可少的一个要素。将交通规划纳入管理总体规划的目的就是分析当前的交通条件、明确现存的问题和实际需求，以此作为预测和规划未来交通系统的基础；全面评估各备选方案及其环境影响。

交通系统及其各构成要素（如道路、桥梁、小道、停车场和备选的交通

系统）的区位、类型和具体设计都会对游客体验产生强烈影响，此外还在很大程度上影响到何种公园资源将会受到冲击，以及受冲击的方式。由于上述原因，在制定交通设施方面的管理决策时需要对备选方案进行全面的、跨学科的考量，并充分认识到可能产生的后果。

4.1.3 游客容量

游客容量（以往称作游客容量或游客承载力）在20世纪70年代步入公共土地规划的前沿行列。正如前文所提及的，《1978年国家公园及休闲娱乐法案》规定国家公园体系中的每个公园都必须有计划书，确定并努力落实各自的游客承载量。从1978年开始，美国国家公园管理局的规划人员逐渐认识到游客容量这个概念比游客承载力更为恰当，因为前者传达出这样一种观念，即这种容纳力适用于所有的公园使用者，包括公园内的从业者和其他本地居民。

1992年，美国国家公园管理局开始制定游客体验和资源保护工作框架，帮助国家公园体系中的各公园确定各自的游客容量。1997年，美国国家公园管理局出版了一份游客体验和资源保护操作流程指南，指南中的最初几个步骤随后被收录进1998年通过的修订版管理总体规划流程中。现在，管理总体规划流程已经得到进一步细化，增加了更多关于公园游客容量的管理措施，例如明确了相关指标和标准等。第8章将进一步论述这一问题。

4.1.4 潜在边界调整

“明确潜在边界调整”是国会要求的、美国国家公园管理局在管理总体规划制定过程中必须考虑的四个要素中的最后一项。公园边界通常用来反映某个时间点上的广泛实际性考虑，而不一定反映自然和文化资源的特点、管理方面的考虑或变化着的土地使用模式。相邻土地出现问题时，尽管公园管理者通常能够迅速作出回应，但国会、州和地方政府以及社会公众却通常并不知道保护公园资源需要采取哪些措施。相邻土地使用方式的现有和潜在变化引发的影响，已成为公园申请资金制定新的管理总体规划最常见的理由之一。

要采取全面的视角来审视相邻土地的使用情况、所辖范围内土地的管理指导和潜在的边界调整，这在管理总体规划中是十分重要的。某些情况下，管理总体规划适合用来根据地形、流域范围或道路，比较笼统地划定关注区域，之后再单独开展一项边界研究，从而进行更为细致的评估。而对于一些面积不大或土地权属关系相对简单的区域，管理总体规划在确定符合公园收录标准的土地时则可以更加具体。不论在哪种情况下，将土地划入公园并置于美国国家公园管理局的管理之下，都仅仅是实现资源保护和改善游客体验等目标的众多方法中的一种。通过明确管理总体规划的关注区域，公园可以强化其与地方政府、相邻土地的管理者和个体业主之间的合作关系。公园管理总体规划收录潜在边界调整信息的做法，能够利用出售土地的机会来支持和推进相关立法。以下案例中某些外部影响或其他情况可能会促使公园管理者在管理总体规划中提出潜在边界调整方案。

◆《1993年石化森林公园的管理总体规划文件》中记载，管理总体规划中只收录了公园内部以及临近区域内的一小部分全球珍稀古生物资源。规划书中引用了古生物学领域许多著名专家的观点，他们证实了公园边界以外的资源的重要性，以及其它们与公园内部资源的直接关系。2004年，国会遵循管理总体规划中的提议，主要通过收购合并国有土地的方式，将公园的范围扩大了103，000英亩。

◆ 玛丽·麦克劳德·贝休恩市政厅是位于华盛顿市中心的一栋连排家庭住宅。其管理总体规划中明确提出了改善残疾人通道和增加管理空间的需求，并进一步指出满足这一需求最合理的途径是兼并临近的一个市政厅。

◆ 彼得斯堡国家战地公园最初拥有大约2600英亩土地，但美国内战中的彼得斯堡战役实际上却发生在弗吉尼亚州彼得斯堡周边的10000英亩内。2005年即将完成的管理总体规划中提出，公园外仍然有大约7000英亩的土地保存完整，并且有可能被划入公园范围。美国国家公园管理局不用全部花钱购买这7000英亩，因为管理总体规划中的相关分析能够引导个人和私营企业自发参与到保护工作中来。

以上三个例子说明了在编制管理总体规划过程中考虑外部影响的必要性。根据美国国家公园管理局的《美国国家公园管理政策》(最新版)（第3.5节）中的潜在边界调整标准，边界调整应当出于以下目的：

◆ 保护重要资源和价值，增加与公园宗旨相关的公众体验机会。

◆ 解决运营和管理方面的问题，例如使用需求，或是为符合地形、自然特征或道路等合理的边界轮廓而调整公园边界。

◆ 此外，还应保护那些对实现公园宗旨十分关键的资源。

潜在边界调整在公园管理、规模、布局、土地权属和成本等因素上还应当具有可行性，此外还必须对其他的管理备选方案和资源保护备选方案进行评估，进而判定它们不合适。上述最后一条目的在当今这样的预算环境下显得尤为重要。管理总体规划中必须考虑到所有这些要素。

国家公园体系中所有的边界调整都必须得到法律授权。很多公园从专门负责边界调整的授权法和之后的立法活动中获得了边界调整的法定权利，例如，《阿拉斯加国有土地保护法》规定阿拉斯加国家公园进行小规模边界调整的上限为23,000英亩（《美国法典》第16卷3103【b】）。但对于没有单独法律授权的公园，《1965年土地和水资源保护法》修订版中则规定了三种不同的边界调整：（a）技术修正；（b）建立在法定标准基础之上的小规模修正；（c）合并捐赠的土地、用捐赠资金购买的土地，其他联邦机构转让或交换的相邻不动产。相邻不动产是指与公园相邻接、但不属于公园范围内的土地。

《1990年亚利桑那沙漠荒野法》（《美国法典》第16卷1a-12）第1216条规定，美国内政部长应当制定相关标准，评估国家公园体系中各公园对当前边界的调整提案。此类标准应当包括：

◆ 分析当前边界设置在充分保护与保存公园不可或缺的自然、历史、文化、景观和娱乐资源方面是否合适。

◆ 在前一步分析基础之上，评估每一项提出扩大公园范围或削减公园面积的协议。

◆ 评估潜在边界调整将产生的影响，应当考虑以上列举的各方面，以及边界调整将对当地社区和周边区域产生的影响。

《1990年亚利桑那沙漠荒野法》第1217条规定，在提议调整边界时，美国内政部长应该采取以下措施：

◆ 与州政府和地方政府的相关机构、周边社区、受影响的土地所有者以及国家、区域和地方的个体组织进行商议。

◆ 使用依照第1216条所制定的标准，并在边界调整提案中附上一份声明，反映运用这些标准所取得的结果。

◆ 对欲收购的土地进行成本预测，并说明依据，此外还要声明（项目）各公园与国家公园体系中其他土地重点列表中，土地收购拥有相对优先权的理由。

此外，需要对其他的管理和资源保护备选方案进行评估，进而判定它们不合适并排除这些备选方案。对于合适的边界调整方案，美国国家公园管理局会将它们推荐给美国内政部长，以此推进下一步的立法或管理工作。

如需获取1991年出版的美国国家公园管理局制定的《边界调整标准》，可登录华盛顿地区办事处公园规划与特别研究部的网站http://inside.nps.gov/waso/custommenu.cfm?lv=2&prg=50&id=3317查询。

关于边界调整，公园管理者必须在工作的初始阶段就明确各相关负责机构，并且应当在工作过程中，依照相关程序与物业人员和/或华盛顿地区办事处法律事务办公室保持密切合作。在许多情况下，边界调整都需要正式的法律授权。所有关于边界调整权力实施的问题都应当反映给华盛顿地区办事处土地资源部门或区域土地资源项目中心，具体操作可参见《第25号局长令：土地保护》（美国国家公园管理局2005a），网址为http://www.nps.gov/policy/DOrders/DOrder25.htm。

附录C.1中是两个案例，分别是恶土国家公园和芒特雷尼尔国家公园的管理总体规划中/提议的边界调整方案。其他含有边界调整提议的管理总体规划实例有《2004年科罗拉多州国家古迹管理总体规划》、《2006年奥林匹克国家公园管理总体规划》和《2006年林肯出生地国家历史遗址管理总体规划》。

4.2 《国家环境政策法》对管理总体规划的要求

《国家环境政策法》要求联邦机构在决定采取所提议的措施之前，应充分考虑这些行为可能造成的环境影响。为满足这一要求，《国家环境政策法》以及白宫环境质量委员会设立了两种机制。第一，要求在制定任何决议之前，对于那些可能会对环境产生影响的提议及其备选方案，所有机构都必须进行细致、全面且透彻的研究（《1998年国家公园公共汽车管理法》另外规定，美国国家公园管理局的管理决策必须建立在充分的技术和科学研究基础之上）。此外，相关机构还有责任使全体利益相关者和所波及的社会公众参与到《国家环境政策法》评审过程中来。

管理总体规划的决策水平涉及《国家环境政策法》程序，因为这些决策会影响未来的土地和资源使用。《国家环境政策法》第101（b）条提到了关于可持续性、平衡性以及包括生态系统在内的环境资源的相关知识与保护。国会希望相关联邦机构（例如美国国家公园管理局）不是简单地将《国家环境政策法》视作用于决定“铺设公路还是修建小道”等具体事宜的一种工具，而应当将其视作是对美国国家公园管理局宏观事宜上的一种决策指导。设立美国国家公园管理局机构主要是为了解决以下问题：公园资源的利用如何影响整片区域或整个生态系统；如何在保证公众合理使用和体验的同时保护公园资源；在未来当前决议将如何长期影响公园管理方式的选择。以上各类问题都是《国家环境政策法》强调的问题。

在决议制定过程中，白宫环境质量委员会鼓励相关联邦机构采用层次化的工作流程，先从范围广的、总体的《国家环境政策法》环境影响分析文件入手，之后再过渡到特定区域的具体文件。这种层次化流程使得美国国家公园管理局“优先关注那些决策条件已经成熟的问题，并排除那些已经确定的或决策条件尚不成熟的问题”（《美国联邦法规》第 40 编第 1508.28 条）。

管理总体规划关注公园在较长时间内需要达成并维持的条件，因此通常规模较大，需要耗费若干年来分阶段实施，并且极少甚至不会涉及细节性的具体措施。因此，管理总体规划的《国家环境政策法》分析通常是纲领性的或大尺度的分析，而不是对特定场地的分析。随着决策内容从管理总体规划逐步转向项目规划、战略规划和实施计划，信息的需求也越来越集中和具体，因而就需要在这些层面进行更多分析。

关于《国家环境政策法》要求的全面指南可参见《美国国家公园管理局第 12 号局长令手册》（网址为 http://www.nps.gov/policy/DOrders/DOrder25.htm）。下文将讨论运用《国家环境政策法》评审管理总体规划时的特殊注意事项。

4.2.1 为管理总体规划制定合理的《国家环境政策法》评审途径

《美国国家公园管理局第 12 号局长令手册》要求建立环境筛查表，为所有美国国家公园管理局措施制定合理的《国家环境政策法》评审途径。同时，要在管理总体规划中准备一份环境影响报告，这是美国国家公园管理局的标准操作和政策。然而在下列情况下，地方官员可以与美国国家公园管理局环境质量处进行磋商（通过负责自然资源管理和科学方面工作的副处长），在得到批准后可以不遵循上述一般规则，而只需在管理总体规划中准备一份环境评估书即可。具体情况包括：

◆ 调查显示潜在的环境影响没有引起公众争议；

◆ 备选方案的原始分析中明确指出备选方案不存在产生显著影响的可能性（可参见美国国家公园管理局《美国国家公园管理政策》（最新版）第 2.3.1.7 条）。

政策豁免可以在管理总体规划的任何阶段获取，具体申请时间取决于管理总体规划，但通常发生在完成公众调查评论分析之后或规划过程的后期。另一个适合申请政策豁免的时间，是在完成对备选方案初稿和初步影响分析的公众评论之后，此时规划团队就能够判断该管理总体规划是否会产生显著的影响或重大的争议。获得批准可以免写环境评估书的公园有契卡索国家休闲娱乐区、约翰时代化石床国家纪念公园、阿米斯特德国家休闲娱乐区、赫伯特·胡佛国家历史遗址、霍文威普国家古迹、斯坦尼克斯堡国家古迹）和波士顿非裔美国人国家历史遗址。获得批准可以免写环境影响报告的公园实例可参阅附录 C.2，附随《联邦公告》上公布的一则终结某个环境影响报告的通知。

图 4.1：适用于所有管理总体规划的《国家环境政策法》评审途径

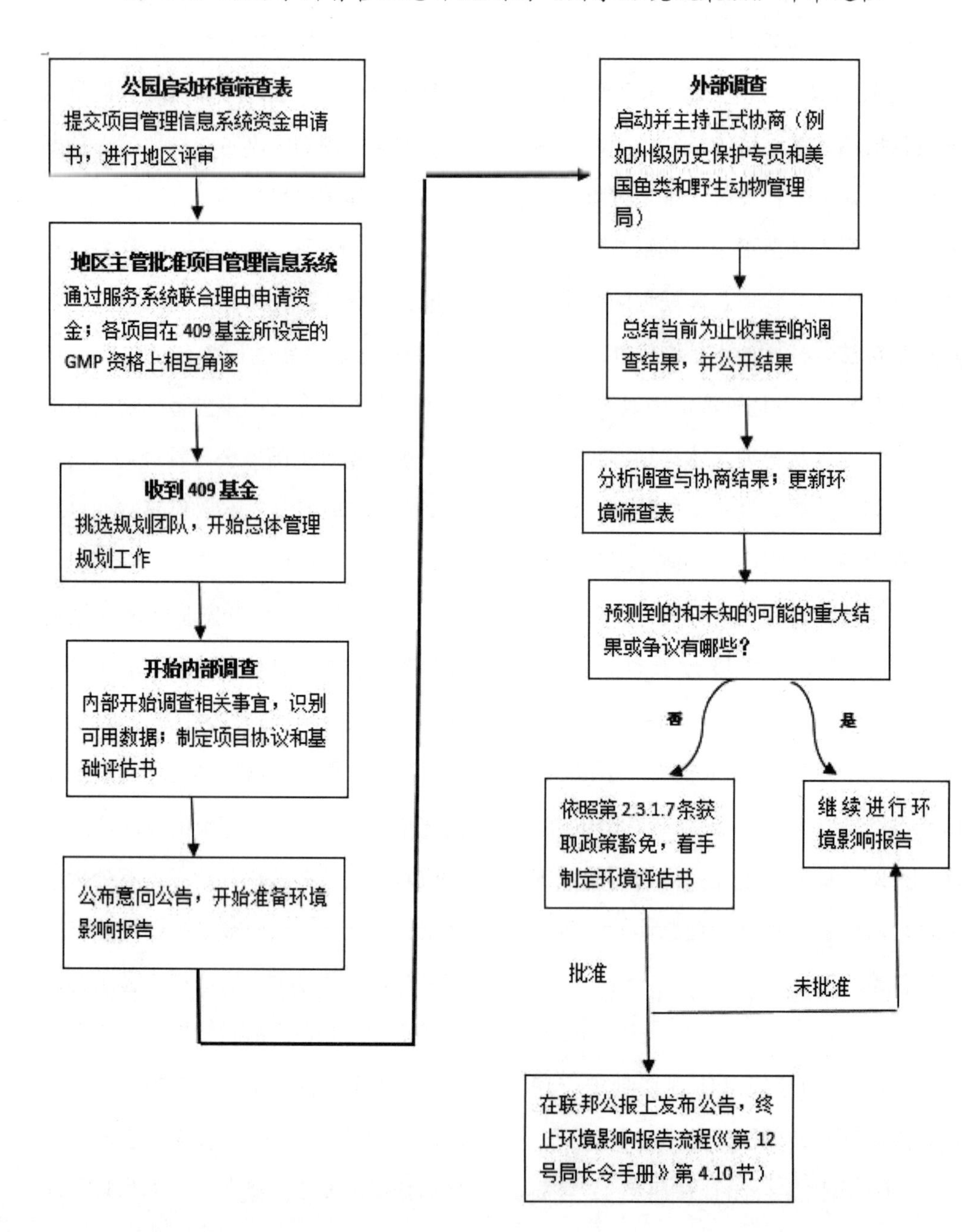

图 4.1 概述了所有的管理总体规划在选择合理的《国家环境政策法》评审途径时应当遵循的流程。

1. 环境筛查表是有助于确定管理总体规划范畴（例如哪些资源需要更多的数据或调查；在与公众和其他机构进行商议时可能会出现哪些问题等）的规划工具。在此阶段使用环境筛查表也有助于明确项目的资金需求。

2.《美国国家公园管理局第 12 号局长令》要求通过内部调查来确定项目 / 规划的目的、需要和目标、初步的备选方案（如果存在的话），以及所适合的《国家环境政策法》评审途径。意向公告或其他媒介中应披露规划的目的、需要及目标和初步备选方案（如果存在的话），以便进行公众评审，并获取相关信息。环境筛查表的作用主要在于，进一步提炼备受关注的资源问题，评审现有数据，并协助明确信息需求和潜在的资源影响。例如，随着信息的收集，“决策所需数据”的环境筛查表中的某个结论可能会发生改变，从而体现出行为的预期影响很小。

3. 规划团队在与公众和相关机构进行商议之后，可能会获得更多信息来完善环境筛查表中的所得结论。

4. 该流程也可以在完成备选方案初稿和进行初步影响分析之后的阶段进行。“显著影响”是通过使用环境筛查表而确定的，所有负面影响和正面影响都必须加以考虑。通常情况下，如果一个项目对人类环境的影响可能大于较小值，那么该项目至少需要准备一份环境评估书。常规规则下，中等和较大影响预示着更深的影响程度，此时项目则需要制定一份环境影响报告（更多指导请参阅第 2.11 节《美国国家公园管理局第 12 号局长令》和环境筛查表表格）。

注意：相关机构正在考虑修订《美国国家公园管理局第 12 号局长令手册》，这可能会影响到上述步骤中涉及的选择合适的《国家环境政策法》评审途径等相关内容，其中包括为管理总体规划制定环境影响报告的有关要求。

4.2.2 进行管理总体规划相关纲领性《国家环境政策法》分析时的特别注意事项——将《国家环境政策法》与管理总体规划相结合

规划顺序

美国国家公园管理局的规划人员和管理者在工作前期开展了大量分析工作，强化了管理总体规划过程，因此他们能够为公园制定出更好的备选方案，供全体利益相关者参考和评估。与二十年以前制定的备选方案相比，现在的备选方案更加始终关注公园的特定目的和特殊显著性；更加始终致力于避免因疏忽大意而对自然或文化资源产生潜在影响；除了配置足够的娱乐设施来满足游客需求之外，也更加始终如一地从其他层面改善游客的体验。

无论是在融合版的管理总体规划 / 环境影响报告还是在融合版的管理总体规划 / 环境评估书中，都需要将管理总体规划过程的每一步与规范的《国家环境政策法》步骤整合成为一体的、合理的、可追踪的决策过程，这是非常重要的。表 4.1 中罗列的方式揭露了这些步骤之间的相互关系。为了便于讨论，此处将这些步骤分为预规划、调查、制定备选方案、影响评估和确定首选方案五大块。

表 4.1：将管理总体规划与《国家环境政策法》流程相结合

规划类别	典型《国家环境政策法》流程中包含的步骤	特定于管理总体规划的流程要求
预规划：项目协议和基础评估	明确行为的目的和必要性	明确规划的必要性
		明确和 / 或证实公园的目的、特殊显著性、要诠释的主要主题、特殊要求以及美国国家公园管理局的法律和政策要求
		分析基础资源和价值以及其他重要资源和价值
		识别信息缺口并收集所需数据
调查		明确规划要回答的主要问题
	明确行动目标和任务	管理总体规划源于公园目的和特殊显著性，以及美国国家公园管理局的《管理政策》；管理总体规划过程中做出的决策构成了公园的主要目标
	明确提案	
	明确实现公园目标需要解决的问题	识别环境问题和环境影响方面的话题
制定备选方案	制定一系列合理且可行的备选方案，以此来解决问题并在较大程度上实现规划目标	制定一系列合理且可行的备选方案，以此来解决问题并在较大程度上实现规划目标

评估影响	找出更多的数据缺口并收集所需数据	找出更多的数据缺口并收集所需数据
	评估影响并挑选出比较环保的优选方案	评估影响并挑选出比较环保的优选方案
确定优选方案		分析各备选方案的相对价值
	确定首选方案	确定首选方案

行动目的和必要性

融合版的管理总体规划／环境影响报告或管理总体规划／环境评估书的主要功能是为公园管理者提供一个框架或计划，使其在决定以下事宜时能够有所依据：如何使公园资源得到最佳保护；如何提供优质的游客使用和体验服务；如何管理游客使用方面的工作；需要新建和维护哪些设施；如果需要新建设施的话，应当安置在公园内部还是公园周边。该框架包括以下要素：

◆ 为公园设定切合实际的发展愿景，在充分考虑当前和待建设施与项目可能造成的环境和经济影响的前提下，确定公园的发展方向。

◆ 确定公园的资源条件、游客体验机会、以及最能实现公园目标并维持其存在特殊显著性的常见的管理、开发和使用类型，从而最好地实现公园的目标并维护其特殊显著性（管理总体规划关注的焦点）。

◆ 为公园各部门和单位制定通用的管理指南。

每个公园的情况不同，制定管理总体规划的动机和需求也不尽相同，除了满足法律和政策的要求（详见第3章）之外，制定管理总体规划也是出于以下原因：

◆ 现有管理总体规划已经过时；

◆ 公园的内部和外部条件不断发生变化（如游览方式、资源条件、土地利用等）；

◆ 出现了新标记或新命名（如：荒野国家历史地标）；

◆ 新研究中的新信息能够影响公园管理；

◆ 需要解决一些紧迫的悬而未决的问题。

无行动备选方案

在管理总体规划层面，行动备选方案更加关注所需的资源条件，而非实现这些条件所要采取的具体措施。为了用与行动备选方案相同的方式呈现无行动备选方案，后者也应当更加关注条件而非措施（可参见“应当更多关注无行动备选方案的特别注意事项”）。

分析备选方案

管理总体规划团队在对备选方案进行纲领性分析时，面临的真正挑战是如何恰当描述各备选方案在对资源和价值所产生的影响上的基本差异，尽管各备选方案本质上内容笼统宽泛，但却能够提供足够的细节，从而使得分析行为本身及分析结果变得有特殊显著性。这就要求更加关注识别和披露处于危机之中的重要资源和人文价值观念，公开分析备选方案的环境影响时需要考虑的话题，以及从当前形势来看，某项措施或某个备选方案可能带来的主要变化。此处非常重要的一点是，纲领性分析在关于期望状况的主要决策和相关重大权衡之间建立了一种符合逻辑的、可追踪的联系，这些联系成为选择美国国家公园管理局首选方案时的主要考虑因素。详细分析可参见第 10 章。

4.2.3 《国家环境政策法》中的公众参与要求

白宫环境质量委员会要求相关机构应尽可能使利益相关的和涉及的公众深入参与到《国家环境政策法》规划过程中来。下面列举了管理总体规划／环境影响报告项目中美国国家公园管理局公众参与的最低要求，但规划过程中可能需要更多的公众参与进来（注意：华盛顿地区办事处要求下述所有《联邦公告》通知都需要随附提交一份简报）。

表 4.2：美国国家公园管理局对管理总体规划／环境影响报告中的公众参与的要求

要求	措施
制定管理总体规划／环境影响报告的意向通知	在《联邦公告》中发布意向通知，筹备环境影响报告。
正式的《国家环境政策法》调查	组织内部和外部调查；包括其他州、地方和部族政府、联邦机构以及公众。

管理总体规划 / 环境影响报告初稿的可用性通知	将管理总体规划 / 环境影响报告递交到美国国家环境保护局存档备案，环保局在《联邦公告》中发布可用性通知。
分发管理总体规划 / 环境影响报告初稿	向以下组织和个人发送管理总体规划 / 环境影响报告初稿：（a）拥有法定管辖权限或专业知识的所有联邦机构，以及所有相关的联邦、州或地方机构或印第安部落；（b）所有相关的或涉及到的个人或组织；以及（c）索要副本的其他人。可以向索要方发送电子版或CD格式的文件副本，而不必寄发纸质文件。
管理总体规划 / 环境影响报告初稿的公众评议	管理总体规划 / 环境影响报告初稿的评议过程至少可延续60天（从美国环境保护局在《联邦公告》上发布可用性公告之日起算）。尽管可用性公告也需要在美国国家公园管理局存档，但是60天的公众评议时间是从美国环境保护局发布可用性公告的时间开始起算的。
公众会议	组织公众会议（注意：公众听证会*是管理总体规划和荒野研究的强制程序）。
管理总体规划 / 环境影响报告终稿的可用性公告	向美国环境保护局提交管理总体规划 / 环境影响报告终稿，终稿中应对评议期内收到的意见做出适当回应；在《联邦公告》上发布管理总体规划 / 环境影响报告终稿的可用性公告。美国环境保护局发布可用性公告30天后再签署决议记录。
分发管理总体规划 / 环境影响报告终稿	将完整版环境影响报告终稿寄送给：（a）提出了实质性评议的个人或组织；（b）参与过评议的机构或部落；（c）任何索要环境影响报告终稿的个人。
决议记录通知	在《联邦公告》和地方报纸上公布决议记录或概要。

* 听证会是由听证官员组织的正式公众会议，通常对公众证词环节有特别的时间限定。公众的口头评论内容会被逐字收录在管理记录中。

美国国家公园管理局对管理总体规划/环境评估书中公众参与的基本要求如下：

表 4.3：美国国家公园管理局对管理总体规划/环境评估书中的公众参与的最低要求

要求	措施
管理总体规划/环境影响报告的意向公告	在《联邦公告》中发布意向公告，筹备环境影响报告。
正式的《国家环境政策法》调查	组织内部和外部调查。
为环境影响报告制定终结通知	在《联邦公告》上发布通知。注意：美国国家公园管理局计划在当前流程结束时，制定一份环境评估书并期望发布一份无重大影响的调查结果。根据美国国家公园管理局的相关政策，如果无重大影响的调查结果得以发布，则能够在公园开始实施相关决议之前的30天内进行公众评议。
分发管理总体规划/环境评估书初稿	通知公众可以对环境评估书进行评议。将管理总体规划/环境评估书初稿寄送给（a）拥有法定管辖权或特定专业知识的所有联邦机构，以及所有相关的联邦、州或地方机构或印第安部落；（b）所有相关的或涉及的个人或组织；以及（c）索要副本的其他人。可以向索要方发送电子版或CD格式的文件副本，而不必寄发纸质文件。

管理总体规划 / 环境评估书初稿的公众评议	从初稿寄发之日算起，应提供最少 30 天的时间来评议管理总体规划 / 环境评估书初稿。
公众会议	组织公众会议。
管理总体规划的无重大影响的调查结果（如适用）	制定并发布无重大影响的调查结果。
无重大影响的调查结果通知	在当地记录报上刊登通知，告知公众无重大影响的调查结果中的内容，并公布已完成了环境评估程序，且将在 30 天等待期之后开始实施管理总体规划。此外，《美国国家公园管理局第 12 号局长令手册》的 6.3G 条也声明应当在《联邦公告》中发布等待期通告。

关于《国家环境政策法》要求的更多细节可参见《美国国家公园管理局第 12 号局长令手册》以及管理总体规划的丹佛管理中心的管理总体规划工作流程。华盛顿地区办事处关于《联邦公告》通知的指南可参见附录 A.2。此外，山间区区域公园管理局的网站上提供了制定意向公告和可用性公告的详细指导，不仅适用于该地区，在一定程度上对其他各类项目也有普遍适用性。

下文是对《国家环境政策法》调查流程的简要概述，以及本书中就如何开展管理总体规划内部和外部调查的相关建议的出处。

正式的《国家环境政策法》调查

调查通常是利益相关者和受影响的公众和机构进行的早期工作，是《国家环境政策法》对环境影响报告的要求，也是《美国国家公园管理局第 12 号局长令手册》（第 5.5.A 条）对环境评估书的要求。根据《国家环境政策法》，调查是早期进行的、开放性过程，目的是明确并界定环境问题和《国家环境政策法》资料中需要制定的备选方案。

正如《美国国家公园管理局第 12 号局长令手册》（第 4.8.B 条）所明确的，开展调查的目的有：

◆ 确定重要问题；

◆ 排除不重要或不相关的问题；

◆ 明确《国家环境政策法》与其他规划工作或资料的关系；

◆ 确定完成相关文件和制定相关

决议的时间进度表；

◆ 明确分析范围，包括确定目的和需求，明确机构的目标和限制，以及确定备选方案的范围。

美国国家公园管理局管理者和规划人员通常用“调查”一词来表述那些有助于理解某个问题的所有活动，以及解决这些问题所需要的信息和行为，这个过程不受时间表的约束。这类调查甚至早于意向公告，当公园开始评估其规划需求和准备度时就开始了。此外，规划是一个反复的响应式过程，整个规划期间会不断出现新问题，而不仅仅局限在工作初期。

调查分为两类，外部调查和内部调查。

外部调查

外部调查是就环境影响报告或环境评估书需要分析什么等相关问题向公众和其他机构征求意见。外部调查通常有明确的时间限定，并公布在《联邦纪事》的意向公告中、公众调查宣传册和规划、环境和公共评论系统公众网站上。公众口中的调查通常指的是这种正式的法定调查。不能在发布意向公告发布之前开展外部调查，在此之前已经进行的外部调查均不符合《国家环境政策法》中的正规环境影响报告调查要求。意向公告的必要因素包括调查过程的计划安排以及举办调查会议的时间和地点（如果发布意向公告时还未确定具体的时间和地点，则需要注明具体日期、时间和地点，并在当地媒体上进行公布）。规划过程中应今早完成意向公告以及其他要求随附的相关简报，以便在开始正式的《国家环境政策法》调查之前，争取更多的时间来进行评审，并刊登到《联邦公告》中（简报的实例可参见网站 http://home.nps.gov/dscw/index.htm 或者 http://concessions.nps.gov/docs/AdvisoryBoard/Oct08/NPS_Centennial_Brief_September_30_2008.pdf）。

美国国家公园管理局的管理者和规划人员都要致力于超越白宫环境质量委员会对法定公众评议的最低要求，并引导公众如何更好地参与其中，以便使更多的人能够更加积极地参与到规划过程之中（可参见“第 5 章：管理总体规划的公众参与”）。

应当注意的是，即使外部调查通常被看作是利益相关的和受到影响的公众和机构的早期参与（本阶段公众经常能够为规划团队提供有价值的信息），而调查不应当是单个的会议或规划过程中的单个事件。实际上，调查贯穿了规划的整个过程，一直持续到发布规划初稿。

内部调查

内部调查是向美国国家公园管理局工作人员（公园、地区和华盛顿地区办事处）征求意见，以确定环境影响报告或环境评估中需要分析的内容。内部调查不是特别正式，它可以在获得管理总体规划启动资金之前开始，或与之同时开始，并且往往贯穿项目的全过程。内部调查有助于聚焦管理总体规划 / 环境影响报告或环境评估，包括撰写初步备选方案和进行环境分析。内部调查中收集的信息被用来撰写管理总体规划的项目协议，尤其被用来确定管理总体规划的范畴、规划团队成员、时间进度表和项目预算安排（可参见“3.5 项目协议”）。这些信息也有助于设定管理总体规划 /《国家环境政策法》文件范围，帮助挑选最合适的《国家环境政策法》评审途径。

通常，项目经理走出公园，与公园员工和地方政府人员面谈交流，进行初步调查。规划团队的成员在初步调查或后续调查中通常也会深入公园内部，充分了解公园的实际情况和公园员工关注的问题。

管理总体规划 /《国家环境政策法》资料的内部调查应当完成以下内容：

◆ 明确分析范围和项目范畴。

◆ 确定需要考虑哪些相关的、附加的或类似性措施。

◆ 明确管理总体规划 /《国家环境政策法》文件的目标和需求。

◆ 确定管理总体规划涉及到的各机构的目标和约束。

◆ 明确各利益相关者、所涉及的机构、对管理总体规划 /《国家环境政策法》资料中的环境影响主题感兴趣或在该领域拥有专业知识的个人。

◆ 商定公众参与策略。

◆ 商定主要的成果和服务，以及管理总体规划 /《国家环境政策法》文件制定、咨询和评审工作的岗位和职责。

◆ 明确数据需求。

4.3 管理总体规划的其他相关要求

除《国家环境政策法》外，联邦、州和地方的其他法律和行政命令，以及其他联邦制度也对管理总体规划提出了一些要求，而是否需要满足这些要求则取决于备选方案中所提议的公园地址和相关措施。应当把全面收集相关的法律要求作为调查过程的一部分，并归入合适的《国家环境政策法》资料中。除了下文所列举的合规性要求之外，管理总体规划可能还需要满足其他要求(例如，就可能影响重要鱼类栖息地的行为与国家海洋渔业管理局进行商议；或者是对基本农田和优种农田可能受到的影响进行分析等相关要求）。

◆ 漫滩——如果管理总体规划计划在漫滩上建设新设施（例如管理楼、野营地、燃料储藏设施或博物馆），或如果漫滩管理范围内要保留某些设施，则管理总体规划中通常需要随附一份成果声明。2006年奇克索国家休闲娱乐区的管理总体规划/环境评估书和奥林匹克国家公园的管理总体规划/环境影响报告中就分别包含有一份成果声明。关于制定成果声明的细节问题，则可以参见美国国家公园管理局《程序手册77-2：漫滩管理》（美国国家公园管理局2004e）。

◆ 湿地——与漫滩类似，如果管理总体规划中提议的新措施可能会对湿地产生负面影响，则管理总体规划中通常需要随附一份成果声明。《2006年大沙丘国家公园及保护区的管理总体规划》就是一个湿地规划成果声明案例。相关细节可参见美国国家公园管理局《程序手册77-1：湿地保护》（美国国家公园管理局1998c）。

◆ 受威胁物种和濒危物种——根据《濒危物种法案》，若管理总体规划中的措施可能对联邦政府公布的受威胁物种和濒危物种或其栖息地产生负面影响，则规划团队必须在管理总体规划中添加一份生态评估报告。该评估报告可以归入到环境影响的相关章节中，也可以作为一个独立的附录。《2004年彩岩国家湖滨区管理总体规划/环境影响报告》的附录中就有一份环境评估书报告。制定生态评估报告的相关细节可参阅1988年美国鱼类和野生动物管理局和国家海洋渔业管理局发布的《濒危物种咨询手册》。如果相关措施对公布的濒危物种可能产生负面影响，则要求在完成生态评估报告之外，还应当向美国鱼类和野生动物管理局征求生态学方面的意见。

◆ 海岸带相容性测评——任何在国家海岸带（包括大湖区）范围内实施的或将会对海岸带造成影响的各联邦机构的活动，都必须遵照《海岸带管理法案》第307条及其实施细则的规定，此类联邦活动应当与国家海岸带管理项目保持最大程度的一致性。如果一个公园位于海岸带内，就一定要对其管理总体规划进行相容性测评，测评部分通常包含在商议和协调章节中。该测评必须取得负责海岸带管理项目的国家机构的认可（注意：某些国家海岸带管理项目中不用对国家公园进行一致性测评）。解决海岸带一致性问题的实例有《1998年罗亚尔岛国家公园的管理总体规划/环境影响报告》。

◆ 国家注册资产——《国家历史保护法》第106条要求联邦机构考虑其行为对列入或有资格列入国家历史古迹注册名录的资产产生的影响，这为国家或部落古迹保护官员，以及古迹保护咨询委员会参与评议提供了一个合理机会（可详见第10章）。相关规定常被归类在环境后果章节和磋商与协调章节中的影响主题内。

◆ 国家历史地标——当管理总体规划首选方案中提出的某项特定举措可

能会对国家历史地标或其他国家重要文化资源造成负面影响时，规划团队必须进一步商议并采取额外措施使这些负面影响最小化（可详见第 10 章）。这项规定内容经常被归纳为环境影响章节和磋商与协调章节里的一个影响主题。

◆ 少数民族及低收入群体中的环境正义——《第 12898 号行政命令》要求联邦机构评估其活动是否会对少数民族及低收入群体和社区的健康和环境带来极端负面的影响（包括公平分配决议所带来的利益和风险）。这项规定常常出现在环境后果所在章节的影响主题中。

5. 管理总体规划的公众参与

5.1 引言

本章概述了与管理总体规划相关的公众参与的理念与策略。具体来讲，这本资源手册中的信息可以为规划人员提供如下指导：

◆ 理解美国国家公园管理局对管理总体规划中公众参与的要求；

◆ 理解美国国家公园管理局和美国美国内政部对规划过程中使用的、公众参与方面的相关政策与期望；

◆ 认识什么是成功的公众参与活动；

◆ 搜索公众参与方面其他有用的信息来源；

◆ 是公众参与过程中更多有用信息的来源。

每个公众参与活动都有独到之处，所以必须量体裁衣（具体问题具体分析，）根据各公园及其特有的公众组合情况而采取具体行动。但制定公众参与策略的方法是明确的，且适用于所有公众参与策略。公众参与过程应积极回应公园相关公共群体、员工及其合作伙伴的观念，并使他们参与进来，解决问题并抓住机遇。虽然本章提供了一些原则和建议，但规划团队必须明确并决定谁应当参与规划过程、参与的层次如何，以及何时动员利益相关者、合作伙伴和公众参与进来等相关事宜。最后，各规划团队负责制定出创造性的迭代方案，使公众和其它政府机构都参与到整个规划过程中。

关于公众参与的更多信息，请参阅附录 D 中的源文件。

现存并将长期存在的最大难题是让公众相信健全的管理、保存与保护制度的重要性。但是，我仍坚信应当向公众充分公开信息。如果我们不能让美国人认识到国家公园所面临的问题，并让他们参与选择解决这些问题的正确方法，我们就不能成功地履行作为公众土地管理者的职责。

——拉斯 · 狄更生，主任

1980 - 1985

5.1.1 关键词

某些关键词贯穿了本章全文。通常人们对一些词（如“公众”）有不同的理解，为了确保读者对术语的理解相同，特给出了下列定义，并适用于本章节：

◆ 美国国家公园管理局员工和志愿者——所有的全职和兼职雇员，包括公园、地区办公室、项目中心（如丹佛管理中心和哈伯斯·费里中心）和华盛顿地区办事处的全部雇员。公园中的志愿者（VIP 会员）也属于此范畴。

◆ 合作伙伴——可以把某些个人和组织视作美国国家公园管理局的合作伙伴，可以相互合作达成共同目的和目标。然而就本章而言，这个词汇更多地是狭义上的定义，即正在或可能与公园管理局合作制定决策（规划）以实现共同目标的其它（地方、州和联邦）政府实体。与这些机构的合作使得规划团队能够保证完成公园使命，更好地满足国家的保护和娱乐需求。

◆ 公众——公众指的是与美国国家公园管理局互动的个人和团体。这里必须指出的是，没有一个单个实体可以称作“公众”。不同的美国国家公园管理局项目有着不同的公众，并且在规划过程中会发生变化——公众本身、诉求层级、以及每个规划或决策过程中，公众对其观点被考虑之后的满意度等都各不相同。《75A 号局长令》（美国国家公园管理局 2003c）对公众的定义如下：

“对美国国家公园管理局管理下的公园和项目感兴趣的、利益相关的、或对其有一定了解的，并且享受公园服务或就职于公园的所有个人、组织和其他实体。包括（但不限于）游客团体、旅游企业、部落和阿拉斯加土著、环保运动领袖、媒体人士、许可方、特许经销商、土地所有人、门庭社区的成员和特殊利益集团。公众也包括所有国内外游客；亲身参观国家公园的人和在互联网上获取公园信息的人；没有亲身参观国家公园但却对其十分关注的人；长期参与公园管理局的相关工作以及有长期合作关系的个人、机构和实体。”

公众中的重要成员包括：相关官员；联邦、部落、州和地方政府机构；利益相关的个人和非营利性组织；公园的当前和潜在游客；公园的传统游客和其他与公园有着特殊文化联系的个人；科学家和学者；公园邻近的居民。

◆ 公众参与——根据《75A 号局长令》，公众参与（也称为大众参与）是指公众积极参与制定美国国家公园管理局规划决议的活动。公众参与是一个连续的过程，从提供信息和明确关注点，一直到参与制定决策。美国国家公园管理局作用是：为公众提供机会，使其通过有特殊显著性的方式参与进来；倾听公众所关注的问题、他们的价值观和喜好；并在制定美国国家公园管理局决议和政策的过程中考虑这些情况。

◆ 利益相关者——利益相关者是公众的一个子集，它可以是与公园资源和价值观相关决策息息相关的、或者与其在经济、法律或其他方面存在利益关系的个人、团体或其它实体。例如，利益相关者可能包括休闲游客群体、许可方和特许经营者。广义上讲，所有美国人都是国家公园的利益相关者。利益相关者可以是内部的（如机构内部的人员和组织单位，包括区域和华盛顿地区办事处的人员），也可以是外部的。利益相关者的另一种表达是“位置和利益相关的群体”。

5.1.2 公民参与和管理总体规划中的公众参与

在过去的很多年间，许多公园都处于相对隔离的状态，很少与毗邻的社区或政府实体交往或互动。公园的管理决议通常只是基于公园内部的资源需求和游客体验，很少考虑区域和国家所关注的问题，那个时候各公园事实上相互孤立且处于偏远地区，所以这种工作模式暂时行得通。然而，当今的公园已不再是曾经的“孤岛”，随着人口的增长和门户社区的成倍增加，公园与其邻近区域面临着越来越多的共同问题，如水和空气质量、视野、交通拥堵和生活质量等。现在我们已经认识到，公园及其邻近的机构、社区和部落已经与更大的社会、政治、经济、文化和自然环境不可分割地交织在一起。

美国国家公园管理局十分重视进

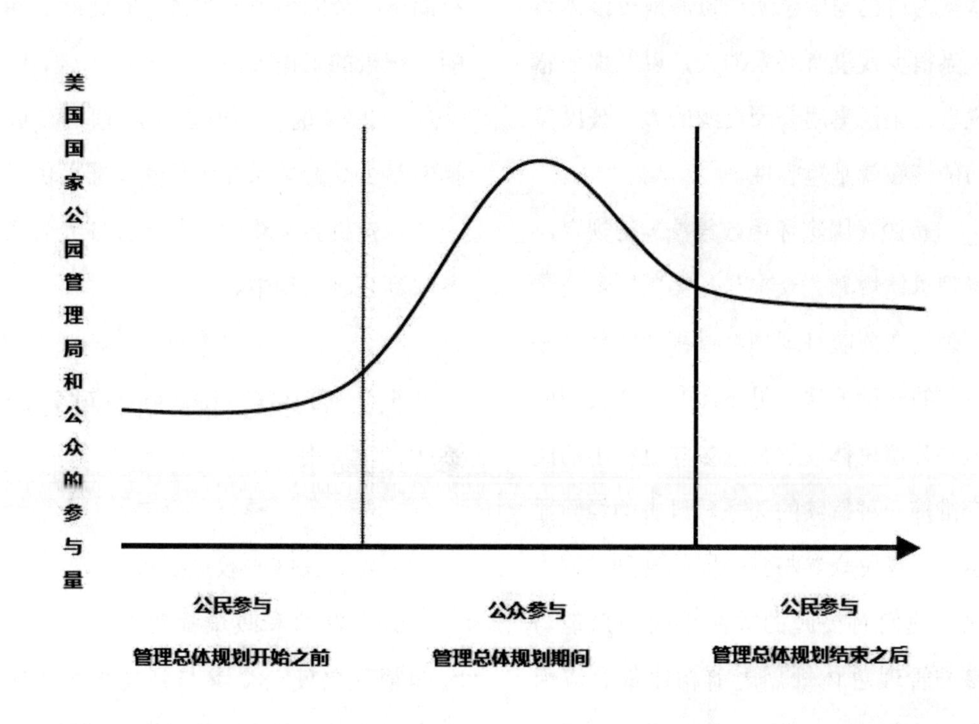

行公民参与工作——“与公众进行的持续的、动态的、多层面的对话和交流，旨在加强美国国家公园管理局和公众在保护文化和自然等遗产资源中的投入，加深公众对于这些资源的全部含义及资源之间相互关系的理解”（美国国家公园管理局 2006a）。公民参与理念能够指导美国国家公园管理局各层级各职能部门的活动（包括规划），它基于一个核心原则——国家遗产资源保护的工作依赖于美国国家公园管理局和美国社会之间的持续性协作关系，这种合作关系包括美国国家公园管理局在运营、规划和决策过程中组织的重大且有特殊显著性的公众参与活动。公民参与的实践活动中存在一种共识，即必须将这种关系扩展到美国的所有群体中去，特别是那些认为自己与国家遗产资源或公园体系联系很少或没有联系的人，以及那些感觉自己无权享用公园资源的人。公民参与的核心就是包容性。

按照《国家环境政策法》的规定，管理总体规划公众参与是美国国家公园管理局在公园管理规划过程中实现公民参与的一种方法（见下图）。各公园应该与管理总体规划公众参与过程中的民众维持一种持续的关系。过去的经验显示，一旦民众参与到公园的规划过程中来，他们对公园的关注程度和兴趣与参与管理总体规划之前相比都有较大提高。

管理总体规划公众参与过程为加强公园与广阔的美国社会（不论远近）之间的联系提供了机会；为民众发现并体会遗产对于个人的重要性以及遗产与个人之间的关系打开了一扇门；使美国国家公园管理局人员能够更好地了解公众在公园方面的意见、关注点、观点、价值观和看法。

管理总体规划过程也为公园提供了某些机会，使它们能够与相邻的公共或私营机构以及国家选区建立联系，相互合作，并增强和丰富与这些机构已有的合作。建立合作关系并邀请外界利益集团参与规划过程，能够并入“公园的”规划过程和“公园”所筹备的计划中——规划过程和规划最后得到的计划书两者都有利于提高规划成功的可能性，并且有助于在公园与外界实体之间建立长期的、积极的工作关系。

总的来说，管理总体规划为公园摸索与公众的关系并跳跃性发展提供了一个绝佳机会，欢迎美国社会各界公众参与到公园活动中。

5.2 管理总体规划中对公众参与的需求

5.2.1 法律与政策要求

许多法律和政策都要求美国国家公园管理局使公众参与到规划过程中来。《管理程序法》要求相关管理机构要为公众提供机会，使其就可能会影响到他们自身的重大政策和决议发表评论。《国家环境政策法》和《荒野法》对公众参与也有明确要求。美国国家公园管理局《美国国家公园管理政策》（最新版）和《第75A号局长令》也规定美国国家公园管理局规划和项目中应包含公众参与。美国国家公园管理局《美国国家公园管理政策》（最新版）（第2.3.1.5条）的规定如下：

公众的组成部分——包括现有的和潜在的游客、公园邻近的居民和社区、北美印第安人、与公园内部土地有着传统文化联系的人、特许经营者、合作团体、其他合作伙伴、科学家与学者，以及其他政府机构——将被邀请参与制定管理总体规划和环境分析报告。制定和实施有关公众参与的策略、实践和措施都将限定在公民参与工作框架内。（公民参与理念鼓励公众走近国家公园，并围绕共同的管理任务建立起联系；公众参与——也称群众参与，是指公众积极参与美国国家公园管理局规划和其他决策过程的具体行为。）公众参与应符合《国家环境政策法》和其他联邦法规的以下要求：

◆ 确定调查工作的相关问题；

◆ 确定规划过程中备选方案的考虑范畴；

◆ 评审潜在影响分析报告；

◆ 披露制定公园未来发展方向的依据。

公园管理局可以利用公众参与程序来：

◆ 共享法律与政策要求、规划过程、相关问题、管理指导和建议等方面的信息；

◆ 了解在同一资源和游客体验的价值上，其他民众和团体的看法；

◆ 在实施计划方面获取当地利益集团、游客、国会、以及区域和国家层面上的其他个人或团体的支持。

美国国家公园管理局《美国国家公园管理政策》（最新版）以及部分局长令中反复提到，公园需要在更大层面的背景环境下采取严密工作。公园是一些更大利益团体的组成部分，后者可以包括临近社区、各种利益团体或其他政府机构。在条件允许的情况下，有必要建立一套日常工作关系。美国国家公园管理局的《美国国家公园管理政策》（最新版）专门提出了合作规划以及与门户社区、其他机构和部落合作的必要性（可参见第1.5节“外部威胁和机遇”、第1.9节“合作伙伴”、第2.3.1.9节“合作规划”、第3.4节“应对外部威胁”、第4.1.4节“合作伙伴”以及第5.2.1节“商议”）。

第13352条行政命令《促进合作保护》确保了美国内政部、农业部、商务部、国防部以及环境保护局的各部门，根据各自的使命、政策与规定，以有利于合作保护的方式执行与环境和自然资源相关的法律，并且在联邦决策过程中强调地方组织的适当参与。各机构负责人在执行规划、项目和活动时，应适当考虑并尊重对公园土地和其他自然资源拥有所有权或其他法定权益的个人的利益，并在联邦决议过程中合理安排地方性公众参与，规定所进行的规划、项目和措施必须与保护公众健康和安全的目标相一致。

5.2.2 管理总体规划中需要公众参与的其他原因与好处

让公众参与管理总体规划简单地说就是“优秀政府”的表现，因为公民监督和制衡机制是政府体系的基础。旅游企业、娱乐设备生产商、历史和环境保护团体、公园游客等组织和个人对怎样管理公园都具有浓厚的兴趣。美国国家公园管理局的每个决定都会对民众产生或大或小、正面或负面的影响。有时美国国家公园管理局不得不做出一些有争议的决定，但这些决议不应当由技术专家单独制定。公园管理局所作决议所波及的公民期待并且有权力获知公园里将要发生什么事情，他们期望美国国家公园管理局能够听取并考虑其意见、价值观念和需求。正如《第75A号局长令》规定的，公众同样有权了解美国国家公园管理局所面临的挑战。

鼓励公众投入可以帮助公园管理机构制定更明智、更正确的决定、政策和规划。规划人员和公园员工在制定计划时不可能掌握全面的信息，但民众和相关团体可以提供全新的信息，识别出规划人员没有意识到的问题，并能够为认识公园资源、游客及两者之间的相互关系提供全新视角。民众可以提出创造性的问题解决途径和规划方案，并增加可供采纳的备选管理方案。向规划人员描述在公园附近生活的需求与感受的最佳人选当属当地居民，因为他们对公园本身相当熟悉，能够提供有效的视角、更好地理解和评价当地情况。而且，动员区域和国家的相关团体参与规划有助于增进人们对公园问题的理解，也有利于改善评估决议影响时的大背景。

有效的公众参与还有其他优势，例如可以共享信息和资源；发现和解决争议；减少或避免潜在冲突；深化对美国国家公园管理局的使命、权力和目标的认识；为美国国家公园管理局管理者提供机会，使其利用其他机构的相关项目并与之建立联系，以便使效益最大化（反之亦然）；减少重复工作的可能性；使资源在公众间的影响力最大化；使美国国家公园管理局与其他机构和合作伙伴间的行为发生矛盾和冲突的可能性最小化。

最后，公众充分参与制定的规划更容易被公众接受和支持，因为他们发现自己在规划制定过程中真正发挥了作用。公众参与可以向民众展示美国国家公园管理局人员乐意倾听他们的想法，并且会妥善处理他们所关注的问题，这就为民众充分理解并支持规划活动创造了条件。如果民众或组织感到规划过程中没有倾听他们的意见，那么他们反对某个项目的风险会有所增加，或是采取策略拖延执行某个决议，甚至会提出法律诉讼，而这些都将极大地增加项目成本和美国国家公园管理局员工的工作量。

总之，管理总体规划向美国公众传达了公园未来管理方向的相关信息；管理总体规划过程中的公众参与使公众有机会就规划的制定问题与美国国家公园管理局员工进行直接教育和对话；管理总体规划也可以成为建立长期良好公共关系的跳板，这不仅对于规划的实施至关重要，也有助于确保对公园的全面保护。

5.3 理解有效的公众参与

5.3.1 基本原则

当人们评价说某个项目的公众参与活动很成功时，通常是说该项目采用的手段与项目欲实现的目标十分契合，规划团队与利益相关者进行了接触和沟通，并且在公众参与和决议制定之间建立起了清晰的联系。

有效的公众参与项目具有以下的特点：

◆ 明确了管理任务，并且明确了希望与公众一起达成的目的。

◆ 很好地融合到决议过程中。

◆ 针对那些最可能看到决议对自身的影响的公众（利益相关者）。

◆ 使利益相关者参与决议制定的每个阶段，而不仅仅是最终阶段。

◆ 确保倾听所有声音，并努力寻找传统参与中可能遗漏的人（根据公众的利益层次和参与方式的多样性，规划人员提供了不同的参与水平可供选择）。

◆ 为公众提供了真正的机会，可以用其观念、意见和关注点来影响决策。

◆ 同等重视内部和外部各个利益相关方的参与。

实现上述各要求需要进行大量的思考和策划，这就是为什么针对不同情况，在每一个管理总体规划过程中制定一个综合的、系统化的公众参与方案是十分有价值的。

公众参与不仅仅是向公众公布规划的相关问题和时间安排，或者向公众提供评议的机会，也不仅仅是组织公共关系活动。美国国家公园管理局的规划人员和公园员工还需要提供机会，使公众为公园规划决议出谋划策道，并且就公众对影响环境、居民生活和社区等问题的关注点、看法、价值观念和意见进行回应。以下是制定系统化公众参与方法时需要遵循的基本原则：

◆ 安排充足的时间——安排足够的时间，使公众充分参与进来，提前通知所有活动和过程中的关键节点。

◆ 安排合理的程序——确保公众能够参与；在实现公众参与目标的同时，集合场所应当安全舒适，且对公众来说成本最低，花费时间最少。

◆ 注重公平——参与者认同整个程序是公平的，所有的观点和建议都得到了充分的考虑。公众决议的目标是做出的决定能够平衡各团体和组织的不同诉求。规划人员可能无法采纳所有修改建议时，应该认真考虑这些建议，并向提议者解释其同意或不同意该建议的理由。

◆ 活动公开性——公众参与要求充分的公众知情权，在高效的公众参与中，参与者能够及时、准确的获取相关信息。应该鼓励和促进所有希望参与进来的群体之间进行对话。此外，还需要确保向公众提供的信息（文档等）能够以书面形式传达给所有人（文档等），以便于理解。

◆ 尽早、并持续开展公众参与工作——公众参与建立在“联邦规划人员应当尽可能与公众充分交流”这一个理念基础之上的。规划人员与公众交流开始得越早越好。应当让公众参与贯穿规划制定过程的始终，并建立与公众的长期联系。

◆ 真实可信——清晰展示公众参与的成果，让公众明白他们的建议最终如何影响规划决议的制定。

5.3.2 参与的层次

管理总体规划团队通常由公园专门指派的员工和来自地区办公室或丹佛管理中心的专业规划人员构成，需要时还会配有私人顾问。这个团队将与众多利益相关者相互商议和协作，而不同利益相关者会有不同的任务、目标、诉求和行为，这些都是对公园相应内容的补充。而有些情况下，利益相关者的任务、目标和行为可能会与其他团体或美国国家公园管理局的相关要求发生冲突，为了解决潜在的冲突，并得出“不出意外”的结论，充分理解这些相同和不同之处都显得格外重要。当每个人都清楚并理解大家要完成的共同任务后，就可以通过相互合作的方式来实现这些目标。

公众参与有不同的层次，从一对一的交流到更整体化的信息共享。公众参与的不同层次通常与利益相关者的利益相关程度以及公众参与对公园管理和规划过程的影响能力有关。以下内容是关于规划过程早期邀请不同种类利益相关者的总体指导方针，认识到随着规划过程的进展，任意特定利益相关方都可能会表达出不同程度的利益诉求和影响，以保证在项目中的参与层次。

公选官员：“一对一”吹风会

国会代表团和州议员（或相关员

工）通常通过“一对一”吹风会了解管理总体规划的进展概况。同样，当地公选官员也要听取管理总体规划项目的简报，并要求发表观点、意见和关注事项。与公选官员的交谈应发生在通知各利益相关方（包括公众）之前，最理想的方式是公园管理者与联邦和州政府官员进行单独会谈，而公园员工和规划团队成员则可以向地方官员简要传达相关信息。

其他政府机构：合作伙伴见面会

与管理总体规划 / 环境影响报告有直接利益关系的其他政府机构（例如乡村、镇、城市和地区委员会、州、部落和其他联邦机构）通常会定期参加阶段性规划会议。其中包括由管理总体规划团队组织的开场小组会议，会上各机构要宣告他们在地区和公园事物中的任务、角色和相关利益。这有助于从利益相关者角度审视规划项目，并征集他们的观点、发现的问题和关注点。在随后的会议中，相关机构可以确定资源和游客体验的期望状况，以及如何将这些条件与地方生态系统和备选方案进行融合并实现这些条件。这些政府机构至少应经常参与讨论调查、初步备选方案制定、备选方案分析（包括优选方案的选择）等方面的相关会议。这一层次的参与——包括通知联邦机构的行为——必须只限于政府机构以及美国本土部落，以满足《联邦顾问委员会法》的相关要求。关于《联邦顾问委员会法》的更多信息请参阅附录 D. 1 和《美国国家公园管理局关于联邦顾问委员会法案的指南》（美国国家公园管理局 2005d）。

私人组织和个人：在定期举办的会议上做陈述报告或者安排“一对一”会谈

根据《联邦顾问委员会法》中的相关指南，该类别下的团体（如相邻土地的所有者、所涉及的工农业团体、非政府组织、商会、环保组织、游客团体）在美国国家公园管理局的召集下，共同参与的会议可能不会超过一次。但是，管理总体规划或公园员工会经常邀请这些组织参加定期举办的会议，向他们通报管理总体规划的规划进程，并引导他们作出评论和表达所关注的问题。也可能召集某些私营和个体利益相关方组成一次性聚焦小组，向他们通报管理总体规划的进展情况，同时开展一次使用情况调查，并聆听他们在公园管理方面可能存在的问题。郡县或者选民小组召开会议时，属于本大类的私人组织和个人也可能会参加针对部分选民（例如临近房屋所有者）的会议。

普通公众：各种场合下的信息共享

管理总体规划团队通常会举办三轮公众研讨活动或会议。调查、制定初步备选方案和完成管理总体规划 / 环境影响报告初稿是研讨活动中的三个重要节点，规划团队通常在调查和准备管理总体规划／环境影响报告初稿阶段举办公众会议。让公众参与制定初步备选方案也是一个不错的选择，这能够在调查和发布文件初稿中间的较长间歇期内，为规划团队和公众建立互动关系提供机会。同时，还可以让规划团队在花费大量时间起草影响分析报告和文件草案前，与公众进行充分讨论。这些沟通能够就规划团队考虑的、但公众难以接受的备选方案，以及应当包括的其他选项提供重要反馈。当规划团队打算使用成本效益分析法来确定优选方案时，这些信息会变得非常有价值。

设计公众研讨活动时应当适应不同风格与特点的交流方式。通过各种机会收集到的意见都要录入管理记录中。公园管理者应当经常参与研讨活动并接受询问（举办公众接待会的注意事项可参见附录D.5）。规划团队需要考虑如何将信息传达给业务通讯范围以外的公众，一个有效的途径就是仔细调查当地和各地区的选民如何接收和共享信息，然后精心定制与这些方法相适宜的通信方式。另一种公众接触模式是召集受规划项目直接影响的团体和个人参与一系列吹风会。公园员工和规划团队成员可能会在各利益团体参与的定期会议上公布相关信息，提供项目进程方面的最新消息，并接收意见和建议。美国国家公园管理局规划、环境和公共评论系统的互动网站可以实现信息的电子传输、接收和处理。

内部机构和美国国家公园管理局委员会：吹风会

规划团队须确保每个阶段都不会出现意外情况。规划团队、地区和公园员工应该经常向高层管理机构和部门汇报重大决定和公众联络活动的重要时间点，此外还应当邀请华盛顿地区办事处项目主管参加吹风会。内部简报须提前两天寄往华盛顿地区办事处公园规划与特别研究部，以确保规划主管和官员对会议议题的相关背景有一定了解。

5.4 制定公众参与策略

对管理总体规划而言，关键的规划阶段通常包括制定基础评估、开展调查、制定备选方案、完成规划初稿、完成规划终稿（针对环境影响报告）、针对环境影响报告发布决议记录或针对环境评估书发布无重大影响的调查结果。从公众参与的立场来看，关键的规划阶段包括开展调查、制定备选方案和发布规划初稿。从规划团队的角度来看，调查和备选方案制定阶段的公众投入是最有价值的；在规划初稿制定阶段，公众参与的任务就转变为就备选方案进行投票，因而其作用不是特别突出。总体上看，由于公众在其他阶段只是接受其他规划阶段的成果，所以他们在这些阶段的参与程度较低，但基础评估的制定过程（此过程中可能会涉及相关专家和主要的利益相关者）可能是个例外。

在制定公众参与策略时，规划团队必须清楚界定各个规划阶段公众参与的目的，并充分考虑美国国家公园管理局与公众之间的信息交换需要，在此基础之上确定公众参与的方式。这样做可以确保选择使用的公众参与方式能够实现既定的目标。这种系统化的规划方法增加了找到一个使各参与者都满意的且成功的公众参与方式的可能性。

制定公众参与策略时应当考虑两项基本原则，如下：

◆ 鼓励公园负责人参与制定策略。让公园负责人参与设计公众参与策略是十分重要的。如果公园负责人无法参与，规划团队则需要了解公园负责人和地区负责人何时想接受公众参与工作成果简报，并且需要确定公园负责人是否认为有必要在公众参与过程中设定一些约束。理想情况下，即使仅仅是一名倾听者，公园负责人也应尽量多参加公共推广活动，以亲身体验公众的关注点和公众想法的广度和深度。

◆ 合理安排公众参与活动和其他规划工作的先后顺序。公众参与活动中最常见的问题有：（1）公众参与的时间安排得太晚；（2）公众参与过程与决议制定之间无明显关联。为了提高工作效率，公众参与应当与规划过程紧密结合，这就意味着必须合理安排公众参与的流程和时间。如果想让公众意见在规划决议制定过程中发挥作用，就应当向公众提供足够的信息，并及时听取观点。借助统一的工作框架为规划的各个阶段制定公众参与程序，这有助于使公众参与活动的时间安排与其他项目的时间相契合。

公众参与的时间安排会产生多方面的影响。例如，如果时间安排太短，公众可能会觉得美国国家公园管理局没有认真投入足够的时间到真正的公众参与工作中来，这会影响公众参与工作的公信度。同时，公众参与的时间安排也会影响到公众参与方式的选择。规划人员希望采用的方法在限定的时间内不可能实现，这就迫使他们转向较为低效的、但却能在规定时间内完成的方法。

附录 D.2 的四部分模板可以指导起草公众参与策略，并且涵盖了在制定管理总体规划 / 环境影响报告或环境评估书过程中的各个重要阶段。

5.5 对公众参与工作的评估

公众参与是一个持续的过程，不会因为规划的某个阶段或整个规划过程的结束而终结。实际上，《第 75A 号局长令》指出应当将公众参与纳入美国国家公园管理局各层次的工作和以下项目领域：（1）公众明确表明感兴趣，或有可能产生兴趣的项目；（2）只有通过公共协商才能获得适用的知识和专门技术；（3）存在复杂的或有潜在争议的问题。

为了确保公众参与工作的效果，应该定期对其进行评估。在规划进行过程中，公众的兴趣可能会显著增强，也可能会逐渐消退。以下是评价公众参与工作是否运行良好的重要指标：

◆ 个人或团体会提出一些新鲜的问题，而不是老调重弹。

◆ 个人或团体为下一阶段的工作做好准备，而不是始终关注一些缺失的信息。

◆ 相应的美国国家公园管理局联络人或者小组能够及时处理相关询问。

◆ 公众参与工作的大部分时间是用于利益相关者和美国国家公园管理局之间的交流和信息共享，而不是解决突发情况或解释错误信息。

◆ 交流渠道明确且开放。

◆ 各利益相关党派为项目提供有效的评议。

◆ 人们倾向于将他们所关注的问题传达给美国国家公园管理局，而不是直接告诉媒体或政府官员。

如果没有达到以上条件，规划团队就需要重新评估公众参与的方式，并决定采取哪些措施来改进公众参与工作，并且可能需要解决以下问题：

◆ 公众参与工作可能没有通过有效途径并接触到合适的目标群体。

◆ 公众可能没有充分获取或理解信息，或者需要更多的细节信息。

◆ 利益相关者可能不知道如何有效地参与规划过程，或者他们感到规划团队和公园员工没有认真听取他们的意见。

评估一项公众参与工作是否成功的最好方法是询问公众哪些工作运行良好，哪些则不够理想。

第二部分：制定管理总体规划

Developing The GMP

6. 基础评估

6.1 基础评估是什么；用于何处

每个公园都需要一份关于其核心使命的正式声明，用作制定所有公园相关决策的基本指导方针——即“规划和管理的基础”。由于联邦政府的责任及其开支情况受到越来越多的关注，因此公园的全体利益相关者都需要充分了解公园的目的、特殊显著性、资源与价值、要诠释的主要主题、特殊要求、基础性资源与价值的状况、以及相关的法律和政策要求。这有利于即使在尚未执行那些与公园使命不直接相关的、相对次要的任务的情况下，也能够确保实现最重要的目标。

制定并采用基础评估的主要好处在于它提供了一个机会——即在对“什么对于公园最重要”的问题上达成统一共识的基础上，整合和协调各个类型和层次的规划和决策。一份精心撰写的基础评估需要做到以下几点：

◆ 有利于在转向对于实现公园目标和保持公园特殊显著性来说有一定重要性、但并不是关键事项之前，确保已经实现了最重要的目标。

◆ 为管理总体规划制定过程中的参与者提供坚实的基础，包括目的和特殊显著性的法律基础、对特殊要求的限制、要诠释的主要主题如何表述最重要的事宜，以及对基础性资源与价值的理解。

◆ 更好地注重制定管理总体规划的目标和需要。

◆ 确保规划资料之间的一致性，包括管理总体规划、战略规划、年度工作计划、实施计划、核心运营分析和其他所有的规划资料。

◆ 提供对公园基础性资源与价值的理解，以及规划团队在检验管理和维护公园特殊显著性的众多方法时，确定管理总体规划备选方案过程中所持有的价值标准。

◆ 有助于决定是否需要调整公园边界。

◆ 明确管理和规划决策过程中额外所需的数据，并监测相关的使用需求。

◆ 在一些特定情况下，可以指出需要制定管理总体规划之外的其他类型的计划（例如实施计划或项目计划），或者需要不同规划的组合，以便更全面、更高效地满足公园的需要。

基础评估的制定（或评审、扩充和修订，如适用）通常发生在管理总体规划过程的最初阶段，作为公众和机构调研以及数据收集工作的一部分。公园一旦制定出了完整的基础评估，就应当使其在管理总体规划的各个环节保持相对稳定，尽管有时候可能会因为出现了新的科学和学术信息，从而需要对其进行扩充或修订，以便反映与公园最重要因素相关的最新知识。管理总体规划是制定或评审基础评估的最合理的背景，因为公众参与和《国家环境政策法》分析都是基于总体规划进行的。基础评估由公园和地区办公室进行评审，某些情况下，在将基础评估或其部分要素正式收录进管理总体规划之前，需要由公众（或利益相关者）进行评审（基础评估如果是管理总体规划的一部分，则要由相关负责机构和公众进行评审）。

当前缺少管理总体规划或者短期内不会制定管理总体规划的公园，也能够从制定基础评估中获益。制定基础评估可以帮助公园明确什么对于公园来说是最重要的，并且可以为未来的规划和决策工作提供基础框架。独立的基础评估不属于《国家环境政策法》的资料，因为其中不含有决策文件。然而需要注意的是，必须确保独立基础评估中的内容不能超出对根据法律或政策所做的相关决定的分析和解释的范围。在对可能重叠的法律和政策进行排序或平衡的后续管理活动中，都需要进行《国家环境政策法》分析。

基础评估需要由包括公园员工在内的跨学科规划团队来制定，适当情况下还可能需要公认的专家、与公园有紧密文化联系的群体、邻近的机构、合作伙伴以及其他关键利益相关者等来协助规划工作。然而，基础评估中提出的建议或决议不能违背《联邦顾问委员会法》或《国家环境政策法》的规定。

一个公园只可以制定一份基础评估。如果对基础评估进行了扩充或修订，则同样需要对扩充或修订基础评估的计划和决议进行复审，适当情况下还需要进行修订，以此来与基础评估保持一致。此处再次重申一下，管理总体规划是评审或（可能也会）修订公园基础评估的最合适的方法。

若你建造了空中城堡，勿需担忧，你不会失去自己的作品，因为它本应在那里。现在你只需将地基补上。

——亨利·大卫·梭罗

6.1.1 基础评估的要素

《公园规划项目标准》中指出基础评估至少应当包含以下要素：

◆ 公园的目的；

◆ 公园的特殊显著性；

◆ 公园要诠释的主要主题；

◆ 公园的特殊要求；

◆ 美国国家公园管理局的法律和政策要求概述；

◆ 基础资源和价值及其他重要资源和价值；

◆ 对基础资源和价值及其他重要资源和价值的分析；

◆ 明确的政策层面的问题。

基础评估中可能包含其他要素：

◆ 现有的规划指南；

◆ 规划需求；

◆ 数据需求和分析需求；

◆ 法律和政策的总体指导；

◆ 法律与政策范围内的管理方向。

下列图表和本节内容中规定的步骤包括了《公园规划项目标准》中的所有要素，但却进行了重新组织和编排，目的是为规划团队制定基础评估提供一套合乎逻辑的程序指导。

基础评估中的许多要素看似很熟悉，例如公园的目的、特殊显著性、主要的诠释主题、特殊要求以及法律和政策要求概述等，新增加的内容是基础资源与价值的辨识和分析，这些将在本章随后的小节中进行更加详细的讨论。另一个新增的内容是，明确规定了其他资源和价值同样也是管理总体规划的重点考虑因素，即使它们与公园的目的并不相关。基础资源与价值和其他的重要资源与价值提供了一个贯穿整个规划过程和整个计划的、有价值的关注点，这些资源和价值是数据采集、存在的问题、特定区域的期望状况、影响评估以及价值分析等方面的主题。第 7 章中将介绍基础评估中的众要素是如何进入制定备选方案环节的。

关于基础评估各要素的范例可参见附录 E。基础评估的部分组成内容，包括基础资源和价值以及其他重要资源和价值的明确和分析，可参见附录 E.1。要认识到基础评估的制定过程是不断改

图 6.1：基础评估的制定过程

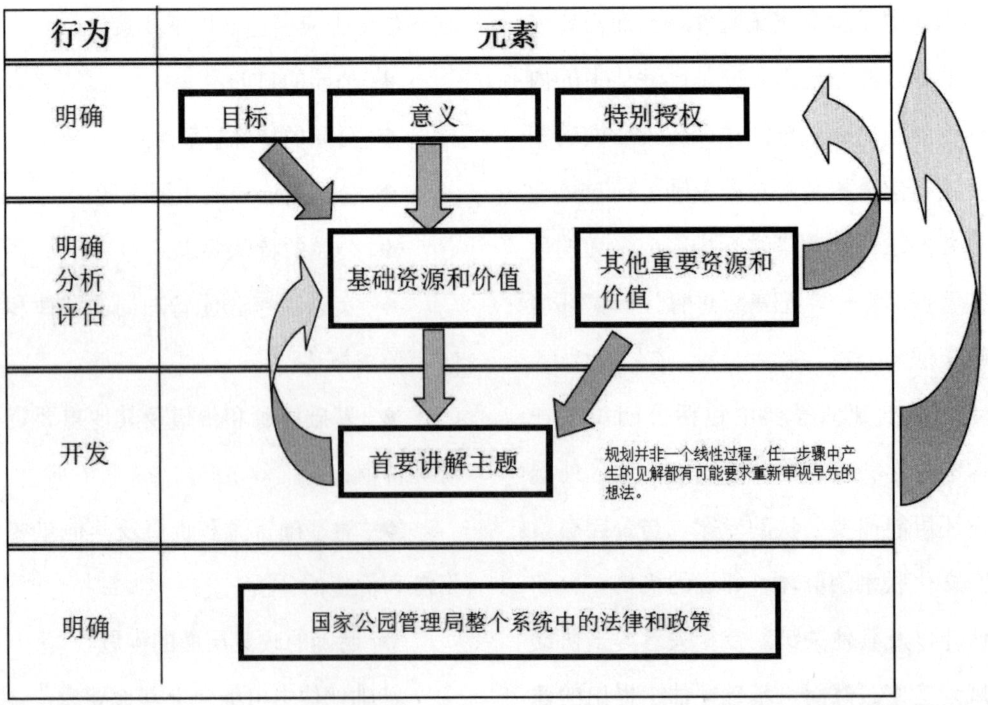

行为	元素
明确	目标　意义　特别授权
明确 分析 评估	基础资源和价值　其他重要资源和价值
开发	首要讲解主题　规划并非一个线性过程，任一步骤中产生的见解都有可能要求重新审视早先的想法。
明确	国家公园管理局整个系统中的法律和政策

进的，这一点很重要。因此，附录中制定基础评估所采用的方法有所不同。

最近刚刚制定了完整的基础评估的公园有：萨加摩尔山国家历史遗址、总督岛国家纪念公园、雕像群国家纪念公园、大蒂顿山国家公园、石化林国家公园、奇克莫加和查塔努加国家军事公园中的莫卡辛弯国家考古区、石城国家保留地、克朗代克淘金热国家历史公园和华盛顿北瀑布国家公园。（山间区规划网站上公布了其中的部分基础评估，可登陆国家公园管理局网站查询，查询地址为http://inside.nps.gov/regions/custommenu.cfm?lv=3&rgn=1004&id=5657）

6.1.2 基础评估在管理总体规划过程中的作用

基础评估在整个管理总体规划过程中都发挥着作用，详见图6.2。基础评估中的大部分信息都集中回答两个问题："公园内最重要的是什么？"以及"最重要的因素发生了什么？"这两个问题的答案将依次影响管理总体规划中要解决的问题、影响主题、备选方案的制定、被影响环境的描述、环境后果的分析以及优选方案的选择等。

需要注意的是，公众识别问题（从"调查"中收集到的问题）时遵循的步骤与制定基础评估的步骤不同。基础评估中的分析有利于明确并划分管理总体规划待解决的问题，也有利于界定管理总体规划的范畴。然而，公众提出的一些重要的管理总体规划问题可能不会记入基础评估中，而且并不是基础评估中明确的所有问题都属于管理总体规划问题。因此，规划团队在制定管理总体规划时，应当考虑调查中收集到的问题和基础评估中的相关分析。

图 6.2：规划过程中基础评估的作用

什么是最重要的？ 资源、体验、故事
规划步骤： • 确定公园的目的、特殊显著性和特殊要求 • 明确基础资源和价值及其他重要资源与价值 • 明确要诠释的主要主题
关于最重要的因素发生了什么？ 背景、条件、趋势、利益诉求、关注点
规划步骤： • 分析基础资源和价值及其他重要资源和价值 • 明确美国国家公园管理局的法律和政策 • 明确机构和公众的利益诉求和

关注点（与管理总体规划调查发生重叠） 关于最重要的因素，其未来可能性有哪些？
备选管理方案 规划步骤： • 明确备选方案的概念 • 根据管理分区定义所需的条件（包括游客容量的指标和标准） • 制定备选方案分区地图 • 在各备选方案中定义区域特定的期望状况
如何长期有效地管理最重要的因素？ 所需的资源条件、体验和发展的最优组合
规划步骤： • 环境影响分析 • 价值分析 • 机构和公众评审备选方案

6.2 目的、特殊显著性与特殊要求

6.2.1 总体内容

公园目的、特殊显著性和特殊要求源自并受限于法律和政策，但有时候，相关的赋权法或行政命令对特定公园的目的和特殊显著性并没有明确的规定。这种情况下就需要对法律和政策进行诠释，使各利益相关者对这些要素都有一个总体的了解。需要强调的是，在这一过程中不能产生新的决议；通常情况下，公园的目的和特殊显著性已经通过了国会的讨论，只需要对这些信息进行解释、表达和说明。

大多数公园制定了目的和特殊显著性评估，并把它们作为公园战略规划的一部分。我们可以把它们作为起点，来重新审议在该部分取得的最新成果：若这种目的和特殊显著性评估符合项目标准，则只需要对其进行重申即可；若其不符合整套或部分项目标准，则需要对其进行优化。为确保规划过程、管理过程以及与公众沟通工作中的连贯性，每个公园都有必要制定一套特有的、且长期有效的目的和特殊显著性评估。

通常，诠释和编制公园目的和特殊显著性的最有效且合理的方式是，组建一个较小的、跨学科的且有利于发展壮大的公园员工团队，同时与多位法律专家、科学家、学者以及同行评审人员进行协商。全体利益相关者都应当有机会对公园的目的和特殊显著性评估进行评审，并且应当充分考虑他们的意见，要么将他们的意见纳入公园开展的公民参与活动中，要么成为管理总体规划之公众参与策略的一部分。然而，公众对公园目的的争论或审议不应当超出或看似超出国会或总统创办公园时的初衷和

诠释。

如果创办公园的赋权法或总统公告中没有关于公园目的和特殊显著性的确切表述，那么规划团队则可以参考美国国家公园管理局的总体使命。大多数国家公园的目的是保护国家的自然和/或文化遗产，并提供条件供公众享用。这些遗产具有以下特点：（1）是某种特定类型资源的突出代表；（2）拥有体现和诠释国家遗产自然和文化主题的独特价值或特质；（3）为公众享用或开展科学研究提供了难得的机会；（4）是真实的、确切的、且相对未损坏的资源代表，保持了高度的完整性。公园的特殊显著性评估中通常就包含这些价值。

关于确定公园目的、特殊显著性和特殊要求的更多指导将在后文提及。

6.2.2 明确公园的目的

定义和项目标准

定义	**项目标准**
特定公园的具体创办理由	公园的目的声明 • 根据对公园立法法律（或行政命令）和立法历史的深入分析，包括授权前已完成的研究成果，不只是重述法条，它记录了人们对专门针对公园的相关法律条款的共同理解。 • 只有国会才有权对其进行调整（即使在公园制定基础评估或管理总体规划的过程中，公众对于怎样最好地诠释建造公园所依据的法律和立法历史的理解已经发生变化）。

明确公园目的的手段和方法建议

手段	**方法**
查阅公园的创建法和立法过程，从中寻找建造该公园的理由	尽管美国国家公园管理局的使命内容宽泛，但公园的创建法中通常含有创建公园的更为具体的理由。通常，这些理由比较含糊，且可以有多种解释，因而公园的目的声明中要做的不单单是简单地复述相关法条。目的声明要仔细核实并记录美国国家公园

	管理局对这些法律的真正含义的相关诠释，以及与其最为相关的最新学术研究，从而使得其他人能够理解这些诠释。创办某公园的具体理由等相关信息通常可以在该公园的立法史和记载中查询得到。 审查公园的目的立法时，不要因为立法成果中提到了某个事项，就认为它必然是创办该公园的目的之一。也可能会有例外情况；有可能存在这样一种情况，虽然某个公园的目的可能是保护自然系统和过程，但法律规定继续保持如打猎、放牧、石油和天然气开采等传统用法。这些与公园的创办理由无关的要求都属于“特殊要求”的范畴。这种区别是十分重要的，因为它认识到了公园目的的重要性。
确保目的声明适合某个特定公园	规划团队提出这样一个问题时可能会对其工作有帮助，即：若将某公园的目的声明放到面向整个国家公园体系中的所有公园而制定的目的声明集合中，是否能够轻易识别出它就是该公园的目的声明？ 公园的目的声明可以是一份包含几个部分的单独声明，也可以是一组声明，一般情况下，不要超过三到五份。

表 6.1：目的声明示例

不足版	改进版
保护大沙漠的自然和文化资源	为子孙后代保存大沙漠的自然和文化资源的代表。保护（是为了研究）和诠释（是为了教育和纪念）
保护美国殖民时期的文物和遗迹	在 1607 年到 1781 年英属北美殖民地时期所特有的政治、社会和经济背景下形成的景观、考古资源和建筑。

6.2.3 明确公园的特殊显著性

定义和项目标准

定义	项目标准
声明为何公园的资源和价值在国家、地区以及公园体系内如此重要，并且值得授予国家公园的称号。	公园特殊显著性的声明 • 解释为什么该区域在全世界、全国、地区和公园体系内如此重要 • 与公园目的直接关联 • 依据数据或普遍共识 • 反映最新的科学或学术研究成果，以及文化观念（可能自公园成立之时已经发生改变）

明确公园特殊显著性建议使用的手段和方法

建议使用的手段	方法
与技术专家和相关文化群体商议	此处所说专家很少只包括公园员工，而美国国家公园管理局之外的专家通常拥有重要的信息和技术，他们的参与是改进规划过程不可或缺且又节约成本的一种方法。外部专业知识格外有助于明确公园的特殊显著性，因为这样可以提供一种深入的洞察方式。印第安部落、某个历史事件的幸存者或国家公园中私有土地上的居民等这些与某个地方或其部分区域有着特殊且强烈文化联系的组织，它们对公园的文化特殊显著性也会有着独到和重要的见解。基础信息必须足够全面，从而在地区、国家以及世界背景下来支撑开展此类特殊显著性评估。
参考提及公园特殊显著性的相关报道	公园的立法历史中可能会有关于公园特殊显著性的一些信息。一些公园在创办之前，已经完成了对特殊资源的研究，其中应当包含对特殊显著性的相关探讨。如果公园或其资源已被提名为国家历史或自然地标、世界文化遗产或生物圈保留地，则这些提

	名的背景报告中也应当包含关于特殊显著性的相关信息。
考虑最新科学发现和学术成果	即使名义上公园的法定目的保持长期不变，但由于诞生了新的科学发现或学术成果，因而与法定目的相关联的公园特殊显著性则可能发生改变。例如，从以下方面来更新内战战地公园的特殊显著性是合理的：包括废除奴隶制战役的重要性，或关于战争原因和结果的其他观点。（公园的目的也可以保持不变——例如为了保护战争现场和 / 或为了纪念某场战役，但与之相关联的公园特殊显著性则可能有所拓展。）
特殊显著性评估要集中阐述为何将公园的资源和价值纳入国家公园体系	要详细阐述什么使得公园如此重要以至于应当纳入国家公园体系，而不是简单地用表格罗列公园的资源与价值。 考虑公园资源与价值所处的的世界、国家和地区背景，适当情况下尽量使用“最集中的”、“最多样化地体现”、“最正宗的”、“最古老的”以及“现存最好的实例”等语句，以便在地区或国家范围内突出公园资源的独特性。同时，应当避免使用“独一无二”这个词语。 如果参与者想采用资源列表而不是描述的方式，则建议在资源列表之后，同样要详细地描述这些资源对于公园特殊显著性而言所具有的价值。下一步骤——明确基础资源和价值——中同样会用到列表的方式。
对于文化资源，可以考虑美国国家公园管理局主题框架中的八个主题，以帮助确定与公园特殊显著性有关的背景和过程。	这一美国国家公园管理局框架内描述了主要的主题和概念，有助于明确文化资源，并评价其在美国历史上的特殊显著性。例如，考虑“定居地”主题（家庭和生命周期；健康、营养和疾病；外部和内部迁移；社区和邻里；民族故土；遭遇、冲突和殖民

	活动），就比“卡斯特大屠杀的地方”更有助于描述像格霍恩战地此类公园的特殊显著性。（可参见1994年通过的《美国国家公园管理局的历史、主题和概念、美国国家公园管理局主题框架修订版》，可登录网站nps.gov/history/history/categrs/index.htm查询。）
避免那些与保护美国部分遗产这一目的无关联的声明	特殊显著性评估的目的是帮助公园确定优先次序，因而其内容不能宽泛到能够证明所有在建的公园项目都是合法的；一些项目是由法律或美国国家公园管理局的政策规定的，但这并不一定意味着它们对于公园目的来说很重要。 也许公园的确“提供了丰富的娱乐活动”或“对地方的经济有突出贡献”，但这些事实并不能代表公园中保存的美国遗产部分，因而并不是合理的特殊显著性评估。 把公园特殊显著性限定在与公园目的直接相关联的各个属性内，并不妨碍在规划过程中考虑其他重要资源和价值。这些额外的属性将在公园基础评估的其他章节中予以说明。
检查特殊显著性评估草案的质量	下列问题有助于确保特殊显著性评估的质量： • 声明是不是不仅仅是一份资源列表，还包括使其成为美国遗产重要代表的相关文本？ • 声明是否反映了最新的学术研究成果和解释，包括公园创办之后发生的变化？ • 声明是否阐述了公园资源为何在当地、所在州、地区、国家乃至世界范围内都很重要？ • 声明是否容易理解？

表 6.2：特殊显著性评估示例

不足版	改进版
莫纳罗亚火山的体积比其他任何活火山都大	莫纳罗亚火山——测量海底的山基到山顶的高度——是世界上体积最大的活火山。
阿兹特克国家纪念公园中有代表约公元 1050 至 1350 年间的四角区文化建筑物	阿兹特克国家纪念公园是四角区内 200-300 年（约公元 1050 至 1350 年）间文化积累与表现的不可或缺的部分。该遗址也是理解早期普韦布洛世界的重要辅助性资料，并与梅沙尔地一并成为大查科系统的重要组成部分。

6.2.4 特殊要求与行政承诺

对一些专门针对公园的立法或司法要求及一些管理任务，则需要进行讨论和特殊考虑，这是因为（1）这些规定非常特殊（例如公园创建法中允许放牧的特别条款）；（2）这些规定拓展了某区域的目的和特殊显著性的范畴（例如将公园内的某区域指定为国家荒野保护系统的一部分，将某条河流纳入国家天然与景观河流系统的一部分，或指定公园某处作为国家历史地标，或指定某公园作为世界遗址或是生物圈保留地）；（3）这些规定要求对公园管理者进行特殊诉讼（例如某法令规定的诉讼）。

定义和项目标准

定义	项目标准
对公园立法目的有所拓展或与之相矛盾的、专门针对公园而设定的法律要求	特殊要求 • 针对特定公园，但属于与公园目的直接关联的要求之外的要求 • 不是对国家公园体系全部适用法律进行总结的一份清单列表 • 明确与公园目的和特殊显著性相冲突的所有潜在事项

明确特殊要求和行政承诺所建议使用的手段和方法

建议使用的手段	方法
在公园创建法以及指定公园整体或部分为某一国家体系组成部分的法律、或法庭命令中寻找特殊要求。	特殊要求应当只针对单个公园，而不是要国家公园体系中所有适用的法律要求（这些将在“要求法律和政策要求概述”中说明）。注意这一部分不包括国家公园体系的相关政策或规定。
重点注意特别规定和公园目的之间的不一致之处，并阐述这种不一致对于公园管理的含义、美国国家公园管理局的管理权限范畴以及应对这些要求时的灵活性等产生的影响。	例如法律允许在公园中继续放牧和采矿。通常此类要求需要经过法律规定或批准，同时美国国家公园管理局有一定的自由来限定授权活动的地点、时间和程度。可以把这种自由描述为管理的持续灵活性，而管理总体规划备选方案中也可能会探讨行使这种自由采量权的不同方法。 例如，在莫哈韦国家保护区，法律赋予继续保留电线和管道的某些通行权，尽管公园把这作为一项特殊要求来予以考虑，但同时也认识到有责任管理好这些土地上的资源。管理总体规划认可国会同意在美国国家公园管理局管理下进行某些活动的特殊授权，同时也正确处理好美国国家公园管理局的管理职责。
考虑其他管理任务，并与特殊要求相区别。在公园和其他相关办公室的文件中，或在公园资深员工、地区办公室人员和相关负责人之间的讨论中，寻找行政任务。	通常，行政任务是通过正式的、文件化程序达成的书面协议，例如，遵守跨机构管理委员会相关政策的协议备忘录，或是与各州渔业及狩猎部门合作管理渔业的协议备忘录。 有时候行政任务是一些非正式协议，例如不禁止使用汽艇和其他传统用途。
思考正在考虑的项目是否可撤销、可协商或者可修正？这项任务中，美国国家公园管理局的管理权限有多大？	对于公园负责人或区域主管有权撤销的协议，或者需要进行协商或修订的协议，公众都有权参与其决策过程。这些任务虽然不具有法律约力束，但是应当认可它们，把它们作为规划和管理的一部分，并

	予以充分考虑。然而，规划备选方案中可能会考虑调整这些任务。 有时候人们可能认为某件事情是要求必须执行的，但实际相关要求却不存在或者这项要求是可以进行协商的。就必须做什么和不能做什么的主题进行充分且公正的讨论，会得到比原来预期更多的选择。
在声明中说明这些特殊要求和行政承诺的来源。	明确做出这些特殊要求的特定法律、规定、法庭命令或其他法律约束性文件，包括文件颁布的时间和特定授权的期限（例如，只有已经得到许可的牧主才有资格放牧）。区别“道听途说”的承诺和实际承诺也十分重要。人们通常认为在过去某个时刻就已经做出了承诺，但是找不到相关依据来证实该说法。此类问题非常敏感，需要小心处理。

表 6.3：特殊要求示例

特殊要求——大沙丘国家公园与保护区
根据相关联邦和州法律，通常允许在保护区土地上进行狩猎、捕鱼和诱捕等活动，但出于公众安全和管理需要，或依据相关法律，可以指定禁止狩猎、捕鱼和诱捕的区域和时间（《2000 大沙丘法案》）。
特殊要求——卡劳帕帕国家历史公园
卡劳帕帕国家历史公园的一份美国国家公园管理局和夏威夷卫生部之间的合作协议指出，管理局将负责维护公园内夏威夷卫生部的历史建筑和相关设施；并且经双方协议，夏威夷卫生部将历史建筑的所有权转让给美国国家公园管理局。

关于特殊要求的更多例子可参见附录 E. 3。

6.3 明确并分析基础资源和价值以及其他重要资源和价值

6.3.1 总体内容

公园管理者最首要的职责是保护并让公众享受那些对于实现公园目的和保持公园特殊显著性来说最关键（最基本）的公园特质（特色、体系、过程、体验、故事、景观等）。这些特质被称作公园的基础资源和价值。

基础资源和价值与公园的立法目的紧密相关，并且比特殊显著性评估更加具体。结合公园的目的和／或特殊显著性评估，进而明确并理解公园的基础资源与价值，这将有利于使公园的规划和管理工作聚焦对公园真正重要的事项。正是这些资源和价值才保持了公园的目的和特殊显著性，如果它们发生恶化，则公园目的和／或特殊显著性也会相应地受损。事实上，公园的基础自然文化资源减少或受到重大影响，都会造成损失， 而且也违反了《1916 年美国国家公园管理局组织法》。

一项基础资源或价值应当是毋庸置疑的，或者不能轻易受到质疑的，即应当是所有人都认同的。规划团队在明确基础资源与价值的过程中应回答一个关键问题，即“这些资源或价值对什么来说是基础的？”它是一种解释吗？是对资源的保护吗？是一种历史记录吗？是对公园的整体理解吗？这些都是不同的问题。

公园的某些资源和价值对公园目的与价值来说可能不是根本要素（并不总存在这种情况），但仍然被认定为管理总体规划的重要考虑事项，我们把此类资源与价值称作“其他重要资源与价值”。不应把基础的和其他重要的资源与价值的说法理解为有些公园资源不重要，关键是要区分美国国家公园管理局制定的命令和政策中规定的资源或价值，以及管理总体规划中需要重点考虑并解决的资源和价值。

公园管理者不断面临着一个挑战——制定优先次序并分配有限的劳动力和资金，从而有效保护公园最重要的资源与价值，同时遵守涵盖所有价值和资源的一整套立法规定、法律和政策。公园面临的众多问题可以描述为资源保护与游客使用之间的潜在或现实矛盾，然而， 公园同样也会面临不同资源和价值之间的潜在或现实矛盾，即使这些资源和价值与公众使用之间的联系相对都不大。位于弗吉尼亚乔治•华盛顿纪念公园的大瀑布公园，提供的范例解释了管理总体规划过程和理解“基础性”资源与价值如何帮助解决这些问题。

大瀑布公园中有一段乔治•华盛顿修建的帕托沃马克运河，运河沿岸的石墙已经杂草丛生，而且草根可能会破坏这一文化资源的整体结构。自然资源专家指出有些植物价值相当大；文化资源专家则指出部分植物正在毁坏历史石方工程。查阅公园立法历史发现建造该公园的目的之一就是"保护帕托沃马克运河"。公园特殊显著性分析中也强调运河不仅是全国最早修建的运河之一，而且与乔治·华盛顿直接相关。基于以上信息可得出结论，运河属于公园的"基础"资源，而威胁运河结构的植物则不是。根据这一结论，公园划定了一片"运河区"来着重保护文化资源，而其余部分所属区域则注重自然资源与文化资源的双重保护。

不同类型的自然或文化资源之间也可能存在类似矛盾。例如，某些内战战场遗址中的国家注册建筑物可能很重要，但却并不起源于那场战争时期，因此就可能会认定这些建筑物是对建造该公园的基础资源与价值的一种干扰。另一个例子是某种鹿群的过度繁殖，可能毁坏自然植被或对濒危物种造成负面影响。

明确基础资源和价值以及其他重要资源和价值的理由如下：

◆ 突出重点——提交的指南以及完成该指南的分析报告都要着眼于公园最重要的事项。

◆ 详细说明——基础资源和价值以及其他重要资源和价值详细阐述了公园最重要的事项，以确保在规划和管理过程中妥善处理具体的特色、体系、过程、体验、故事、景观等问题。计划中将描述这此类资源的期望状况。

◆ 具体的管理指导——管理是指思考并最终明确规定公园基础性或其他重要自然、文化资源及游客体验应当达到和保持的条件。

◆ 确保连贯性——连贯性的许多部分，例如要诠释的主要主题、要解决的核心问题或决定、要考虑的备选方案、要评估的影响性主题、挑选首选方案时依据的价值标准、以及衡量成功与否的指标和标准等，都是基于对公园最重要事项的理解。

规划团队和合适的公园员工应首先明确基础资源与价值，在进行相关复杂分析时，应与权威专家和对公园资源与价值拥有管辖权的联邦、州、部落以及当地机构进行商议，这有助于确保使最有价值的特色、体系、过程、体验、故事、景观等成为公园规划和管理的核心。

规划团队在确定基础资源与价值和其他重要资源时应当具有灵活性，特别是关系到北美印第安部落时。公园各员工对这些资源与价值会有不同的理解。有些情况下，基础资源直接符合公园目的或特殊显著性评估的要求，因此直接嵌套在其中；而在其他情况下，某些基础资源或价值却可能并不直接适合目的或特殊显著性评估。因而基础资源和价值与特殊显著性评估之间不一定存在一对一的关系，一些基础资源或价值可能只与一项或几项特殊显著性评估有关，或只与公园目的有关。确定了立法目的之后，就需要考虑什么对于公园是最重要的，之后把这些要素归到基础资源与价值、特殊显著性评估和其他重要资源与价值中。

在确定规划和管理过程中需要重点考虑的基础资源与价值时，限定范围是非常关键的。只有在侧重那些重要到需要在所有公园规划和决策过程中预先考虑的、相对较少的事项时，最终列表才有价值。正确理解该列表，不是说要罗列公园的所有重要事项，也不是所有具有国家特殊显著性的事情，而应当是关于实现公园目的和维持公园特殊显著性最为关键的资源或价值的一份相对简明的列表。明确基础资源与价值有利于确保所有规划工作都聚焦于公园最重要的内容。这样的列表不仅为公园管理者和员工提供了一个工具，能够确保规划和管理不会偏离具有显著特殊显著性资源与价值，保证所有应当优先考虑的资源和价值都得到了适当保护，还有利于保证将有限的资金用于对实现公园目的具有基础性特殊显著性的方面。

在识别与公园目的不直接相关、但在管理总体规划过程中也需要特别考虑的其他重要资源时，限定范围也是十分关键的。应当强调这部分规划的目的是关注公园最重要的事项，而规划的其他部分则要说明公园管理应当遵守的所有法律和政策（见“6.5 美国国家公园管理局法律与政策要求概述”）。

所有基础性的和其他的重要资源与价值应当共同抓住公园的本质和精髓。《2004 年公园规划项目标准》增加了对基础性的和其他的重要资源与价值的分析。编写本手册时，规划人员还没有很多机会来获取这方面的经验。网站上有关于这方面的不断改进的措施和不断更新的实例。获取公园本质的一种方法是同时明确基础资源和价值以及其他重要资源和价值，然后同时进行分析。此分析的预期成果是要理解以下内容：

◆ 这些资源与价值的重要性；

◆ 现状或条件，以及相关趋势；

◆ 潜在的威胁；

◆ 众多利益相关者对公园资源与价值的利益诉求；

◆ 适用于这些资源与价值的法律和政策及其提供的总体指导；

◆ 规划需求；

◆ 数据和分析需求；

◆ 管理总体规划所需的额外信息或措施。

（也可参阅下文中的项目标准）

要素	定义	项目标准
对基础资源与价值的分析	分析那些对于实现公园目的和维护公园特殊显著性来说十分关键、在规划和管理中应重点考虑的特色、体系、过程、体验、故事、景观、声音、气味、或者其他资源与价值的现状，以及美国国家公园管理局管理政策规定的最佳条件。	基础资源与价值： • 因其对实现公园目的和维护公园特殊显著性十分关键，因此在规划和管理中需要重点考虑。 • 可以包括体系、过程、游客体验、故事、景观、声音、气味或其他资源与价值。 • 由一个跨学科的团队完成，同时要与权威专家和拥有管辖权的其他机构进行商议。 • 从以下几个方面进行分析：现有信息状况；国家／地区背景；美国国家公园管理局管理政策规定的最佳条件；现状和趋势；影响趋势的因素；以及利益相关者的所有诉求和关注点。 • 不局限于描述在预期财务或技术可行性（短期内可能发生变化）前提下的最佳条件。
其他重要资源与价值的分析	分析那些虽然与公园目的和特殊显著性不直接相关、但在规划和管理中仍然十分重要的其他资源与价值的现状，以及美国国家公园管理局管理政策规定的最佳条件。	其他重要资源与价值： • 包括那些即使与公园目的和特殊显著性不直接相关、但其自身十分重要的资源与价值。 • 由一个跨学科的团队完成，同时要与权威专家以及对公园拥有管辖权的其他机构进行商议。 • 从以下几个方面进行分析：现有信息状况；国家／地区背景；美国国家公园管理局管理政策规定的最佳条件；现状和趋势；影响趋势的因素；以及利益相关者的所有诉求和关注点。 • 不局限于描述在预期财务或技术可行性（短期内可能发生变化）前提下的最佳条件。

政策层面的问题	分析在实现符合公园目的的条件时自由裁量做出的管理决策对某些资源和价值造成负面影响的可能性。	政策层面的问题： • 识别何时需要管理自由权，用以解决与实现公园基础或其他重要资源与价值的最佳管理实践相关联的潜在不兼容情况。 • 诠释适用于公园资源与价值的美国国家公园管理局法律和政策，并考虑这些法律和政策之间的联系以及各自的现状。 • 基于对背景、条件、趋势、影响趋势的因素以及利益相关者的诉求和关注事项等的科学／学术分析。

＊明确政策层面问题也可认为是未来规划需要解决的关键或主要问题，它是基础资源与价值分析的一部分，规划团队要明确基础资源与价值的环境趋势和面临的威胁。这项研究的成果是对当前趋势和潜在威胁的总结。管理总体规划过程中可能需要解决与基础资源和价值相关的重大问题，但可能需要制定出一套大纲或实施计划。

明确公园基础资源与价值的手段和方法建议

手段	**方法建议**
专家参与	美国国家公园管理局的内部和外部专家都可以拓展对基础资源与价值的讨论，这有利于更好地辨识此类资源。华盛顿地区办事处和地区项目办公室都提供一定支持和服务，为公园员工补充专业知识。例如，自然资源项目中心可以通过提供过去的研究成果或所需的调研等形式，来提供空气、水、生态、地理等领域的专业知识，公园可以通过“年度技术援助要求”申请这种服务。机构外部的专家也可以提供有价值的信息，例如，东北区采用了一项名为“学者圆桌会议”的措施，召集机构外部的利益相关者就公园最重要事项提供有用信息。

详细阐述实现公园目的和维护公园特殊显著性的关键事项	基础资源与价值将宽泛的公园目的和／或特殊显著性转换为应作为公园管理核心的实实在在的资源和体验。换句话说，对于每个目的和／或特殊显著性评估而言，它明确了哪些资源与价值支持声明中的主张。将基础资源与价值和目的和／或特殊显著性评估联系起来，有利于明确必要的细节以及基础资源和价值与其他规划要素的联系。
区别公园的基础资源与价值和其他重要资源与价值。思考："为实现公园目的和维护公园特殊显著性，应重点研究和管理什么资源与价值？"	这和一些公园通过回答"什么是'关键任务'"的方式来设计运营流程相类似，缺少了"支撑公园使命的基础"资源，公园的目的和特殊显著性也就不复存在。
有特定立法参考时，可能会将公园边界以外的资源或价值认定为基础资源和价值	与公园目的和特殊显著性相关的、公园边界之外的土地，也可能具有基础性价值。例如，公园内部和外部都包含同一片视域，如果公园的赋权法律特别规定视域的价值存在于公园边界以外，则可以把这篇视域当作作为一项基础资源（存在于公园内部）和价值（存在于公园外部）。赋权法律偶尔会涉及公园边界以外的资源，例如锡达克里克和贝尔格罗夫种植园国家历史公园的自然景观。在这个例子里，美国国家公园管理局并不管理公园边界以外的资源，但认识到了这些资源对于公园而言所具备的基础价值，为建立保护资源的合作战略创造了条件。对于提议扩大边界的公园来说，其某项基础资源可能也代表了周边资源。
可考虑使用观点列表来明确并详细描述规划和管理过程中应特别考虑的体系、系统、过程、	尽管明确基础和其他重要资源与价值的工作通常是从公园特殊显著性评估中脱离出来的，并且常常是从可见资源（例如巨山影掌国家公园中的仙人掌生态系统）着手的，但规划团队可能需要考虑相关过程和相互影

体验、机会、故事和景观等的发展期望状况	响，从而更加具体地描述来确认公园的基础因素或重要因素（例如巨山影掌早期生长所需的地表覆盖度）。指导怎样描述期望状况的观点列表也可以当作清单使用。 另一个例子是在科罗拉多州国家纪念公园，地质的周期性隆起、侵蚀和沉积是公园目的和特殊显著性的核心。一项关于地理指标的讨论，例如讨论近地表地质和水文的变化过程以及由此产生的湿地，能够帮助规划团队决定将这些湿地作为公园的基础资源，并在规划和管理过程中进行重点考虑。 有些规划团队发现这般细致程度的讨论并不利于确定什么是公园真正最为重要的资源或价值这个首要需求。此种情况下，建议规划团队首先从整体上描述公园的基础或重要事项，并暂缓对公园管理目标期望状况的更为细节性的描述（见“7.3.3 具体区域所需的条件）。
描述那些经过考虑最终认定对公园目的和特殊显著性来说不是基本的资源或价值	持续跟进那些经规划团队讨论、但最终未被列入“基础资源和价值行列”的资源或价值，提醒规划团队他们所作出的决定，也有利于向公众解释基础性资源与价值的确定过程。

表 6.4：举例说明基础资源或价值与公园特殊显著性之间的关系

特殊显著性	**基础资源 / 价值**
盖茨堡国家军事公园——可以将其特殊显著性描述为：公园中的战地遗址上曾发生过“人类规模最大、代价最昂贵的一场战役，这场战役削弱了南方联邦军发动战争的能力，最终保存了美利坚合众国这个国家”。	• 区域内的地理、地形和地貌特征直接影响了战役和战斗的组织方式和最终结果。
奥林匹克国家公园——其特殊显著性包	• 冰川 / 雪地；

括，保存有“全美最完好的原始森林，包括道格拉斯冷杉、云杉、铁杉、西部红雪松等……永久保护……为当地野生动物”。	• 河流，包括鲑鱼的产卵和养育栖息地； • 潮间带； 前提是这些栖息地对公园的保护目标——原始森林群落产生了广泛的影响。
巨山影掌国家公园——其特殊显著性一部分在于其拥有“优良的索诺拉沙漠生态系统，因为该公园里的树形仙人掌分布密度合理，并且在森林里的存在历史相当久远”。	• 植被的密度（由于其有利于巨山影掌的早期生长）； • 有机会欣赏到一望无垠的巨型仙人掌和相关植物、动物和沙漠地貌。
卡尔•山德伯格故居国家历史保护区——其一部分重要性在于“它比卡尔•山德伯格曾经居住过的其他所有地方都更能生动地体现卡尔•山德伯格的存在。	• 文化景观及周边和谐的生态系统，并且有机会看到卡尔•山德伯格所生活时代的工艺品。
新奥尔良爵士乐国家历史公园——人们普遍认为新奥尔良是爵士乐的诞生地，那里保存了与爵士乐早期历史相关的场所和建筑。	• 为人们走访爵士乐发源地、并更好地理解其历史背景提供了机会。
峡谷地国家公园——为人们从不同角度观赏这片多姿多彩的、具有地质价值的荒野，创造了无可比拟的条件。	• 为游客提供提供了机会，使他们能够了解体验寂寥、聆听自然声音、领略壮阔美景、感受荒野情怀等所适宜的方式、地点和时机。
阿波斯尔群岛国家湖岸——阿波斯尔群岛国家湖岸范围内保存着全美规模最大、最具特色的灯塔群。	• 灯塔及相关建筑物； • 与灯塔有关的文化景观（例如，因保护灯塔所引起的地面清理、园林维护、以及与古森林的关系等）； • 灯塔及其看守者的故事； • 灯标站文化景观的研究价值；

	• 从水面欣赏到的灯塔景观； • 从灯塔里看到的景色。
黄石国家公园——其特殊显著性包括，它里面有美国48个州中面积最大的连片野生动物栖息地。	• 完整的栖息地使得野生动物可在广阔的地域范围内自由活动。

明确其他重要资源与价值的手段和方法建议

一些公园的资源与价值，虽然不是与公园目的和特殊显著性直接相关，但在管理总体规划中仍然需要特别考虑，这尤其有助于分析自然主题公园中的重要文化资源，以及文化主题公园中的重要自然资源。规划团队有权决定将某项资源或价值归为“基础”资源或价值还是“其他重要”资源或价值。例如，对于约翰时代化石床国家纪念公园之类的公园中，规划团队可以其中的地区重点历史建筑归类为基础性资源，也可归类为其他重要资源，但关键是要明确并分析这些在管理总体规划中要重点考虑的资源或价值。

手段	**方法建议**
专注于特别重要的事项	请记住，要就“重要性”制定严格的标准来控制清单的内容，比如对国家历史或自然具有里程碑特殊显著性；具有某种稀缺性；或者对人们（例如北美印第安部落或普通大众）而言格外重要。如果公园里有各种植物和文化资源，那么识别上述关键点就没用了。基础评估的最后一章说明了涵盖所有公园资源和价值的、所有的适用法律和政策。公园的资源管理战略涵盖了公园的所有资源，包括管理总体规划中未专门提及的资源。
思考：“是否存在强大的支持团体？”，“是否存在特殊或关键的规划问题有待解决？”	附录E.2提供了一份明确重要文化资源与价值时的考虑清单。

表 6.5：其他重要资源与价值示例

石化林国家公园的特殊显著性主要涉及其全球闻名的化石地层。多彩沙漠综合大楼是著名建筑师理查德·努特拉的一个重要作品（使命’66），该建筑物被列入了国家历史古迹注册名录，国家历史保护办公室以及全美建筑师团体对它都十分重视。该建筑物虽然重要，但却不是创建该公园的原因，因而属于其他重要资源与价值，而不属于基础资源与价值。
创建美洲杉国家公园是出于保护巨型美洲杉的需要和其他相关目的。其中已列入国家历史古迹注册名录的、配备有木屋和其他旅游设施的一个历史街区，是规划过程中应当考虑的一项重要资源。 由于该历史街区与公园的目的和特殊显著性没有直接关系，因而把它作为“其他重要资源”来分析。
有些国家历史古迹的存在特殊显著性主要体现在文化资源和价值上，对这类国家历史古迹来说，如果某项资源对区域生态和生物多样化来说相对重要，因此可以把它们认定为“其他重要资源”。例如“某濒危物种的当前或潜在栖息地，而全州只有三个区域存在这种物种”，此种情况下，也把这种濒危物种称作“其他重要资源”。对于其潜在栖息地在公园中所占比例较小的他濒危物种，“其他美国国家公园管理局法律和政策”中有概括说明，需要注意的是，要按照相关联邦法律要求保护所有受威胁的和濒危的物种，并把它们作为基础公园管理工作的一部分。

6.3.2 分析基础资源和价值以及其他重要资源和价值

有必要对每一项基础资源和价值以及其他重要资源和价值进行一些基本分析，以确定当前状况和面临的潜在威胁、利益相关者的诉求层面以及现有的政策和规划指导。这种分析的特殊显著性在于找出适当的基本管理策略，并/或确定管理总体规划过程（或其他可能的规划过程）中需要解决的问题。

同时，分析过程不需要过于冗长和详尽，而是要总结每项资源和价值的基本信息，指导随后的规划和管理工作。分析中也可能会识别信息缺口以及管理总体规划的其他分析需求。以下是每一项基础性或其他重要资源和价值都需要回答的问题：

一些规划团队的基础资源和价值以及其他重要资源和价值列表可能很长，这使得分析步骤似乎令人望而生畏。为了提高效率，分析应当尽可能简洁，同时，为便于分析，还可以对一些基础性资源与价值进行分类。例如，阿波斯尔群岛国家湖岸的规划团队将不同类型的沿岸地形特征及其形成过程（例如连岛沙洲、沙尖岬、尖头前陆以及堰洲嘴）列为公园的基础性资源或价值，但其分析工作却是按照更大范围的分类主题展开的。如果对资源与价值进行了分类，分析过程中则可能会分析出其中某一单项基础资源或价值的存在状况、面临的威胁或相关利益。例如，在阿波斯尔群岛实例中，其分析过程中具体讨论了沙尖岬面临的威胁，特别是大量游客在这些沙尖岬的步行活动，造成沙滩和植被被践踏。

基础资源和价值以及其他重要资源和价值的分析都基于一个假设，即具备基本的资源与价值清单信息，且相关领域专家已帮忙明确并分析了这些资源与价值。某些情况下，没有足够的可用信息，就无法完成基础评估中的分析部分。（如果规划团队已经确定了重要数据和分析需求，则分析部分要予以说明。）以下信息来源建议可用来筹备分析工作：

◆ 公园员工中的专家（或其他专家）；

◆ 内部调查过程记录；

◆ 现有的和早先的规划（例如水资源管理规划）；

◆ 项目管理信息系统声明和项目协议；

◆ 资源管理战略；

◆ 国家历史地标和／或国家注册档案；

◆ 文化和／或自然资源数据库和研究成果（参见附录L）；

◆ 法律和立法历史；

◆ 公园专项研究；

◆ 清单与监测数据；

◆ 华盛顿地区办事处自然资源项目中心资源报告；

◆ 科学著作；

◆ 公园手册和网站；

◆ 美国国家公园管理局《美国国家公园管理政策》（最新版）、参考手册等（明确适用的法律和政策）。

分析任务中的另一项重要准备工作是收集和总结目前通过内部调查；与相关机构、部落或合作伙伴进行商议；和公众调查（如果已经启动）等方式已经发现的问题。这些问题有助于识别影响基础资源与价值的潜在威胁或当前趋势。随着全面公众调查的完成以及管理总体规划过程的进展，新的问题也会出现，此种情况下，就需要对基础性资源与价值的分析进行适当修订。基础评估中的这部分内容也需要进行必要的更新，以此来反映条件、威胁和利益相关者诉求的最新信息，而这些信息可能是从管理总体规划调查、科学或学术研究、以及其他的相关分析过程获取的。以上文提到的阿波斯尔群岛国家湖岸为例，由大量游客活动造成的沙滩和植被破坏问题将成为未来管理总体规划或实施计划要解决的重要问题之一，即如何在湖岸的敏感地区处理好游客使用方面的问题。

分析中还可以包括关于普通法和美国国家公园管理局政策指南的内容，以及这些法律和政策要求的相关管理指导的部分。虽然并不是所有的管理指导目前都已被施行，但它们应该是基于现有法律、政策以及已批准的规划而制定的，并与之保持一致。同时，这些管理指导在《国家环境政策法》下应该不会引起争议，并且也不要求再对其进行分析或提供文件证明。

资源分析中应当考虑资产管理数据。理想情况下，基础性和重要资源的认定应当与资产优先级指数相一致，如果资产优先级指数不能反应某项基础性资源的“基础”地位，则应当对该指数进行调整，或重新审议基础性资源的认定结果。资产管理数据还有助于在分析过程中对资源条件进行评估。

管理总体规划中可以有也可以不包含对基础资源和价值以及其他重要资源和价值的实际分析内容。尽管分析可能提供了大量信息，但这部分内容会很冗长，尤其是那些大型公园。此外，随着事件的推移，分析结果本身也会发生改变，因而不一定在整个管理总体规划有效期内都适用。因而，规划团队是把分析定为管理总体规划的一部分，或是作为参考资料的一部分，还是简单收录在管理记录中，这取决于不同的公园，以及其信息的详细程度、篇幅和时间敏感性（进行此类分析活动时不能与应当包含在管理总体规划中的基础和其他重要资源与价值相混淆）。

分析基础资源和价值以及其他重要资源和价值的手段和方法建议

手段	方法建议
思考：“这项资源或价值的重要性是什么？”	如果这项资源或价值与公园的一项特殊显著性评估直接相关，那么这一步骤只需对特殊显著性评估中已经包含的观点进行简要阐述，只需要向读者说明为什么这项资源或价值对于实现公园的目的是基础的。同时，考虑和明确资源或价值的生态、文化和／或社会背景也会有所帮助，例如，野生动物之旅之所以重要可能是因为人们只有在少数地方才能听到狼嚎。还有的情

	况是，某项资源或价值可能是支撑公园某一重要因素的关键环节，例如，自然的声音景观是聆听狼嚎的关键价值；栖息地连接度对观察自然环境下的野生动物来说很关键；地热运动对间歇性喷泉和其他地热特征来说至关重要。
思考："该资源的现状和趋势是什么？是否存在现实的或潜在的威胁？"	研究某项资源或价值时，应当考虑其已经产生的、正在产生的或是未来有可能产生的影响。通常，分析最近趋势与观察现状同等重要，前者甚至比后者更加重要。例如，当前水质可能高于指定标准，但随着泛舟活动的增多，可能会导致水质下降，因此可以预期在不久的将来水质就会低于指定标准。 识别并确定与管理这些资源或价值相关的公共或政治关注点。例如，不同利益相关者可能对特定物种的数量管理方法感兴趣。
思考："利益相关者是否对这项资源或价值有利益诉求？如有，具体是什么？"	识别并明确公园的传统游客和与资源或价值有特殊文化联系的其他群体的利益和关注点。如北美印第安人、其他公园传统游客或其后代可能享有某种特定资源的收割权。 识别并明确相关科学家、学者和其他研究人员的利益和关注点。 识别并明确与某项资源或价值相关的其他公共土地管理机构的利益，例如，保护迁徙通道可能需要邻近公共土地管理者的合作。 部分或全部关注点将在管理总体规划过程中的公众调查环节中予以识别和说明。
考虑："什么法律和政策适用于这项资源或价值，提供了哪些总体指导？"	美国国家公园管理局《美国国家公园管理政策》(最新版)、适用法律、执行命令以及《联邦法典》为所有类型的公园资源和价值（包括游客享用的机会）的管理工作提供了基础性指导，规定了此类资源或价值的主要适用法律和政策，并且简要总结了这些法律和政策中概

	述的管理办法和条件。例如，美国国家公园管理局政策中的流域和径流部分（第4.6.6节）指出，管理者应当主要通过避免对流域和滨水植被造成影响的方式来保护流域和径流，以及维持自然水流运动来避免阻塞，然而，当基础设施（例如桥梁和管道）建设开始不可避免地影响自然资源时，管理者应当采取一些视觉上不显眼的技术措施来最大限度地保护自然过程。
思考："资源或条件的现有信息的质量和全面性如何？已足够用来进行下一步工作，还是随着计划项目进展可以收集到更多信息？"	这一步骤非常关键，同时也是制定基础评估的主要原因之一，即可以对公园最重要因素的信息充分度进行评估。公园所有员工都应该至少掌握一些与公园基础和其他重要资源和价值相关的信息。应对作为管理总体规划焦点的资源进行评估，判定相关可用数据是否完整，是否具有时效性，在继续其他工作之前是否存在有待填补的关键缺口。如果信息已经存在，只需要从公园文件资料和出版物中收集并分析数据，则该项目就可以继续进行。如果只有开展新的调查或研究才能够填补关键缺口，则应将项目启动时间推迟到信息可用之时。规划团队和公园参与人员共同判断所缺信息对于规划工作来说是否至关重要。 信息库不足应当予以说明，并且在项目中需要优先解决。《公园规划项目标准》指出没有完善的数据收集和分析程序的公园，可能需要多达五年的时间来确保收集到可用来支持规划和决策工作的足够的信息。做出这一估计的根据是：一年时间用来全面、系统地识别基础资源和价值及其他重要资源和价值，需要的话还要申请补充项目资金；三年时间用来收集信息（这是监测偶发事件或建立初级趋势线的所需的最少时间）；一年时间用来分析数据，并把它们整合成对规划人员和决策者有用的表格。 规划和管理的基础 第1年，第2-4年，第5年 明确收集数据分析

	基础性并综合 资源和价值数据
思考："关于基础资源或价值的现有规划决议有哪些？它们的当前相关性和有效性如何？"	新近规划资料（如获批的管理总体规划、资源规划书、全面解释性规划书或发展概念计划）中的指南都提供了对基础性资源或价值的管理指导。通过确定拥有一个既有的、且当前仍然适用的指南清单，这有助于进一步提炼公园的规划需求。通常需要判断这些原有决议的效力和作用。基础评估中应当标记出当前仍然适用的相关决议；规划团队也需要指明哪些决议是错误的，或者哪些决议已失去特殊显著性。 这些已通过的决议也有助于使管理总体规划集中于最紧迫、且最亟待解决的问题，也可能会指出需要进行另一层面的规划。
辨别哪些信息对管理总体规划至关重要，哪些不是。	美国国家公园管理局有一系列关于资源清单和监测的法律和政策要求。然而，除非对于那些与基础资源和其他重要资源相关的、管理总体规划层面的规划决策来说，缺失的信息很关键，否则不能因为收集数据的需要而延误管理总体规划进度。

6.4 要诠释的主要主题

6.4.1 总体内容

要诠释的主要主题是为了让人们有机会理解和鉴赏公园的目的和特殊显著性，所需要阐述的内容。确定首要主题是公园基础评估的一部分。主题应源于并反映公园的特殊显著性，而额外的视角则可能是在识别并分析基础资源和价值以及其他重要资源和价值中获取的。首要主题应当足够精炼，为讲解性项目提供重点；但同时要足够全面，能够代表公园的所有特殊显著性。

要诠释的主要主题的价值和作用包括：

◆ 在管理总体规划中，要诠释的主要主题是备选方案和管理分区规定资源条件和游客体验的基础。

◆ 首要主题为公园的教育和讲解项目提供了基础。

◆ 要诠释的主题为明确游客和公众可使用的服务、资源和体验提供了指导。

◆ 明确首要主题就公园的讲解和教育设施、媒体及服务提出建议，这不仅直接体现公园的核心使命，而且有助于建立公众与公园资源和价值的情感和智力联系。

◆ 要诠释的主要主题指导开发讲解媒体和项目，有利于让游客将有形的公园资源和体验与更宏观的理念、特殊显著性和价值联系起来。

◆ 首要主题的制定和讲解为游客、利益相关者和公众提供了分享观点的框架。

如何识别好的主题？规划团队要清楚主题的最终用途，这是十分重要的（参见上面的列表）。有效的首要主题必须是重要的、可理解的、简明的、全面的、完整的且精确的观点，具体要求为：

◆ 重要的——与公园特殊显著性相关并且代表了要讲述的最重要的故事。

◆ 可理解的——不同的人对同一主题会有相同的理解。

◆ 精炼的——要足够简单，无论是单个主题还是一组主题，都要十分容易理解。

◆ 全面的——要代表反映公园特殊显著性的所有重要观点。

◆ 有用的——要能够实现主题的目的。

◆ 完整的——代表全部而不是部分观点，通常用一个或两个完整的句子来表述。

◆ 精确的——信息和背景都反映了最新的学术成果。

可从多个层面撰写要诠释的主题，但要诠释的主要主题则被收录在管理总体规划、全面讲解计划书以及基础评估中，它是最综合、最整体的主题，应该在这三种文件中予以明确说明。更多细节性和特定主题可能是从首要主题中引申出来的，包括一些全面讲解规划书中的副主题或次要主题，以及实施计划中的项目和媒体专项主题。

定义和项目标准

定义	项目标准
公园需要传达给公众的最重要的观念和概念	要诠释的主要主题 • 要基于公园的目的和特殊显著性 • 要将公园资源与相关的观点、含义、概念、背景、信念及价值联系起来 • 有利于达到理想的讲解效果——加深公众对于公园资源特殊显著性的理解和鉴赏

6.4.2 确定要诠释的主要主题时使用的手段与方法建议

制定公园要诠释的主要主题的方法有很多，下文的表格中是一些方法例子。规划团队应当选取最能帮助他们制定出符合上述标准的主题的方法。

6.4.3 其他信息的来源

《讲解和游客体验规划》（美国国家公园管理局 1996b）———员工使用的目标驱动式讲解规划方法概述，包括规划要素的关系、描述、实例和一般方法。

建议措施	具体方法
制定要诠释的主要主题时需要的人员都在场	这些人员（至少）包括： • 一位经验丰富的讲解规划师，熟悉全面管理规划以及讲解、教育、游客体验等一系列规划 • 公园各方各面的工作人员（不仅是讲解方面，还包括资源、保护和维护等方面）和各个级别的员工（不单单包括主管，还包括一线人员和志愿者） • 拥有专业知识以及了解游客与讲解 / 教育 / 娱乐的人员
关注并利用公园的特殊显著性评估和基础资源与价值声明，这些都有利于明确和制定重要的、可理解的、简明的、全面的、完整且精确的主题	要诠释的主要主题无需包含公园想要讲解的所有内容，而是聚焦于那些对游客理解公园特殊显著性来说至关重要的观点。但这并不意味着要求主题与特殊显著性之间保持一一对应的关系。要诠释的主要主题为人们了解公园的全部特殊显著性和基础资源和价值以及其他重要资源和价值提供了机会，此时要诠释的主要主题就是完整的。制定文化类资源的要诠释的主要主题时，可以考虑采用美国国家公园管理局主题框架（本章开头）来挖掘资源特殊显著性的外延和内涵。
合并或拆分语句来控制主题的适宜数量	大多数公园要诠释的主要主题的数量在三到七个之间。

http://hfc.nps.gov/pdf/ip/interp-visitor-exper.pdf

《全面讲解规划指南》——《全面讲解规划指南》（美国国家公园管理局2005e）——包括山间区讲解规划人员用来组织和开展全面讲解规划研讨活动所使用的材料，例如详细说明和要点提示，此外，还提供了一系列特殊显著性评估和要诠释的主要主题材料。

◆ 《全面讲解规划：讲解和教育指南》（美国国家公园管理局2000e）——为讲解规划提供美国国家公园管理局政策和指南。包括全面讲解规划的哲理和推荐元素，包括长期讲解规划、年度实施计划和讲解数据库。美国国家公园管理局首席讲解员和哈伯斯费里中心负责领导和监督讲解规划。

http://hfc.nps.gov/pdf/ip/cip-guideline.pdf

6.5 法律与政策要求概述

6.5.1 总体内容

明确美国国家公园管理局法律和政策要求的目的是确保公园管理者认识到各利益相关者，并与其共同努力以符合与公园管理相关的所有法律和政策。这一保障对于明确公园的基础资源及其他重要资源与价值更有特殊显著性，因为这样就不必担心会忽略了公园管理总体规划中的非“基础性”资源和价值或者那些不“重要的”资源与价值。《1916年美国国家公园管理局组织法》和许多适用于国家公园体系各机构的其他法律、政策和要求，已经规定了众多资源条件及游客体验的一些方面，例如保护受威胁的或濒危物种的命令、明确和保护考古资源的规定、以及提供公共设施无障碍通道的要求等。无论是否制定了管理总体规划，美国国家公园管理局都要在有限的资金和人员条件下尽可能地落实这些规定。因此，即使某个濒危物种或考古遗址没有被定义为公园的基础性资源与价值，或是管理总体规划备选方案中没有直接提及，但公园员工仍要按照法律和政策要求，采取措施保护这些资源。基础评估中的这一部分内容就是要传达这种义务。

6.5.2 定义与项目标准

定义	项目标准
适用于国家公园体系各单位的所有联邦法律、政策和规定的概述	管理局法律和政策要求概述 • 总结适用于所有公园的联邦法律、政策和规定 • 如果某单项法律或政策适用于公园自然资源、文化资

	源、游客使用、设施建设或运营，且明确关系到公园主要问题的解决，则可能会提及该法律或政策的要求。

6.5.3 法律与政策要求概述的手段和方法建议

手段	方法建议
总结与公园相关的法律和政策要求，突出对特定公园尤为重要的条款	因为概述部分并不提供新的信息，所以应当尽量精炼；然而，其应当足够具体，显露出公园管理层在保护利益相关者格外关注的资源与价值的过程中将遵循现行法律和政策。

总结美国国家公园管理局法律和政策要求的方法有很多，附录E.7中包含了四种方法，通过四个不同的管理总体规划中的同一个专题领域来进行说明。选择哪种方法取决于公园背景的复杂性、公众的利益和认知、以及与基础性资源与价值分析可能重叠的情况。选定的方法应当避免在本章节和对基础性资源与价值的分析章节之间出现冗余内容。

6.6 内容整合

完成公园基础评估的诸多要素可能需要单独的过程，但实际上这些要素是相辅相成的，应当成为一个整体。规划过程是迭代的，而非线性的；提出新见解时，应当能够有机会对原有观点进行修正。大型公园或综合性公园可能会通过组织多场研讨会来制定基础评估的全部要素，而规模较小或结构不太复杂的公园则只需利用员工的额外时间来组织一场研讨会即可制定出基础评估。强烈鼓励外部专家和合作伙伴参与研讨活动，这样每场研讨会的构成就可以存在差异（只要核心保持一致即可）。表6.6中是关于如何组合元素以及邀请不同参与者的一些想法。

表 6.6: 制定公园基础评估的备选情形

情形 1——其目的和特殊显著性合理、要诠释的主要主题新颖、且不存在复杂的待解决问题的公园

前期准备	研讨活动	后期跟进
规划人员及公园员工： • 收集公园现有目的、特殊显著性、要诠释的主要主题和特殊要求 • 回顾赋权法律及立法历史	同级别公园员工、相关学者和科学家： • 审议公园现有目的、特殊显著性、要诠释的主要主题和特殊要求 • 明确基础资源和价值以及其他重要资源和价值	规划人员及公园员工： • 分析基础资源和价值以及其他重要资源和价值 • 明确美国国家公园管理局法律和政策 • 通过 E-mail 和电话为小组评议准备材料

情形 2——公园情况较为复杂并需要一个全面的基础性重审

前期准备	研讨活动 1	中期准备	研讨活动 2	后期跟进
公园员工和规划人员： • 集合公园现有的目的、特殊显著性和特殊要求 • 回顾立法历史 • 参阅现有学术和科研成果	同级别公园员工、相关学者和科学家： • 审议公园现有目的、特殊显著性和特殊要求 • 明确基础资源和价值以及其他重要资源和价值	规划人员： • 完成公园目的、特殊显著性和特殊要求 • 组织要诠释的主要主题的初步分析 • 明确美国国家公园管理局法律和政策 • 准备初稿	邻近机构、部落、合作组织和本市领导： • 制定要诠释的主要主题 • 审议基础资源和价值以及其他重要资源和价值分析 • 审议美国国家公园管理局法律及政策	规划人员及公园员工： • 将所有内容整合到基础评估中 • 通过 E-mail 和电话为小组评议准备材料

6.7 有效组织研讨活动的手段与方法建议

研讨活动虽然通常效率较高，但是从时间投入和差旅费用来看，费用可能相对也高。下面是节省时间并削减成本的一些建议：

手段	方法建议
尽可能控制研讨活动的数量和规模	明确每个研讨活动的目的，制定一份参与者互动最多、时间最紧凑的日程表。在研讨会开始之前前和结束之后不需要太多直接互动的工作，可以利用E-mail、电话会议、调查问卷、资源手册、培训等其他沟通手段进行。向所有参与者明确说明各研讨活动的目的和预期成果，并且采用有效的辅助手段保证研讨活动的正常运转。
邀请合适的人	从各研讨活动的目的出发，确保公园和地区的关键工作人员以及其他被推荐的利益相关者都能够参加研讨会。可能的话，参与制定基础评估的规划团队成员也应当加入到管理总体规划的团队中，这样他们就能够对基础研讨活动的讨论内容有更加全面的理解。当有利益相关者参与时，要注意受邀人员的结构以及他们对研讨活动内容的预期。要在广泛参与和保持可控规模之间达到平衡。随着研讨活动规模的扩大，实现便利性和达成一致性的难度也会提高。提前制定好研讨活动的日程，以确保能有最多的拟邀参与者出席活动。应当明确的是研讨活动并不是一场大众会议，不能制定任何管理决议。
完成“家庭作业”	在开展研讨活动之前应当充分收集文献、立法历史、以往的规划资料和其他相关信息，有时，还需要对这些资料进行总结提炼以供研讨活动的参与者使用。可以请一位经验丰富的规划人员事先起草各要素，供团队评议和修订。参与者需提前获得适当材料；研讨活

	动开始之前需要阅读相关材料，并提供适当培训；制定专门手册指导参与者参加整场研讨会，并将这些手册整理、装订成工作薄或笔记薄，使所有人步调保持一致（“克朗代克淘金热国家历史公园基础研讨活动”手册和“哈贝尔贸易站国家历史遗址利益相关者基础手册”）。研讨活动结束之后，要仔细整理讨论和决议记录，并发放给所有参与者。如果条件允许，还可以向不太了解公园情况的参与者介绍公园的基本情况，使其了解公园。（如果基础评估是作为管理总体规划的一部分来制定的，那么则可以在向全体规划人员提供公园情况介绍时举办基础研讨活动，或在随后的会议中举办）。

6.8 基础评估的更新

正如本章引言所述，管理总体规划是审议、（也可能涉及）扩充或修订基础评估的最适当的方式。表 6.7 是设想的基础评估各要素的稳定性，并说明了可能需要扩充或修正基础评估的原因。

表 6.7：基础评估各要素的稳定性

要素	调整的可能性	修正的可能原因
目的	几乎没有	颁布了新法律；公园主体范围扩展较大；对公园地理或文化发展过程的认识发生了重大变化。
特殊显著性	较少	出现了新的信息或学术成果；颁布了新法律，或边界发生调整。
特殊要求	较少	颁布了新法律；达成了新的正式协议或任务。
明确基础资源和价	若干	出现了新的信息或学术成果。

值以及其他重要资源和价值		
分析基础资源和价值以及其他重要资源和价值	若干（全面调查之后） 较多（如果基础评估初稿是在全面调查之前编写的）	趋势、威胁或利益相关者的诉求发生改变；基础资源和价值以及其他重要资源和价值有所调整。 确定了在影响趋势、面临的威胁或利益相关者诉求等方面出现的新问题；基础资源和价值以及其他重要资源和价值发生改变。
要诠释的主要主题	若干	出现了新的信息或学术成果；特殊显著性或基础资源和价值以及其他重要资源和价值发生了变化。
其他美国国家公园管理局法律和政策	较少	修订或新颁布了法律和政策。

7. 制定管理总体规划备选方案

管理总体规划关注什么是公园最重要的事项，并且描述所需的资源条件、游客体验的相关机会、管理的类型和层级、发展进程、以及实现期望状况和游客体验的适当方法。

《国家环境政策法》和美国国家公园管理局政策要求公园管理者在选择优秀方案之前，要考虑大量合理的备选方案，包括一个无行动备选方案和一个环保优选方案。所有的备选方案都一定要与公园的目的和特殊显著性保持一致，重点围绕基础资源和价值及其他重要资源和价值，体现全体利益相关者的诉求，提供游客所需的体验，并充分考虑可能对环境造成的影响。

管理总体规划／环境影响报告或环境评估书中明确并分析了所有的合理备选方案。决议制定者必须通盘考虑这些备选方案以及公众提议的其他合理方案或方案中的合理部分。

我们都是创造者，航行在发现之旅上，拥有属于自己的、独一无二的航海图。整个世界充满了机遇之门。

——拉尔夫·沃尔多·艾默生

7.1 制定备选方案之前所需的信息与分析

明确合理备选方案是一个迭代的过程，需要从持续进行的内部和外部调查、分析和评审中不断获取信息。

规划团队在明确备选方案时，可以按照下列主要类别（下文将详细说明）整合信息：

◆ 关于公园基础资源和价值以及其他重要资源和价值管理的政策指导和政策性问题；

◆ 内部商议和公众参与（调查）过程中反映的利益诉求和关注点；

◆ 资源、体验以及土地利用分析的结果；

◆ 公园现有设施和基础设施分析；

◆ 公园要诠释的主要主题。

7.1.1 与管理公园的基础资源和价值及其他重要资源和价值相关的政策指导和政策性问题

这部分信息应当归入公园基础评估（可参见第4章和第6章，以及“7.2.2

总体管理规划需要回答的主要问题

所有总体管理规划都要回答的一般问题是：“我们是要实现某一套资源条件与游客体验，还是别的资源条件和游客体验？”基于每个公园不同的情况，各规划项目会提出更具体的问题。

为了确保这些问题体现利益相关者的全部利益，应研究在调查过程中制定的总体管理规划层面的利益诉求和关注点列表，并寻找人们在资源条件和游客体验预期方面存在显著不同的地方。这些不同所造成的“冲突”就是规划需要解决的问题：“公园或公园各区域应该是这样的吗？还是那样的？”

注意可以将规划问题进行分层。在作出关于特定区位、特别资源和特定游客使用的相关决策之前，首先要就公园作为一个整体如何实现期望状况做出总体决策。

在规划过程的这一环节，规划小组通常还需要明确影响话题，包括实施备选方案（包括无行动备选方案）可能影响到的特定自然、文化或社会经济资源或价值。虽然这些影响话题并不一定是确定合理备选方案数量的驱动因素，但却是可能导致迭代规划过程中修改备选方案的重要原因。识别影响话题的相关内容的将在第10章“影响话题”部分展开（环境影响报告中有待考虑的问题列表可参见《国家公园管理局第12号局长令手册》【第4.5.F.2条】）。

管理总体规划中管理指导的分级：层次化方法”）。

7.1.2 内部商议和公众参与（调查）中发现的利益与关注点

《国家环境政策法》要求在前期安排一个公开环节来明确需要解决的问题，以及与所提议的备选方案相关的重要问题，（可参见“正式《国家环境政策法》调查”，第4-13页）。分析过调查意见后，规划团队应当了解管理总体规划需要作出的决策（规划需要回答的主要问题）、基础性和其他重要公园资源和人文价值可能面临的危机、以及备选方案措施与人类环境之间的关系（《国家环境政策法》问题）。如果这些信息与项目协议中记录的假设情况不同，则应当修订项目协议。

如果规划团队判定（内部或外部调查中识别的）一些问题与管理总体规划无关，则应当把这些问题看作经考虑而排除、且不进行进一步分析的问题，并在环境影响报告或环境评估中予以讨论。排除这些问题的理由可能是因为它们不在所提议的备选方案的影响范围内；或者经过进一步调研，发现它们对人类环境没有潜在影响。但是，也可能存在一些强制性理由，要求管理总体规划中必须考虑这些问题（例如，用来支持无重大影响的调查结果）。

7.1.3 识别管理总体规划问题时涉及的分析机构和公共投入

下面的手段和方法是关于如何分析规划早期反映出来的各种观点、利益和关注点，以及如何利用这些信息来明确和制定管理总体规划的备选方案。

判定待解决的调查提议

规划团队在调查过程中会获取大量观点，以至让人无所适从，因此就需要系统性识别哪些问题是管理总体规划要解决的，可以排除掉哪些问题，并且要用文件证明这样判断的原因。这是十分重要的。表7.1.描述了这一过程：

表 7.1：识别需要处理的调查意见

利益相关者提供的信息	主要筛选工具	进行分类以确定管理总体规划／环境影响报告问题（阴影框）	要求作出的决议 正在施行的管理战略可以满足的利益和关注点
把内部调查和外部调查（可能持续		美国国家公园管理局政策可以解决的观点、利益和关注点，不需要管理自主	管理总体规划要回答的主要问题，也称作管理总体规划决策点。规划备选方案应代表这些问题的

一年时间）过程中反映出来的利益和关注点整理成一份完整列表 • 美国国家公园管理局领导层 • 公园员工 • 拥有管辖权的其他机构 • 相关官员 • 科学／学术专家 s • 当前／潜在游客 • 传统游客和邻居 • 合作伙伴 • 普通公众	法律及政策要求	权来平衡或排列相互重叠或矛盾的政策指导，	不同答案。
		需要管理自主权来平衡或排列相互重叠或矛盾的政策指导的观点、利益和关注点 影响管理总体规划决议相关人类环境的可能性方面的观点、利益和关注点	管理总体规划／环境影响报告或环境评估书中要分析的《国家环境政策法》问题。
		管理总体规划范畴以外的观点、利益和关注点（需要在实施计划中解决的、关于特定管理措施和设施的观点） 与法律和政策方针不一致的观点、利益和关注点	实施计划问题； 不进一步考虑的利益和关注点。

对机构和公众提供的信息进行筛选、分类、质疑和整理后，每一项利益和关注点都可以归到以下几类中：

◆ 需要在管理总体规划中回答的、与公园未来管理方针相关的主要问题；

◆ 环境影响报告或环境评估书中应当考虑的《国家环境政策法》问题和影响因素；

◆ 美国国家公园管理局法律和政策指导充分覆盖的利益、关注点和管理方针；

◆ 因与法律和政策相矛盾而排除掉的利益或关注点；

◆ 管理总体规划范畴以外的、实施计划或其他规划中需要解决的问题。

分析机构和公众信息以确定关键管理总体规划问题的手段和方法建议

下列问题可进一步帮助划分和确定管理总体规划需要解决的关键问题（上文的第1类和第2类）。

手段	方法建议
思考："美国国家公园管理局法律和政策充分解决了哪些遗留利益和关注点？"	基础评估中的美国国家公园管理局法律和政策要求总结部分描述了根据美国国家公园管理局法律和政策如何管理众多的公园资源和游客体验，尽管并没有把这些资源和体验认定为"基础资源和价值"或"其他重要的"资源与价值。此类管理方针不用考虑管理总体规划备选方案便可继续执行。如果外部调查反映的这类利益和关注点在基础评声明中没有得到充分解决，则应当更新基础评估。
思考："剩余的观点、利益和关注点中是否有与公园管理应遵循的法律和政策相矛盾的？"	任何可能与法律和政策相矛盾的观点在采纳前都要进行审慎考虑。白宫环境质量委员会条例和《美国国家公园管理局第12号局长令手册》（第2.7.B条）规定备选方案中要收录此类观点，但观点本身必须合理。一方面，通常规划团队不会进一步考虑这些观点，例如，不会采纳在指定的荒野区建设缆车索道的提议意，因为这会对环境产生可预期的显著影响。应当告知公众这类观点的本质问题以及不予采纳的原因。另一方面，规划团队应当在备选方案中推进那些与其他规定（例如公园授权法）不一致、但却合理的想法。
思考："剩余的观点、利益和关注点中哪些通过其他形式得到了更好解决，例如公众推广会或者是未来的实施计划书？"	不是所有与公园待完成事项相关的利益和关注点都属于管理总体规划层面——涉及具体项目（如郊野许可制度）或设施（例如特定露营场地）的问题通常应顺延到下一个决策水平。像铲除游客中心前方的杂草之类的运营问题，就不属于管理总体规划的范畴。同理，一些退化的、或受到威胁的资源和价值不会引发管理

	总体规划层面的问题，而这些问题是关于公园应该是怎样一种场所的，那么则可以通过实施计划来更妥善地执行旨在保护或修复此类资源与价值的管理指南。为维护和促进当前运行的生态系统而清除入侵的非本土植物也属于这一类，正确的做法应当是分析各种备选移除方法，但却不把它们并入管理总体规划中。在上述所有情况下，都需要向公众解释排除某些观点的原因。
思考："剩余的观点、利益和关注点中哪些构成了管理总体规划层面的问题（即管理总体规划要回答的问题）？"	管理总体规划的目标是为公园的每片区域制定一整套所需的资源条件与游客体验，而人们对这些期望状况和体验的不同观点就构成了管理总体规划需要回答的问题的框架。但是，许多管理总体规划层面的问题暗含在人们的具体利益和关注点中。例如，如果有人提出了要在某特定露营场所设置更多露营点的需求，这可能就预示着一个管理总体规划层面的问题，即公园夜间使用的总体类型和层级定位。要从更为具体的问题中退一步来寻找并更加广泛的问题。
思考："剩余的观点、利益和关注点是否引起了与法律或政策相矛盾的问题，或需要采取的某项管理举措可能会产生高度争议性的影响？"	三类观点、利益和关注点可能会产生管理总体规划需要处理的决议或者关键问题： ◆ 对于不同的资源和体验，法律和政策指导可能也不一致，因而必须对这些法律和政策指导进行优先排序和协调。例如，岩溪公园的赋权法律规定，岩溪及其支流等应当在公园内和公园道路旁自由流淌，但现存的水坝却是《国家历史保护法》保护下的重要文化资源，因此管理总体规划中就应当考虑制定可以解决这些交叉授权问题的备选办法。 ◆ 法律或政策可能允许采取多种措施来保护、恢复或修复受损或受威胁的资源与价值。根据《国家环境政策法》，应当在公众会议上讨论相关措施。例如，一条美国高速公路可能要横贯一片自然生态系统或文化景观，这在法律和政策规定范围内，可以有很多种解

	决方案，例如，可以采取缓解措施使其对资源的负面影响最小化，或者改造高速公路以减轻影响，再或者改变高速公路的位置以消除影响。管理总体规划备选方案中提到举办一场公众会议，讨论这些备选措施并分析它们的影响，然后再作出适当的决策。另一个例子是，一项文化景观可能会受到公园周边购物中心的影响，对此公众和合作伙伴可能提出了很多种保护该文化景观的备选方案，同时充分分析了实施这些方案的环境影响。 ◆ 法律和政策中规定的措施可能十分具有争议性，这将可能会引发《国家环境政策法》程序，这个过程中会有公众参与——检查各项备选方案。例如，要恢复某地区的自然生态系统功能，可能就要求关闭一片十分受游客欢迎的区域，而这争议性很大。
将保留的利益和关注点进行列表	有一些利益和关注点与基础性资源与价值无关，也不能通过美国国家公园管理局法律和政策解决。例如，保护非历史性建筑中可能传达的一些利益，或是反映洗手间不够清洁等关注事项。公园员工需要采取管理总体规划过程以外的其他措施来解决这些利益和关注点。

整理调查意见的另一个作用是这有利于识别和分析公园的基础资源和价值以及其他重要资源和价值。外部调查能够提供关于公园基础资源和价值以及其他重要资源和价值的条件、面临的威胁和利益相关者诉求等方面（已记录在基础评估中）的额外信息，同时还可能会提出更多基础资源和价值及其他重要资源和价值。根据从外部调查中获取的信息，应更新基础评估并与公众共享，这也是管理总体规划工作内容的一部分。

7.1.4 资源、体验与用地分析

数据分析是制定管理总体规划备选方案时要考虑的另一项重要因素。在制定备选方案之前，规划团队需要理解并描述公园当前的资源条件、土地利用、游客体验和活动，此外规划团队还要判断存在的资源限制，并识别游客体

验机会。

虽然本手册接下来的大部分内容都是关于景观分析的，但对体验式资源、游客使用和设施、以及资源关注度／敏感性等内容的分析在制定备选方案中也可以发挥重要作用。关于这几类分析的更多信息可参见《游客体验和资源保护框架：规划及管理人员手册》（美国国家公园管理局 1997a）。

分析的总体内容

测绘和景观分析特别适合用来挑选管理分区备选方案。虽然没有如何分析公园的自然、文化和社会资源与价值的既定手段，但下文提供了一些常用方法：（1）现有条件分析；（2）叠加或适宜性分析；以及（3）实地检验。仔细安排和开展此类分析，有助于规划团队制定出环境影响最小、且能够改善游客体验的备选方案。过去，由于备选方案是在分析当前条件和实用性之前制定的，因此计划表中常常忽视了此类分析。

此类分析没有可套用的方法，只能根据每个项目的特定需求和情况、数据和技术的可用性、以及规划团队的能力和经验，来制定并选择不同的方法。现在公园基础评估中所要求的分析能够确保管理总体规划团队获得关于现有条件的信息，但在制定备选方案之前，规划团队仍然需要分析资源的适宜性。

分析工作从规划的本阶段开始，一直持续到被收录进备选方案影响评估工作中（可参阅“10.3.4 影响分析的手段与方法”）。备选方案制定过程中收集、绘制和分析的内容可能与管理总体规划／环境影响报告或环境评估书中实际展现的内容不一样。根据《国家环境政策法》规定，《国家环境政策法》文件中的环境影响部分只描述那些受到一项或多项备选方案影响的公园资源或人文价值。规划过程早期完成的分析避免了许多资源或价值可能会遭受的影响，这些潜在的影响方面就可以不进行进一步的研究和分析。但要注意以下例外情况：因为《国家历史保护法》第 106 条（分析不允许遗漏任何文化资源）规定要使用环境影响报告或环境评估书，因此环境影响报告或环境评估书中必须涵盖所有的文化资源类型（可参见“10.3.6. 管理总体规划和《国家历史保护法》第 106 条）。

手段	方法建议
专注于什么是最重要的。	公园的基础评估明确了对于公园来说什么最重要（公园的基础资源和价值及其他重要资源和价值），而这些方面也是管理总体规划各个阶段研究的核心对象。基础评估中还包含了有关现有条件与趋势的信息，并且指出需要进行哪些额外的勘察和研究来支持规划和决策工作。这些支撑管理总体规划决策所需的清查和研究工作都应当在规划的本阶段完成。
依靠最了解资源的人（研究者、公园资源专家、传统游客、当前游客等）。	采用积极的、合作的方式让他们为分析工作提供信息。为加快信息披露与共享，要预先理解尽可能多的信息，然后再按照一定思路提问，确保对这些资源或价值进行了充分考虑。务必向利益相关者传达这一过程，使其对最终成果充满信心。
以识别的问题作为开头和结尾	有些情况下要求制定备选措施来协调和排列公园最重要事项的可选方法，例如存在交叉的法律和政策规定时就要进行审查。而要诠释的主要主题中也可能有关于公园最重要事项排序的可选方法。将这些问题与在调查中明确的问题，以及公园现有设施和基础建设分析中明确的其他问题进行整合（可参见上文“如何确定备选方案”）。 判断景观分析需要回答什么具体问题时，要想到以上这些问题。 一旦确定了初步备选方案，就应当检验景观分析是否解决了这些问题（如适用）。
将上述问题解决前需要回答的具体问题进行列表	例如，“当前公园哪里发生了使用冲突？”“哪些区域的资源对游客使用格外有价值？”“解决这些问题所作出的决策会对哪些具体资源或价值造成影响，以

	及如何影响？”等。至少应对这些问题有一个初步理解，这有利于聚焦需要进行的分析。
在地图上标注现有条件	这项分析对于理解公园基本情况十分关键，而且应当在任意下一步分析工作之前完成。这项分析的一项任务是用文本、符号和箭头在地图上标注出一个区域的基本特征，作为描述自然和文化资源价值与条件、土地使用和活动的关系、以及现存机会和问题的方法。这促进了对特定区域特点及其对规划潜在影响的理解。 需要包含的信息有，基本信息（例如植物、道路、步行道）、当前使用点、独特资源、重要资源关注点、主要的游客使用模式以及主要景点。有些情况下，需要阐述资源存在的相关问题（例如小汽车和雪地车数量的增加导致空气质量下降），来证实需要在管理总体规划过程中解决这一问题。较为简单的情况下，则可以将现有条件的相关信息与规划机遇和存在的限制进行合并标注或整合；较为复杂的情况下，则最好单独标注并分析机遇与限制。 如果公园员工、公众或其他利益相关者倾向于将公园划分成几个特征鲜明的地域进行理解，那么所展现的分析结果最好也能保留这种独特性，尽管进行分析的一个重要目标是要把公园作为一个整体来审视。
明确各种管理和使用的区域适宜性	制定覆盖图或进行适宜性分析是为了确定一些区域是否因具有某种预先认定的特征而适合或不适合某种管理和使用方式。以往这一分析采用透明聚酯薄膜资源覆盖的方法；而今则通常使用地理信息系统技术，因其不仅高效，而且可以根据不同标准迅速进行再分析。以下是覆盖测绘的一些类型： ◆ 筛选或过滤测绘，可以排除一些不适合采取某种特定管理或使用方式的区域。 ◆ 敏感性测绘（或资源敏感性分析），可以根据可能影响的严重程度进行排序。（帕洛阿尔托战地国家历史遗址的管理总体规划便采用这一技术来覆盖包括漫滩、受威胁或濒危物种的栖息地、视域以及古迹资源在内的信息。敏感资源最少的区域

	就是未来发展和高强度使用的最佳潜力区域）。 ◆ 吸引力测绘，可以识别最适合开发的游客体验类型。（罗亚尔岛国家公园的管理总体规划就使用了这种技术来明确和覆盖从已有设施一天内可徒步到乘船到达的区域；关键文化特色资源附近的区域；以及受欢迎的自然特色资源附近的区域。拥有突出特色最多的区域就是最受游客欢迎的热点地区。） 这三类测绘的类型通常是相互结合使用的。有时，最终的测绘图包含有三大类区域：受影响较小的吸引力区域；受影响较小的非吸引力区域；受影响较大的吸引力区域。虽然应当避免进一步开发最后一种区域，但如果可选的区域非常少，也可以通过适当的规划和设计来规避或最大程度地降低影响。
实地检验景观分析结论	实地检验的目的是确保初步意见或备选措施的可行性。例如在罗亚尔岛国家公园，郊野管理小组对划分为码头露营的区域进行了实地检验，查看是否存在合适的地点。
避免分析中断	因为管理总体规划关注公园这个整体，而不是某个特定的场所，因此可以从公园范围层面来收集和分析信息。例如，规划团队应当知道公园内何处有大片湿地，但不必掌握每块湿地的确切位置和类别。 利用最佳可用信息来做决策总要做不出任何决定。例如，如果规划团队没有开展全面覆盖测绘工作所需的完整数据，则他们最好能根据已有数据作出最佳决策。 以下做法可以优化决策条件：与专家进行商议；从类似规划项目分析中推断所需信息；缺少某特定信息时可用相关资源或价值的信息来替代；以及需要时还可以对特定地点进行实地勘察。也可以从美国国家公园管理局外部机构获取大量可用数据，例如美国鱼类和野生动物管理局、国家历史保护办公室或联邦应急管理局。
从分析中得出一套详细的结论并记录下来	为确保不忽略这一步，应当提前为其预留好时间。讨论使用这些结论来制定和评估备选方案的可能方式和适当时间。如果忽视了这一步，那么整个分析工作可能就白费了。如分析过程中

	所确定的那样，一旦制定出了初步备选方案，就应当对其进行检查以确保该备选方案使得吸引力因素最大化（例如维护野生动物活动地带或提供各种环境），并且使敏感因素最小化（例如割裂了野生动物的栖息地，或是外部建设影响了主要视域）。这是规划过程中非常重要的一步，正因为此，也应当在计划中进行简要描述。分析和结论部分要足够充分，以表明在制定备选方案时遵循了一套合理且可推导的基本原理，这种方案能够在满足游客使用的同时保护敏感资源价值。这部分论述可以参考附录中的分析公园资源与价值以及制定备选方案的过程等部分，这里有更全面的讨论。利益相关者必须了解使用的分析类型，对所作决策保持信心。
理解分析与价值评估的不同之处	地理信息系统自身不会评判价值，也不会进行决策，这应当是管理者的工作，所以不要指望地理信息系统能够代替管理者在价值方面做决定。但是，解读分析成果并从中得出结论需要具备良好的判断力，例如叠置分析能够标示出非常敏感区域，但却需要专业的判断来决定接下来是立即采取全时段关闭等保护措施比较合适，还是应该先进一步研究资源和潜在影响。

使用地理信息系统制定备选方案

在制定备选方案过程中应特别重视对地理信息系统的使用。地理信息系统结合了一种庞大的可视化环境和植根于科学的一种强大的解析和建模框架。最新版本的地理信息系统软件可供游客制定、测绘和分析管理总体规划备选方案。

强烈推荐使用地理信息系统来完成备选方案分区以及分析特定区域期望状况的应用，理由包括：规划规程中需要用地理信息系统来建立模型，以预测或量化大气扩散、物种栖息地、或游客循环分析等资源分析工作；地理信息系统可以用来分析各种管理与使用区域的适宜性，通过分析也可以辨识出不适宜进一步开发的区域，例如某濒危物种的栖息地或地形非常陡峭。地理信息系统的另一个用途是绘制旅游景点图，找出最受游客欢迎的区域（表示需要更多的游客服务设施），相关信息可以从公园员工处获得，或者借助全球定位系统进行场地数字化处理。

下表展示了可协助制定管理总体规划备选方案的几种可能的地理信息系统分析模型。

表 7.2：地理信息系统模型示例

模型	用途	信息输入
物种栖息地	预测哪里有适合某敏感物种的栖息地	倾斜度、到水源的距离、植物的种类等
游客流动	预测可能出现的拥堵点	道路、步行道、景点、区域进出口
开发的适宜性	显示地理条件适合实施新建设的区域	土壤、倾斜度、视域、漫滩、敏感资源
视觉资源	标示出优质视觉资源。界定从某特定位置可看到的视域（远眺图、小道等）	数字高程模型、视觉资源数据、视角
小道 / 道路描述	规划小道和道路	数字高程模型、提议的路线

地理信息系统使得规划团队能够覆盖任意组合中的资源和游客相关价值的不同方面，以确定某片区域的最佳地带。计算各分区的精确面积可以用来比较备选方案，要根据现实世界的地理特征（如山脊线、道路补偿、受干扰区域或栖息地范围等）来精确划定分区。在创建每一个地理信息系统图层时，都应当维护元数据（描述数据的数据）。在规划过程的结论阶段，应把地理信息系统所得信息传递给公园，以便公园员工可以精确地知道各边界在地面上的位置。

关于在管理总体规划中使用地理信息系统的更多信息可参见“10.3.4. 影响分析的手段与方法”中的“覆盖测绘与地理信息系统”，以及附录L中的网络资源。另外，美国国家公园管理局的区域地理信息系统办公室也可以提供大量关于地理信息系统运用的信息。

7.1.5 公园的现有设备与基础设施状况

管理总体规划需要全面评价公园整体发展模式的合理性，并且随着时间的推进及各种条件的变化而需要不断调整这些模式。尤其对于规模较大、情况较复杂、且有着大量游客使用与管理设备和基础设施的公园来说，管理总体规划提供了一个机会，使它们退一步审视和分析整个园区当前的优先处理事项和设备条件，并考虑在接下来的15到20年内改变当前发展模式的可能性，使其更加适合公园最重要的资源与价值。

有两个工具可以帮助规划团队来完成这项分析：资产优先级指数以及设备条件指数。

◆ 资产优先级指数可以结合公园的赋权法律（目的）来评价公园的每项设备（“资产”），以明确其相对重要性。资产优先级指数工作表来自网络，并且可以链接到所有公园都在使用的设备管理软件系统上。公园员工要回答与各设备相关的一系列问题，之后工作表才能计算每项设备的资产优先级指数值，当这些资产优先级指数值经院长认证之后，便会自动添加到公园的设备管理软件系统记录中。资产优先级指数工作表中的问题主要围绕五项量化指标展开，即资产状况、资源保护（自然资源和文化资源）、游客使用、公园运营和设备的“可替代性”。设计问卷时要做到主观性最小化，采用百分制来避免调研结果过于集中，清晰展示相对资产优先表。

◆ 设备条件指数是对设备在某一特定时间相对条件的简单测量。设备条件指数中用修补设备缺陷的成本除以当前替换该项设备价值，得到一个数值等级。设备相对条件的设备条件指数值完成后也会自动添加到公园的设备管理软件系统记录中。

一项资产的资产优先级指数值和设备条件指数值之间的关系，可用来挑选预留公园设备和基础设施公共资金投入的适当方式。总体上说，任何设备都可归入以下四种情况：（1）优先度高-中/条件良好；（2）优先度高-中/条件一般-较差；（3）优先度高/条件极差；或（4）优先度低。每种情况最适合的管理策略可见图7.1。

出于规划的目的，对于孤立的单个建筑物，通过执行规划能够找到最合适的管理方式；然而，对于优先度高或低以及条件较好或较差的建筑物来说，则在管理总体规划中决策公园分区和期望状况时就应当考虑其广泛模式。使用资产优先级指数和设备条件指数来协助制定的管理总体规划备选方案可以指出建议清除或停止维护的低优先级建构筑物。（可不可以改为：管理总体规划备选方案中也可能使用资产优先级指数和设备条件指数来帮助制定备选方案，提议移除或停止维护优先度低的建筑物。）例如，如果某个公园的建筑群大多优先度都较低，或者情况严重恶化，则管理者应当重点考虑以保护为主的备选方案（符合《国家历史保护法》第110条规定）；如果无法做到这一点，则可以考虑清除建构筑物，恢复该地的自然面貌（相应改变分区），或是用现代建筑物来代替已破损的（如果替换的是历史建筑物，则也需要相应地调整分区）。（关于资产优先级指数和设备条件指数，以及不动产管理及规划的更多细节可参阅《第80号局长令：不动产管理》和《第80号参考手册》，可在美国国家公园管理局资产管理内部网站 http://inside.nps.gov/waso/custommenu.cfm?lv=4&prg=190&id=341，以及本手册的附录L中获得相关信息）。

图 7.1：公园设备和基础设施的管理策略

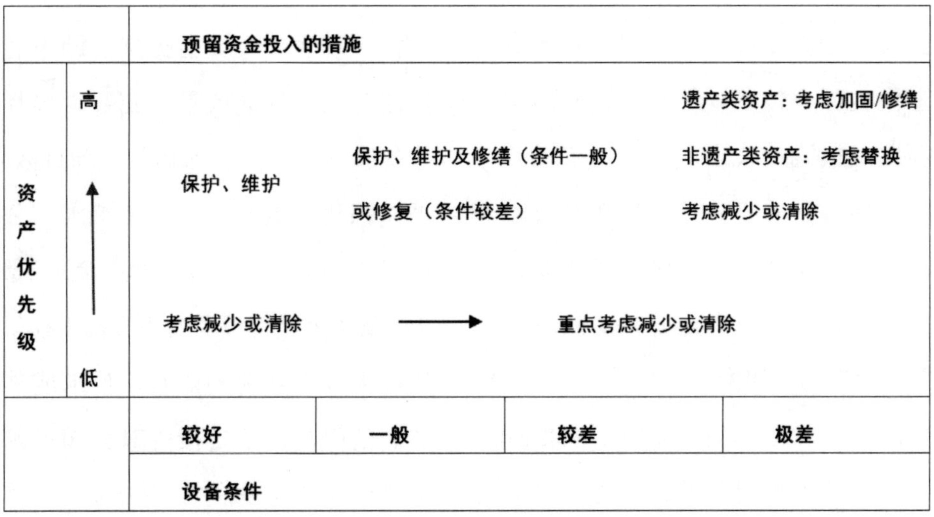

		预留资金投入的措施			
资产优先级	高 ↑	保护、维护	保护、维护及修缮（条件一般）或修复（条件较差）	遗产类资产：考虑加固/修缮 非遗产类资产：考虑替换 考虑减少或清除	
	低	考虑减少或清除 →	重点考虑减少或清除		
		较好	一般	较差	极差
		设备条件			

7.1.6 公园要诠释的主要主题

公园要诠释的主要主题应当包含在公园基础评估和/或全面讲解规划中。第6章阐述了要诠释的主要主题的重要性及其辨识方法。在本章的后续内容中，要诠释的主要主题有助于明确不同管理替代概念。

7.2 制定备选方案时的考虑因素

在制定管理总体规划备选方案过程中，规划团队需要考虑许多问题。例如，哪些条件构成了一个“合理的”备选方案？备选方案应当解决哪种细节程度的问题（例如公园整体范围、特定区域）？应该何时提出重要的新设备？何时应当废除一项备选方案？本节内容既回答了这些问题，也给出了在制定备选方案中应避免的常见陷阱。

7.2.1 什么是“合理的”备选方案？

从管理总体规划层面对合理的备选方案进行全面评价，涉及到考察公园整体管理和使用的各种可能的方式。尽管对于建设完整的公园来说，这种做法似乎不必要或者适得其反，但是《公园规划项目标准》指出，即使是有着优良管理传统以及根深蒂固的使用和发展模式的公园，退一步审视并重新评估公园的整体目标仍然对公园员工有利，尤其是当资源受到威胁、景点变得拥挤、或者是公园的人造景区需要大量修缮和维护时。

在管理总体规划 / 环境影响报告或环境评估书中提出的、要进行评估的备选方案必须与公园目的相一致，并且制定备选方案时要保护公园的资源和价值，包括游客享受机会，这是主要的决定因素。换句话说，备选方案应当提供能够实现公园目的的不同方法，同时要保护公园的资源与价值，并使其受到的影响最小化。

在制定备选方案的开始阶段，规划团队可能会审议许多备选方案。然而，存在大量备选方案时，只有那些具有代表性的、涵盖了所有合理利益和关注点的备选方案才需要在环境影响报告或环境评估中予以分析和比较。另外，随着规划 /《国家环境政策法》过程的推进，将会淘汰一部分备选方案，最后规划团队会达成一致，选定一组合理的备选方案。

同时，白宫环境质量委员会标准对合理备选方案的定义是，在经济上和技术上都可行的备选方案（可行性是初步判断备选方案是否具有可实现性，是否展示了常识证据）。然而，白宫环境质量委员会提醒公园不能仅仅因为成本低廉或易于施行便选择某些备选方案，并且《公园规划项目标准》再次强化了这一观点：美国国家公园管理局《美国国家公园管理政策》（最新版）赋予公园管理者的决策自主权，不能用来因为当前的财政、技术或其他方面的限制而决定接受对公园资源和价值的不太理想的条件方案。（“最佳条件”一词是在《公园规划项目标准》中使用的，来源于美国国家公园管理局《管理政策》中关于管理及其实现条件的说明；美国国家公园管理局《管理政策》对于备选方案管理提出的相关指导意见是，应尽量实现这些“最佳条件”，除非公园条件已达到了《美国国家公园管理局管理政策》中明确的相关标准）。

成本等方面的限制或是与现有法律不一致的情况都可能成为实施一项

备选方案的障碍，但国会也可能会同意提供资金，甚至是修改相关法律。例如，为恢复佛罗里达湿地的自然生态系统功能，国会批准了向一个耗资数十亿美元的政府间的倡议提供大量联邦资金，其中美国国家公园管理局就是一个重要的资金提供方。然而不存在清楚的“经济可行性”门槛，因为它在极大程度上常常取决于变幻莫测的环境。

7.2.2 管理总体规划中管理指导的分级：层次化方法

管理总体规划中包含有几个层次的管理指导。最广泛的指导层次是基于法律和美国国家公园管理局《管理政策》的，且在同一公园中或者不同公园之间不会发生变化（即使落实这些法律和政策的具体措施在不同公园或者不同管理分区中会发生变化）。例如，美国国家公园管理局政策要求公园管理者及员工要清点资源，并监测空气质量、水体质量以及文化资源的状况，这是所有公园管理策略中最基础、且具有强制性的部分。另一个例子是美国国家公园管理局政策规定公园管理者应参与相关地区的规划工作，共同改善空气质量。实施这类公园范围的管理指导时不需要考虑其备选方案，而且根据美国国家公园管理局法律和政策要求，通常是在管理总体规划的第一章或附录中对这一部分进行说明。

在管理总体规划中发现的第二个层次的管理指导是针对单个公园范围之内的，且可以因公园而异。这一层级的指导通常包含在备选方案的章节中。对于管理总体规划中所有考虑到的行为备选方案而言，这些指导可能相同，也可能不同，同时，该层次指导也不局限于各个管理分区或公园区域。这一类管理指导的实例有特许权、游客容量、教育和讲解、新设露营地或步行道的设计方针或标准，特别是资源项目的主题或缓解措施。以下是雷尼尔山国家公园管理总体规划中的一个简短案例：

雷尼尔山的游客和设备都可能遭遇相当严重的地质灾害……基于现有的信息尚无法精确预测公园中可能发生泥石流或其他地质灾害的时间和地点，因此，很难预测游客在公园中可能会遇到的实际风险也。优选方案中提出要采取更多措施来教育并通知游客和工作人员，使其充分了解地质灾害的危险性和发生泥石流或其他地质险情时应该如何应对。可以采取的措施有：

◆ 在讲解项目（包括计划的班车项目）中提供更多的相关信息；

◆ 在整个公园的道路两边和高危地区设置潜在地质险情的警示标志；

◆ 研究在当前没有逃生路径／通道的地方建设紧急出口的可能性；

◆ 与美国地质勘测局合作编写文献，告知游客可能发生的风险以及如何应对地质灾害；

◆ 与美国地质勘测局及其他机构合作，监测公园里的地质灾害。

公园层面的指导也可以延伸到公园边界之外（例如，在游客来到公园之前，使用信息系统告知游客公园的各种游客体验机会）。

第三层次的管理指导是由管理分区确定的。分区提供公园所需的条件和游客体验，包括对自然和文化资源的保护、游客使用，以及管理、使用和开发的种类与水平等方面的指导。本章的后续内容将更加细致地论述这一层次的管理指导内容。

管理总体规划最后一个层级的指导是区域特定的期望状况，这一部分的内容详细说明了特定地理区域、位置、特征或设备的具体期望状况。这一层级的管理指导也将在本章的后续内容中进行更加细致的论述。

以上几个层级管理指导之间的分界线可能会因公园和规划任务的具体情况不同而不同。每个规划团队都需要确定应该将该层次的管理指导设置在管理总体规划的哪一部分。

通过综合归纳这些管理指导，包括备选方案章节中的指导内容（不用考虑全部的备选方案），公园员工和利益相关者能够对公园即将采取的管理方式有一个整体概览。

特别详细和具体的指导通常不适合用来处理管理总体规划层面的问题，可以把它们纳入其他实施计划或环境资料中。例如，可以在管理总体规划备选方案中提出在公园的某个大致区域内建设步行道的需要，但不应该提到具体长度、位置以及小道的设计等细节。

7.2.3 气候变化与管理总体规划备选方案

美国国家公园管理局局长曾明确指出管理局面临的、影响可能最深远的挑战就是气候变化，但公园管理局有能力为子孙后代保护美国的自然和文化遗产免受损害。气候变化会影响公园的资源、设施和游客，而这些又会进一步影响资源管理、公园运营以及游客使用和体验公园的方式。尽管近期可能会出版一些其他类型的指南，但在编写本手册时还没有可以用来直接指导如何解决气候变化相关问题的法律和政策。有些指导间接提到了气候变化问题，例如《13423 号行政命令》中提出了减少温室气体排放的要求，以及保护能源和水资源的措施；《3226 号美国内政部秘书令》也要求各管理局在执行长期规划措施和／或制定影响资源的主要决策时，应当考虑并分析气候变化的影响。

2009年七月，西太平洋区公布了其气候变化愿景，指出本区内的公园运营要努力在2016年前努力实现碳中和目标。实现碳中和目标需要减少含碳气体和其他温室气体的排放量，使用可持续能源，增加公园的碳封存措施，并且教育公众。该地区的发展愿申明中包含有多项规划管理措施。尽管这些措施针对的是西海岸地区的公园，但所有的管理总体规划团队在制定备选方案时都应该考虑到以下措施：

◆ 考虑管理总体规划决议对公园实现碳中和能力的影响，包括明确期望状况、制定备选方案和选择优选方案等期间所作出的决议；

◆ 复核增加新设施的适宜性和必要性，并对提出了新建设施需求的备选方案进行考察，包括改善或恢复现有设施的使用情况，对技术／互动媒体的使用，或实现公园期望状况的其他手段。在考虑新建设施时应当尽量减少碳足迹，并且在可行的条件下追求实现碳中和目标；

◆ 通过收集未来气候变化方面的可用数据，并增加资源管理措施的灵活性，来最大限度的提升公园适应气候变化（例如海平面上升、趋于频繁且剧烈的自然火灾、以及天然水资源减少）的运营能力。将公园要适应气候变化这样一个要求作为管理总体规划备选方案的内容之一；

◆ 如果条件允许，还要建立使用替代燃料的交通方式，以及非机动化准入机会。在安置设施时要合理安排设施间的距离。

最后，规划团队在管理总体规划制定过程中可能会意识到，应当采取大量适应性管理措施来应对气候变化，并满足未来15到20年有效规划期的需要。根据气候变化的程度和时间，及其对公园可能造成的影响，美国国家公园管理局可能需要采取额外措施来配合公园管理总体规划的管理指导，必要时甚至需要替换原有的规划。无论处于那一种情况，实施新措施之前都必须确保其符合相应的环境保护要求。

7.2.4 提议新设施的时间

出于各种原因，管理总体规划备选方案中会经常提议新建一些设施。针对管理总体规划中提议建设的众多游客中心、遗产中心和环境教育中心的成本和规模，众议院拨款委员会（关于年度99项拨款提案的众议院报告）给予了高度关注。关于这一点，规划团队需要仔细考虑。在众议院报告中，国会指出：

“众议院拨款委员会担心管理总体规划已变成了一种不切实际的文档，

提议完成许多昂贵的‘愿望清单’项目，但很可能这些项目对于实现公园的核心使命来说却无关紧要。美国国家公园管理局是丹佛管理中心制定的改革管理部门的一员，在创建新规划和更新原规划的时候，应仔细审核其规划文档的具体内容。众议院拨款委员会可以驳回一些成本较高、设计过度的游客中心或者不必要的建筑物，并且提醒管理局注意成本较高的合作项目（这些合作项目通常是按照非联邦合作伙伴的需要而制定的，因而超过了公园的实际需要）。委员会要求管理局制定一套新的国家政策，将管理总体规划作为实施丹佛管理中心改革措施的一部分。”

伴随美国国家公园管理局2002财政年度拨款法案的众议院会议和报告中都重申了上一条信息。众议院表明将“极其关注”管理总体规划备选方案中提议建设的游客中心、遗产中心以及环境教育中心的成本和规模，并且当美国国家公园管理局忽视这些问题时，会对其提出批评和告诫。

为了回应这些担忧和关注，美国国家公园管理局制定了新的管理政策，强调公园只能在必要时才能开发必要设施，并且“只有当开发项目合理使用了资金，并且在经济上可行时才能获得批准。”虽然为管理总体规划设定的这些新标准规定要谨防指定具体的发展提案，但这些规划仍然为每个管理分区设计出了“合适的开发方式和程度”，以及维持这些程度需要采取的调整。如果实现某特定备选方案明显需要一个主要的游客中心、遗产中心或环境教育中心，那么将对这项备选方案的经济可行性进行严格审查。

7.2.5 设施规划模式的用途

如果一项备选方案提议建设新设施，规划团队则需要使用美国国家公园管理局设施规划模式来确定新建设施的规模需求。目前已经开发出了适用于游客中心和设施维护的特定模式，以及适用于医药储备设施的一个类似模式。

设施规划模式是用来计算设施的占地面积的，其本身不会产生费用。设施规划模式最主要的用途是确定各种功能区域的可接受范围，例如游客中心的规划、合作者和特许权相关空间、图书馆、行政管理空间和医药储备空间等。开发该模式是建立在回顾其他机构和私有领域类似经验的基础上的，它为评估某一项目的规模和成本是否“合理”提供了标准化的评估基础。这些设施规划模式可以用来确定哪些项目规划超过了合理的预期，以及哪些项目规划需要进行调整（模式的产出结果只是对占地面积的一种估算，但同时也可以提供成本估算方面需要的一些关键信息，相关信息可参见第9章）。

对于游客中心来说，设施规划模式是回答公园、预期游客以及设施中需要具备哪些具体功能等一系列相关问题的一个项目。这些问题常常由一位项目小组的成员（通常是一位公园员工）来回答，且必须由公园提交申请。设施规划模式的联络部门是华盛顿地区办事处建筑局，管理总体规划备选方案中提议的任意公园设施所使用的最终模式都需要先由地区办公室推荐，然后再由美国国家公园管理局华盛顿地区办事处建筑项目管理办公室批准。管理总体规划中的游客中心的概念应当与该模式保持一致。

7.2.6 制定备选方案时要避免的常见错误

优选方案方面的陷阱

规划团队的成员通常想把他们看到的备选方案当作优选方案，而不是制定一系列或优或次的合理备选方案。这是一种自然趋势。有时候，规划团队在优选方案中加入的细节多于其他备选方案，但《国家环境政策法》曾经要求所有备选方案的细节度都应该一样。规划团队应当尽量编写一系列合理的、可行的备选方案，而不应该在规划的这一阶段就选定优选方案。

细节方面的陷阱

还有一种很自然的倾向是想要提供过多的细节内容，特别是刚刚确定下来的优选方案。公园员工和公众通常都想清楚地了解将要建设哪些设施，在哪里建设，规模多大，何时建设等信息；而且，如果备选方案中有更多的细节内容，就更加方便评估影响和估算成本。但是，《公园规划项目标准》中明确规定，管理总体规划中不应当包含实施层面的规划内容。在管理总体规划层面，公园员工和公众需要集中关注公园整体层面的管理概念、资源条件和游客体检机会，不受具体设施、项目或计划等方面细节的干扰，因为这些细节在规划有效期内可能发生改变。管理总体规划要有一定的管理灵活度，以应对可能出现的新信息或新情况，必要时可调整管理措施。提供足够的细节方便了解不同备选管理办法之间的差异；当事实证明具体设备、工程或计划不能产生所需的资源条件和游客体验时，提供过多的细节反而会使规划本身过时。这两者之间存在矛盾。但是一般情况下，规划团队应当克制在备选方案中加入太多细节内容的自然倾向，不要分散相关机构和公众对整体备选方案概念的注意力。

现有问题方面的陷阱

公园员工提交制定管理总体规划

的申请时，他们通常希望管理总体规划能够考虑和解决一系列宏观的或具体的问题，其中一些属于管理总体规划问题，而另一些却不属于。管理总体规划的目标不是解决公园现存的所有问题，而是在较长时间内（15至20年）在决策（问题解决）方面提供一个基本指导。如果一项管理总体规划只着眼于解决现存的问题，那么当10年后出现了规划过程中没有预料到的问题时（例如出现了一种编写管理总体规划时尚未存在的新的交通适用方式或模式），那么这个管理总体规划将会立刻失效或过时。同样，解决现存的紧迫性问题，与提供解决目前没有考虑到的将来性问题时所需的总体方向和指导之间也存在矛盾。

现有基础设施方面的陷阱

许多公园员工认为公园现有的基础设施（道路、步行道、游客中心、停车区等）是不会改变的——它们受已有条件的限制。的确在预算十分紧张的情况下，建设新设施需要具备相当重大的理由；但是，保留和维护优先级较低或条件较差的现有设施也同样需要重大理由。规划团队不应当落入这样一种陷阱——认为现有的全部的基础设施对于所有备选方案而言都是不能改变的。如果有充分且正当的理由证明应当清除原有设施、调整设施的分布位置，或是建设新设施，而且资产优先级指数/设施状况指数分析或其他相关分析也支持该理由，那么备选方案中就应当提议改变现有的设施状况。当然，规划人员要慎重处理改善设施方面的问题，注意上文讨论的对建设成本方面的持续关注，同时在管理总体规划中要阐述清楚新建设施的依据和需求。

7.2.7 备选方案的废除

《美国国家公园管理局第12号局长令手册》（第4.5.E.6条）提供了废除一项备选方案的理由指南，要求包括管理总体规划/《国家环境政策法》文档，并且应设置在保留下来进行分析的备选方案描述部分之后。最初认为一些备选方案（或管理措施）是可行的，但随后便被排除了。规划团队需要在这部分简要说明排除某些备选方案的理由，并且在管理记录中充分证明支持排除这些备选方案的理由。排除一项备选方案的理由包括：

◆ 技术上或经济上不可行；

◆ 无法实现项目目标或满足相关需求（例如，管理总体规划的目标和需求）；

◆ 与其他环境影响更小或成本更低的备选方案相重复；

◆ 与最新的或具有效力的公园规划、目的和特殊显著性评估或其他政策相矛盾，因而需要对公园的规划或政策进行重大改变；

◆ 某项环境影响过于严重（任何损害公园资源或价值的备选方案，必须自动排除对其进行进一步考虑）。

7.3 每个备选方案中应该包含的内容

每个备选方案规划都必须满足《项目标准》中关于管理总体规划须包含哪些要素的相关规定，主要有：

◆ 一个全面的管理概念；

◆ 潜在边界调整（如果存在这种情况）（可参见“4.1.4. 潜在边界调整”中的单独论述）；

◆ 关于公园特定区域应当强调哪些可能的资源条件和游客体验机会的管理分区决策；

◆ 公园内不同位置的区域特定期望状况，包括所需的资源条件、相关的游客体验机会以及合适的管理、开发和开放的方式和层级；

◆ 从现有条件到实现期望状况需要进行的改变；

◆ 每个区域内游客容量管理方面的指标和标准（可参见“游客容量指标和标准”中的专门论述）；

◆ 项目实施成本（可参见第9章中的专门论述）。

上述大部分要素中将在下文中进行说明，之后将论述“无行动备选方案的特殊考虑事项”。

7.3.1 管理理念

每个备选方案都有各自不同的管理理念，明确公园的建设目标——以特定种类的资源条件以及相关游客体验为核心的整体特质。关于公园整体特质的各观点之间的大体差异，则将通过备选管理理念进行探讨。

规划团队在定义可用来解决调查阶段中发现的问题的一些概念时，采用的方式有很大不同。这些理念指导规划团队怎样对各备选方案中的公园进行分区，以执行相应的理念。分析备选方案分区规划为规划团队和公众在确定优选方案之前，探索不同的公园管理方式及其相应影响提供了机会。

制定优良备选方案的关键之一是提出一项理性行为人都认为合理的管理理念。这一标准有助于排除那些没有切实考虑利益相关者诉求的公园管理理念和公园管理方面的“极端”幻想。管理理念不仅解释了为什么需要以及如何利用某种方式将众多利益相关方的利益结合起来，同时还可以容纳广泛的利益。然而，制定一个完全满足个体利益相关者期望的备选规划方案的想法是不切实际的。但是，利益相关者应当能够在一项或多项备选方案规划中，找到至少体现了公园设想的内容。

制定高质量优良备选方案的另一个关键是提出一项令人信服的管理理念。《公园规划项目标准》指出，管理理念“对公园的蓝图的描绘应清楚明了并具有说服力”，这有助于规划团队制定出一系列合理的备选方案，而不是开发一套倾向于支持先发制人决策的“稻草人”备选方案。

同时，管理宗旨应当简介明了。

定义与项目标准

定义	项目标准
对公园建设目标的简要且鼓舞人心的陈述（“展望”陈述）	管理理念描绘公园的建设蓝图时应清楚明了且富有说服力。

制定管理理念的手段和方法建议

手段	方法建议
描述管理理念时，应当始终关注公园应当具备什么资源条件和游客体验,而不是如何实现它们。	有些备选理念考虑公园是否应当拥有“较少、一些还是较多的设施”，或者考虑是否应当主要通过“联邦资金、合作，抑或是两者结合”的方式来执行规划。这些备选理念是要需避开的常见错误，因为这些不是公园设定未来总体方针时需要考虑的最重要的问题，而真正最核心的问题应当聚焦要实现什么结果。
考虑要诠释的主要主题中是否提供了不同的管理理念	备选管理理念可能是围绕公园某一地点或整个公园所强调的某个公园要诠释的主要主题展开的。关于备选理念强调不同诠释主题的实例，则可参见附录 F. 1。

避免采纳考虑是否应当把公园当作"自然、文化、或是两者平衡的"区域来发展等问题的备选管理理念。	这一问题应当由"公园的目的和特殊显著性"来回答。同时应当记住的是，几乎每个公园都是由不可分割的自然和文化资源构成的，并且反映了自然及文化过程的综合影响。最好通过交叉及多学科研究的方式来理解和管理这些方面。
避免那些暗示资源保护最大化和游客享用最大化位于一个连续统一体的不同两端的备选理念。	只要采取了适当的控制措施，公园提供多种游客体验就不会对资源造成不可接受的影响，这种情况是可能实现的。但要避免的这类理念就不会考虑这种可能性。例如，在一个基于某种自然过程的自然系统内，规模较小的游客群可能会使用相对无组织的体验方式，而规模较大的游客群则可以采取有组织的体验方式（仅限于栈道上行走的导游陪同下的旅游），但这两者对资源的净效应是相同的。
保持备选理念的"纯正性"，以便判断并评价不同理念之间的差异。	在规划的这一阶段，要避免从其他各个备选方案中借用内容，从而拼凑出一个混杂的备选方案，即使实际规划中可能会这样做。
可能的话，新制定的备选理念不要超过四个。	规划过程中人们能够理解并遵循的备选理念的数量上限可能就是五。鉴于其中一个备选方案一定是无行动备选方案，所以这实际意味着新制定的理念不要超过四个。

通常，只考虑一种公园管理和使用方法比较少见，而且也不推荐这样做，因为《国家环境政策法》有关规定和"充分管理"都要求要对所有合理的备选方案进行考虑和分析，尽管这样做需要完成相关立法工作。但是，如果规划团队指出只有一项理念可以进行理性考虑时，就要明确所提议的理念，描述目标资源条件和游客体验，并将这些条件和体验与现有情况（无行动备选方案）进行对比。在这种情况下，管理总体规划会相对简单而且没有争议。

备选方案宗旨的实例可参见附录F.2。

7.3.2 管理分区

基本内容

管理分区是美国国家公园管理局用来明确并描述公园不同区域要实现并维持的资源条件和游客体验时所使用的方法。分区一般包括两个步骤：（1）明确一系列可能适合的管理分区；（2）将这些分区对应到公园的具体地理位置。关于特定区域最佳资源条件和游客体验观点之间的差异将在备选方案分区规划中进行探讨。

公众关于公园管理分区的认识

美国国家公园管理局使用管理分区的概念来指明公园各类区域的管理重点已有几十年时间了。美国国家公园管理局《管理政策》要求将管理分区作为管理总体规划的一个主要部分。其他联邦土地管理机构在他们的公共土地管理规划中也使用了管理分区这个概念。

大多数美国人对“分区”这个词比较熟悉。无论他们是否赞成这个理念，大多数人能够理解管理土地使用需要进行分区，在强化一些使用方式的同时，排除另外一些方式。几乎所有的自治市和大部分郡县都执行了一些分区规划。

一些人将美国国家公园管理局对公共土地的分区与当地政府对私有土地的分区混为一谈。他们反对联邦政府干预郡县或自治市层面能够适当合理解决的私有土地使用问题，这个要求无疑是正当的。几年以前，美国国家公园管理局有时会在公园边界以外（与私有土地重叠）划定一部分“缓冲区域”，这就加深了美国人民的这种混淆。虽然这样做的目的是与当地政府合作，共同促进与公园资源保护工作相协调的地方分区工作，但有些人要么误解了公园管理局的意图，要么认为这是联邦利益在公园边界以外的不适当扩展。因而，美国国家公园管理局不再使用“缓冲区域”这一说法。更常见的一种情况是，反对“分区”一词的人不赞同分区理念，他们不支持当地政府对私有土地进行分区，因为他们认为这样做干扰了他们的选择自由权；出于同样的理由他们也不支持联邦政府对公共土地进行分区。

规划团队对与分区这个概念和词组相关的问题应当保持敏感。如果使用“管理分区”这一词语成为了规划过程中一个不利因素，那么其他说法（如土地分类、管理区域等）则可能是表达和落实这一理念更加有效的方式。

定义与项目标准

定义	**项目标准**
将公园范围内的各地域划分为多种管理分区（一整套资源条件和相应的游客体验），其目的是在与公园目的保持一致、并且保护其基础性资源与价值的前提下，提供各种各样的资源条件和游客享用方式。	管理分区 • 在公园不同地域提供与公园目的和特殊显著性及其固有特质（特别是公园基础资源与价值）相一致的各种各样的资源条件及游客体验 • 通过强调其他公园不具备的一些潜在条件与体验，提炼与某项特殊管理理念相一致的公园整体特色 • 反映公园每个特定区域内突出的资源与价值 • 考虑与公园内部相邻区域以及公园边界以外区域内的资源和体验的关系 • 是指定性的，而非描述性的（可能是为了维持某种现有条件划定分区，或者是为了对现有条件进行重大改造而划定分区）

明确潜在的管理分区

潜在的管理分区描述的是对以下各方面进行有机整合：所需自然资源条件、文化资源条件、相应游客体验机会，以及适合用来实现期望状况和体验的管理、开放和开发的方式和层级。人们意识到没有哪一方面能够脱离公园的其他条件而独立存在——它们之间关联紧密并且相互依赖。

公园不同潜在管理分区之间的差异可能非常显著，也可能非常微妙。它们所描述的条件从荒野一直到密集开发的“村庄”或是游客场所（例如在约塞米蒂），或是从允许游客参观的复原性建筑到不向游客开放的保护建筑（例如玛丽•麦克雷德•白求恩公寓国家历史遗址）。明确一系列潜在管理分区的目的是，考虑合适种类的资源条件、游客体验、开放和开发的最大可选范围。在幅员辽阔的公园，管理分区之间的细微的差异应当放在实施计划中考虑，否则，就会忽视考察不同备选方案之间显著差异的机会，取而代之的是考虑某一种公园管理方式的细节问题。

在考虑潜在管理分区的范畴时，决策者受限于相关法律和美国国家公园管理局《美国国家公园管理政策》（最新版）的明确规定。对于管理分区中的自然资源部分，美国国家公园管理局政策一般的原则是不干预自然系统的功能；但其允许在某些特定情况下进行干预，包括“当公园规划已经明确表示干预是保护其他公园资源或设施的必要手段”。为公园所制定的一项或多项潜在管理分区对自然系统功能可能存在一定程度的干预，无论是出于保护文化特色的目的，还是为了减少与开放、设施和项目有关的、某种重要游客体验方式的影响。

同样，美国国家公园管理局政策对文化资源保护的一般原则是维持原状，但是也允许有其他的处理方式，它指出“关于某种处理方式的决策……可以在规划和合规性程序中予以明确。”因而，公园的一项或多项潜在管理分区会建议修复、复原、甚至是移除某项文化资源，以保护或加强其他资源或文化资源或价值，或是支持某种游客体验。任何关于文化资源的特定处理方式都必须符合美国国家公园管理局的《管理政策》以及《历史建筑处理方式部长级标准》（美国国家公园管理局 1996a）中所明确的条件。这些标准应当在管理总体规划中予以解释说明。

关于公园游客使用的美国国家公园管理局政策指出，培养公众乐趣的主要方式是通过讲解和教育项目。然而，政策还指出美国国家公园管理局会“尽可能地为游客提供充足的机会来使他们通过自己的个人体验获得启发、欣赏和享受，而不是通过项目或体系的定式安排。”因此，为公园制定的潜在管理分区可考虑为讲解和教育项目，或是为各种个人的体验方式（游客之间显著不同）保留机会。

优秀的潜在管理分区都是基于对以下事实的强调：高质量的公园体验取决于维护或保护良好的资源，而且为游客提供体验的机会是确保公众支持资源保护的最好方式之一。

对潜在管理分区的描述可以是总体上的，也可以是比较具体的。总体分区描述可包含关于对所需“自然资源条件”“文化资源条件”“游客体验”“开放的适当方式和层级”以及“开放的适当方式和层级”等方面的较宽泛的阐述。具体分区描述可包含有对公园各项基础性资源与价值、或是这些资源与条件的组合的期望状况的更加详细的阐述。这些更加具体的描述可用来描述特定地理区域、位置或与分区所对应的特征（见下文）。潜在管理分区的实例可参见附录 F.3。

明确管理分区的手段和方法建议

下述手段和方法描述了将多种潜在所需资源条件和与之相协调的游客体验整合进潜在管理分区的程序。表格（见表 7.3）是组织这些信息的有效方式。

表 7.3：管理分区表格样本

	分区 1	分区 2	分区 3	分区 4
自然与文化资源条件（添加副标题）				
游客体验（添加副标题）				
管理、开放及开发的适当方式及层次				

手段	方法建议
召集规划团队	潜在管理分区以及备选方案分区的区域划分一般最好由规划团队来完成，然后由更大的团队和公众进行审议和完善。非常有必要邀请各方面的资源经理和与公园游客密切联系的个人参与分区过程，因为管理分区将引导和影响所有公园的基础资源和其他资源与价值，包括游客体验的机会以及开放和开发的关联类型和层级。
考虑在实际绘制潜在管理分区之前（即在制定管理分区备选方案之前），制定一份“目录”	在把潜在管理分区与某一特定地理区域进行绑定之前，明确分区概念的合理范畴有助于确保对资源条件和相应体验进行充分且合理的组合，而不单单是考虑公园已有的那些组合。公园里可能已经有一些资源条件和体验组合，但可能还缺少其他组合。如果规划团队目光狭隘，只将精力集中于已有的组合，而不关注可以使用哪些组合，这样他们可能就会错失一些潜在的机会。 开始这一步骤的一个有效方式是，回顾公园的目的和

	特殊显著性评估、基础性资源与价值、要诠释的主题、公园最重要事项之间发生矛盾的可能性、资源与基础设施状况、以及调查阶段中明确的公众利益和关注点列表，然后将其中较为成熟的、可以支撑观点的内容整合进潜在管理分区方案中。 分区的名称相对不是很重要，但是要尽可能贴切地描述适合该管理分区的资源条件与游客体验的特定组合（要避免用分区可能支持的开发种类和层级进行命名，因为这是资源条件和游客体验的次要考虑因素）。
确定潜在管理分区的合理细节程度，并且制定一张表格来总结和比较每个潜在分区内所期望的状况。	采用表格形式来制定潜在管理分区有助于确保对各分区描述的完整性和易比较性。 将潜在管理分区列在表格的一个轴上，将需要进行比较的期望状况（例如，自然资源条件、文化资源条件、游客体验、开放的方式和层级、开发的方式和层级）列在表格的另一个轴上（详见下文“期望状况的观点列表”）。 在确定制定备选分区计划的下一阶段什么最重要之前，规划团队可能需要尝试多个不同的细节程度，以便确定左边一栏的内容。对于基础资源与价值较少的公园来说，最好能够充分描述每个潜在分区将如何管理每一项资源或价值，以便为制定分区备选方案提供全面的基础；而基础性资源与价值较多的公园，最有用的方法可能是进行更加综合的潜在分区描述，以便在划定管理分区位置（可能包含一些基础性资源与价值，而不是其他重要资源与价值）之后再对具体的基础性资源与价值提供指导。 附录 F. 3 中是巨山影掌国家公园的管理总体规划，里面举例说明了几种详细程度，包括“总体自然和文化资源条件”以及特定类别的资源（例如“植物”）的条件。表格中只对一部分公园基础性资源与价值进行了详细说明，而不是全部。 附录 F. 5 的案例是小河谷国家保护区和维尔京群岛国

	家公园规划团队在管理分区工作中考虑使用的一些游客活动与设施种类。其他规划团队在进行管理分区时也可能需要考虑类似的列表（尽管案例中表格的详细程度可能超过了许多规划团队计划的细节度，但公园员工会发现这些表格公园管理仍然有用）。
采用对于公园管理者有用、同时全体利益相关者都能够理解的方式，明确区分潜在管理分区之间的差异。	规划团队进入这一阶段后，一些小组成员倾向"主合派"，而另一些倾向"主分派"。规划团队应当避免走向这两个之中的任何一个极端。主合派可能会在管理分区中纳入过多的多样性，从而导致管理指导不明确，并使管理分区失去作用。主分派则可能试图为每一个不同的活动界定管理分区，从而使规划过程停滞不前（例如，划分出单独的露营、徒步旅行和骑马区，而这三种活动可以是同一管理分区中的三种不同的使用方式，使游客体验荒野的同时，也有机会应对挑战，并进行冒险活动）。
适当时要承认可能无法实现所期望的状况，以及可能会对资源或价值产生影响，但这种影响是可接受的。	考虑到不同公园资源、游客使用和体验之间的相互关系，如果不对某一特定分区内的其他资源和价值采取折中的方式，则可能无法实现某特定资源或价值的期望状况。例如，一栋历史建筑的期望状况可能是要对其进行移址，而不是对威胁该建筑的、自然侵蚀形成的海岸带进行加固。虽然搬迁不是一栋历史建筑的期望状况，却可以是某一特定备选分区方案中的期望状况，并且要作为管理总体规划的一部分而接受评估。另一个例子是，某个自然系统的某个期望状况可能是禁止人类进入和使用，但另一个期望状况则可能允许这些活动。以下是两个不同管理分区中的珊瑚礁的备选期望状况，斟酌一下各自的利弊。在"受保护自然区域分区"中，其期望状况可能是"保护珊瑚礁的原始自然条件。通过禁止游客使用，确保避免珊瑚礁受到任何无意的或故意的人为损坏，从而保护该自然功能生态系统中的基础性资源，并把它作为判断系统健

	康的一项指标。”在“自然奇观分区”中，用一个生态共同体的期望状况可能是“在实现最大程度保护珊瑚礁的同时，允许游客进入并使用该区域。”这一条件承认人类活动会无意或故意对珊瑚礁造成负面影响，但是会在适当地点进行测量并确保提供最大程度的保护。 在另一个类似的例子中，间歇泉盆地的期望状况可能是接受硬质地表水流对自然水文和地热过程的干扰，而不是更改能容纳成千上万游客参观的、深爱公众欢迎的美国圣地的通道和配套设施。被干扰的水文和地热过程可能不是间歇泉盆地的期望状况，但经过权衡之后，可以将其作为一种管理分区类型的期望状况。几乎每个公园都需要制定这类管理决策（必须是在美国国家公园管理局政策特定指标的允许范围内）。制定优秀潜在管理分区的一个关键是获取这些决定对机构和公众的评审与理解所产生的影响。
避免同一分区中出现无法兼容的资源和体验	描述某种体验“高度活跃且富有社交性，还是安静且具有内省性，这取决于描述的是一周中的第几天”。这种描述方式可能描述了现有条件，但是却没有就未来的管理工作提供指导。
查看其他公园的管理分区，在其基础上加以调整并制定管理分区，以符合公园目的、特殊显著性、授权以及美国国家公园管理局和公众期待在该公园实现的目标。	借鉴其他公园的相关信息来思考公园特定需求和情况所适合的潜在管理分区和期望状况（管理总体规划中管理分区的更多实例可参见规划、环境和公共评论系统）。

查看其他公园的管理分区，在其基础上加以调整并制定管理分区，以符合公园目的、特殊显著性、授权以及美国国家公园管理局和公众期待在该公园实现的目标。借鉴其他公园的相关信息来思考公园特定需求和情况

所适合的潜在管理分区和期望状况（管理总体规划中管理分区的更多实例可参见规划、环境和公共评论系统）。

下面介绍了另一个有助于规划团队制定管理分区的手段。以下主意列表中给出了可能适合用来明确和描述关于公园各分区期望状况（包括资源条件、游客体验机会以及管理、开发和开放的适当类型和层级）的各种考虑。一旦划定了分区的具体位置，那么讨论期望状况时就可以集中于区域内的基础资源和价值以及其他重要资源和价值上，酌情对其进行详尽阐述，以提供有用的管理指导。需要记住的是，尽管有些规划团队在管理分区中可能喜欢采用这种详细程度来探讨部分或众多期望状况，但另一些规划团队却可能会选择在规划的其他部分（例如公园整体管理指导）通过主题来探讨这些期望状况。

表 7.4：明确并描述期望状况的观点列表
（集中于基础资源和价值以及其他重要资源和价值）

自然资源条件	
生态社区	栖息地特征，包括 • 结构复杂性 • 多样性 • 公园内部和外部栖息地的连通性 生态过程，包括 • 营养物质循环 • 净化作用 生物互动关系，包括 • 捕食者 / 被捕食者关系 • 本土 / 外来物种间的相互影响 自然干扰机制，包括 • 火灾 • 洪水 • 地震 • 当地突发瘟疫或疾病 • 雪崩 • 山崩

	• 风暴侵蚀 特定物种的种群状况 • 受威胁 / 濒危物种 • 地方特有、稀有物种 • 移栖物种
水文过程及特征	水文特征，包括 • 温泉 • 湿地 • 主要水体 水文相互作用，包括 • 湿地的表层与潜层的相互运动 水文过程，包括 • 水流动力 • 营养物质 / 温度机制 • 洪水灾害
地质过程及特征	地质过程，包括 • 海岸线 / 堰洲岛的形成 • 土壤 / 岩石侵蚀 地质特征，包括： • 石灰岩 / 溶洞的形成 • 沙丘 • 背斜 • 土壤
声音景观与视域	自然环境声音的等级 夜空
空气质量相关价值	能见度 空气质量指标

文化资源条件	
考古学资源	总体期望状况 相关处理方式（研究、咨询、保存、保护） 与其他分区内的考古文化资源的关系
文化景观	美国国家公园管理局致力保护的景观特点和景观完整性特质（例如史前／历史上特定时期的连续性） 期望状况以及相关处理方式（关于显著自然特征、生物系统以及凸显景观文化价值的使用方式） 文化景观的本体及其人造特征之间的关系 可进一步定义文化景观期望状况的、合理且具体特质的期望状况
人种学资源	重要的人种学资源（包括宗教圣地）的总体期望状况 与这些资源有关的宗祧群体／社区 资源的特定条件以及对传统开放和使用方式的支持度
历史及史前建筑和废墟	总体期望状况以及相关处理方式 处理方式预期达到的特定结果（例如，将四间农场仓库的外墙恢复到1867年的样貌） 进行不会产生影响的添加和（或）改造再使用时所允许的改造水平
博物馆收藏品	实物、样品以及档案和手抄资料等的期望状况 藏品开放的所需层级

游客机会	
观看／体验非凡自然文化特征／过程的机会	分区游客参与和互动相关特色的突出性 游客接触、观看和感受自然文化环境的直接参与程度，以及游客的兴趣点

理解自然和文化历史进程的机会	强调的重要的历史、文化和自然资源主题 参与正规教育的机会
体验有丰富特殊显著性的游客感知机会	游客进入公园并徜徉其中时可能感受、观看和聆听到的、与自然文化资源相关的一切 惊奇、冒险、探索、孤立、偏远、社会联系、竞争等 与分区内特定资源相关的所需感知 与其他游客（包括多种类型）和公园员工（护林人、导览人员、商业导游）交流的机会 景点与游览通道在互动力度上的差异 基于种族、年龄、经历、社会经济水平等因素划分游客群体实践的差异性
与他人分享文化遗产的机会	游客互动并分享各自文化遗产的机会 与分区中可能规划的其他活动相比，这类活动的突出性
体验公园特有的、基于其基础性资源与价值的娱乐活动和特殊使用方式的机会	娱乐活动的特点（如魔塔国家古迹公园的技术性攀登活动，或是独立国家历史公园的独立钟参观活动），或是特殊使用方式（例如，阿拉斯加保护区内的生存捕猎） 因特定资源的敏感性而可能被禁止的使用方式或使用类型

管理、开发和开放	
游客使用管理	组织管理的层级包括 • 游客参与自发式娱乐活动的机会与参与更加组织性和程式性活动的机会相对比 • 为保护游客安全、体验和资源条件而对游客使用的直接或间接管理程度，以及这些管理措施将对游客对体验的认知产生什么影响 • 可能经常出现游客使用限制情况的特定地点（例如，

	交叉路口、露营场地、公园入口） • 分区内游客使用的密度（例如，集中在设施附近区域还是分散在整个分区） 工作、风险、时间以及所需技术的层级包括 • 景观相关的活动和讲解是否对游客使用做了相应的改进，游客是否需要依靠自身掌握的景观相关知识来安全穿越该区域，并且对环境造成的影响最小 • 体力消耗要求的程度 • 游客的风险及风险责任水平 • 游客参与娱乐或教育机会所需的时间投入 • 该区域是否适合白天使用和（或）夜间使用，以及规划设施和提供的娱乐机会强调哪种使用方式 管理和游客使用活动的证据包括： • 对于偶尔造访的观察者，公园资源管理活动和设施的可察觉程度 • 对于偶尔造访的观察者，公园娱乐活动影响迹象（例如，露营场所的裸露土地、道路的拓宽）的明显程度 所提供的教育、与引导的层级包括 • 要诠释的主题、特别资源和游客体验之间的关系（例如，“讲解岩层、河床、不整合面和岩堆坡崖面相关知识的机会”） • 场地内外提供的方位信息的层级 / 密度
资源管理	管理层级包括 • 为保护和修复公园重要资源而允许和鼓励的管理措施的程度和范围 • 管理措施的核心（如看护管理 / 允许自然过程 / 恢复自然过程） • 对于偶尔造访的观察者，管理措施的明显程度如何 研究活动包括 • 进行基础资源清单、文化和自然资源研究、社会科学研究以及长期生态观察等研究的地区的重要性 • 明确研究需求和实施研究项目的工作层级

	设施类型，例如引导 / 教育设施、娱乐设施、服务设施和管理设施
开发	开发区域的所需特质（例如，现场管理活动很少或没有现场管理，保持了原始状态，或是边界划分良好，已高度开发） 分区内开发足迹的范围（例如，“聚集在道路走廊里的地点不超过两处”或是“任意海岸线 100 码之内都没有开发”） 强调将设备与周围的自然和文化环境融合 聘请绿色建筑技术专家
开放	开放层级包括 • 面向残疾游客开放的程度，以及现有建筑物与新建建筑物在开放程度上的差异 主要交通模式包括 • 主要的交通方式是机动化还是非机动化 • 道路、小道以及公共交通的类型，或该区域是否要以“无道路”和 / 或“无小道”为主

为潜在管理分区划定地理区位

公园的备选方案管理分区计划应当与其相应的备选分区理念相一致，并且要反映与公园各地点的基础资源和价值以及其他重要资源和价值相关的决策。同时，备选管理分区计划还要根据不同区域支撑和维持不同使用方式的能力，还应反映公园提供各种游客体验的意愿。例如，公园的一个区域可以为集中管理和解释某地质过程现象或与某一历史过程相关的景观提供了绝佳机会，而另一区域可能为最低限度地管理自然文化景观，以便游客独自体验这些景观提供了绝佳机会。关于各区位基础资源和价值以及其他重要资源和价值期望状况的不同观点，可以在制定备选方案管理理念的过程中，以及实施与各备选理念相一致的管理分区计划的过程中予以考虑。

不是所有潜在管理分区都能用于任意一个备选方案中。实际上，备选方案之间的主要差别是在同一个地块上安排了不同的管理分区。同时，同一地块可以根据不同季节制定不同的潜在管理分区，例如，某个区域在冬季不允许使用车辆交通，也不允许夜间使用。

不同分区备选方案中会区别对待同一种基础资源，这样做只有唯一一个理由，即考虑到需要平衡或排列那些相互交叉的或存在潜在矛盾的基础性资源与价值。这是管理总体规划的一个有效考虑因素。例如，珊瑚礁本身和体验珊瑚礁的机会对于公园来说可能都是基础资源与价值，但一个分区可能将珊瑚礁的生态敏感性放在首位，因而禁止游客参观（例如，可能通过观看影像视频来感知珊瑚礁）；而另一个分区可能将直接体验珊瑚礁的机会放在首位，从而使珊瑚礁面临一定程度的风险，但同时将采取措施来尽可能减少这种风险。风险和缓解的程度不同可能要求划分多个分区。这对于公园来说是最重要的决策之一，但是通常却不承认它们属于决策范畴（认为各分区中对资源的保存和保护都一样已成为一种惯例）。

划定管理分区地理区位的手段和方法建议

下列方法和工具描述了制作管理分区地图的过程（详见表 7.2）。虽然这个比例尺的地图（图 7.2）不够清晰，但它使用了不同的模式和一个图例，从地理角度展示了某一特定分区方案下将怎样管理公园内的各个区域。

手段	**方法建议**
基于每个备选方案的管理理念，为公园各地理区域划分管理分区。	备选方案主要通过为不同地理区域划分管理分区来支持管理理念的意图。 偶然情况下，在资源类型比较单一的小型公园，每个备选方案可能只有一个管理分区。但是，分区可能会随备选方案而不同，这取决于相对应的管理理念。如果各备选方案的分区互不相同，那么各分区都是适当地探索不同的期望状况组合，而不是探索实现相同条件的不同方式（这个任务适合推迟到实施计划阶段来做）。 某些分区可能是所有备选方案的共同成分。例如，一个公园可能具备其需要的所有开发项目，且不存在设施及其位置相关方面的问题。在这种情况下，所有备

	选方案中划定的开发区位可能都一样。然而，规划团队应当确保不考虑各备选方案是因为有充分的理由，而且并不代表任何提前已经作好的决策。 备选方案中每个地块只能属于一个分区，因为任何一个地块都不能同时拥有两种用途。但是，如果规划团队认为一个地块在不同季节应有不同的管理方式，那么这个地块可以被纳入不同的季节分区。
充分考虑每个地块的未来潜在条件，而不局限于是现有条件。	即使公园场所面临显著的资源退化问题（可能是由于之前的管理决策没有吸纳当前的科学或学术观点，或者是由于公园受到地区土地使用决策的影响而引起的），仍然需要根据公园的资源和价值，以及改善这些资源或价值可能采取的措施来对公园场所进行分区，而不是基于现有条件或是曾经的错误进行分区。 适应性管理概念能够使公园管理人员不断吸收新信息和新技术，来实现过去可能难以达到的公园条件。管理总体规划是比较现有条件和期望状况，以及评估备选管理选项的合适媒介。
问："哪些区域可能适合某特定类型的管理和使用？"以及"这一特定区域可能适合什么类型的管理和使用？"	用两种方式来提问有助于确保合理的分区备选方案不被忽略。
确保管理分区的边界在实地上清晰可辨。	分区覆盖面积没有最小限度，但一般情况下，不应该为公园的微小区域或就某个单独特色划分分区。可以把大分区中某一小块区域的特定管理策略理解为区域特定的期望状况的一部分。一些分区可能是狭长形的或线状的，例如沿车道或河流而划分的分区；而其他的分区可能是大面积的多边形。 每个备选方案中的分区不一定要有同样的边界（实际上，不同的分区边界有利于区别备选概念）。

图 7.2：管理分区地图示例

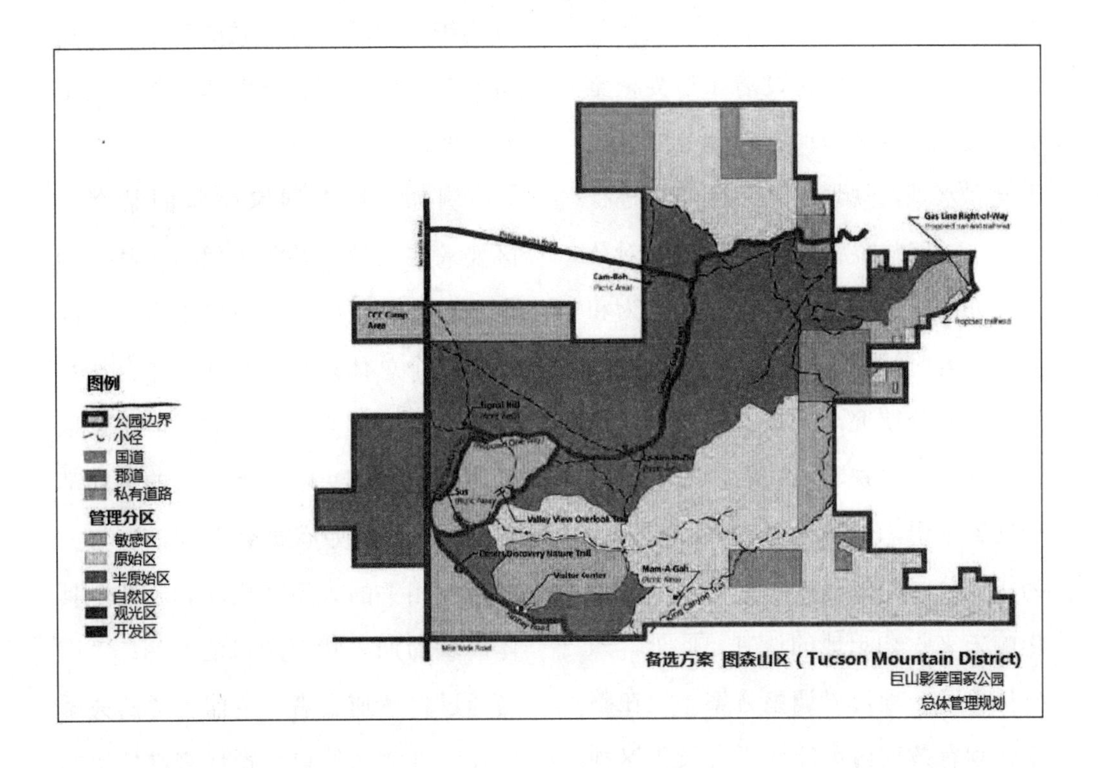

在非联邦土地和水域内划定分区范围

公园边界内的所有土地和水域，无论是否属于联邦所有，都必须进行分区。如果分区的目的是最终收购非联邦资产，那么分区时则要明确预期目标（所需的资源条件和游客体验），以支持这一收购提议。如果分区的意图是保持特定的土地或水域归私人所有，那么分区时则可以明确提出将这部分区域作为私人使用区。

有时候规划人员会考虑是否将非联邦土地和水域纳入管理总体规划的分区范围，而在这个问题上的观点分歧很大。因此，解决这个问题需要根据公园的具体情况来具体问题具体分析。例如，如果某个大型公园的意图是最终获得公园边界内的非联邦资产，那么分区时就要明确这些区域一旦被收购后的管理目标（所需的资源条件和游客体验）。（在这种情况下，应当明确指出，只有美国国家公园管理局取得了相应区域的所有权之后，才能够采纳该分区提议。）如果分区的目的是继续保持某特定土地或水域的非联邦所有权，那么分区时则可以明确规定这部分区域将继续作为私人使用区，或当涉及重要的法定权利（如公共路权）时用作特殊使用区。但是，对于边界内有多片分散的小规模私有土地的公园来说，它们通常不情愿体现对这些地块的分区，因为这样太容易使人联想到联邦政府对私有土地的控制。

通常，对于可通过潜在边界调整的方式而纳入公园的公园边界之外的土地和水域，规划团队不应当再进行分区。一些边界调整方案中提议对公园以外的土地进行分区，这种行为和要求还为时过早，因为尚未对这些区域进行充分研究，无法支撑以作出相应的管理分区决策。同时，尽管包含一些警示语，但在公众看来可能会认为指定分区的过程过于严格，可能会影响未来收购土地的谈判。此外，如果提出了一项边界调整方案，但在整个计划有效期内可能都不会发生这种调整。然而，面对一个友好的土地所有者（例如土地管理员），向其展现对潜在边界调整的分区，并且说明未来将如何管理分区，这或许会有一定用处。在这种情况下，展示分区是为了向土地所有者保证将如何管理土地，并且避免以后为体现区位而需要修订管理总体规划。

7.3.3 具体区域所需的条件

一旦为公园各具体地理区域划分了潜在管理区，接下来就可以考虑开发更加具体的期望状况，以此来解决规划问题，并为管理特定的地理区域、位置或特点提供充分指导。具体区域期望状况的核心是基础的和其他重要的资源和价值、相关的游客体验机会、以及符合地域分区方式的某个具体场所所适合的管理、开发和开放的类型和水平。

例如，黄石国家公园的某个分区要求在马拉尔峡谷上保留一片原始自然区域，此种情况下可以为该分区制定一个总体期望状况（即“自然系统由自然过程来维持”），但也可以具体细化到解决峡谷所呈现的某项基础价值——例如有机会看到很多与美国西部相关的大型哺乳动物。某个具体区域的期望状况中可能声明：“应当通过自然捕食者/被捕食者的关系以及营养物质的自然循环来维持原始动物的数量。”这一期望状况更加具体，与描述分区内应通过自然过程来维持自然系统这一简单说明相比较，前者能够为解决公园的某一重大问题（例如重新引进狼群这一决定）提供更好的管理指导。在同一个公园中，如果原始自然区域覆盖在“老忠实”间歇喷泉盆地上，那么应当在该分区的总体期望状况上进行引申拓展，以具体解决同一地点内的另一项基础资源——支撑盆地地热特征的地理和水文过程。

另一个例子中，盖茨堡国家军事公园中的某个分区要求复原大部分战地的历史面貌，此时则可以将总体期望状况细化为：空旷场地和树林都需要再现战争时期的模样。在同一个公园中，如果该分区中还分布有历史遗址，则应当将总体期望状况进行细化，包含复原某个特定时代等内容。此外，这一分区还应具体阐述国家烈士公墓公园的另一项基础性资源）的主要景观特色和纪念活动，尤其是要体现纪念景观的特色。

具体区域期望状况的制定为考虑如何在不同分区应用中解决区域特定问题提供了机会。“如果该区域按照某种方式进行了分区，则也会用同样的方式来展现该区域内的基础资源和价值；如果按照另一种方式进行了分区，则会用另一种方式来展现这些资源与价值。””具体区域的期望状况还能用来描述几种开发种类和水平在不同地理位置中可能呈现的状态。如果沿道路走廊划定的分区需要建设高密度、高可视性的游客服务设施（包括游览指示、信息提示、饮食供应和晚间住宿），则应当将分区的总体期望状况细化为：游客服务设施应当集中分布在走廊周边不多于两处的的地方，以避免形成条形发展。在同一个公园中，如果该分区中有一片湖滨区，那么就可能需要将所需的条件细化为：现有的海岸线应当保持未开发的面貌，并且要向公众开放。管理总体规划备选方案可以考虑在同一地块使用不同的分区方式，以及不同的开放类型和水平；然而，如果某个地块在每个备选方案中的分区方式都相同，则备选方案就不应当考虑使用不同的开发类型和水平——会通过场地规划来解决如何落实特定期望状况等问题（也可以在开展管理总体规划的同时进行场地规划，并在管理总体规划 / 环境影响报告或环境评估书中进行评估。可参见下文“必要且允许的调整”。）

管理总体规划中明确的期望状况可以用来指导如何设定监测和适宜性管理所需的量化指标和标准。管理游客使用所需的指标和标准则包含在管理总体规划中（可参见第 8 章）。与维护公园自然文化资源与价值的健康状态和完整性相关（但与游客使用不直接相关）的其他指标和标准，则将作为资源管理战略（可参见《公园规划项目标准》中“项目管理规划”的论述）的一部分。

期望状况的定义和项目标准

定义	项目标准
根据公园各区域的分区模式，针对特定区域而设计的，关于各区域的所需资源条件、游客体验机会以及合适的管理、开发和开放类型和水平方面的指导方案。 针对特定区域的方案也明确了依据现有条件实现期望状况需要进行的改变 *	区域特定的期望状况： • 为明确公园资源和游客体验的期望状况提供长期指导——管理者应实现什么目标以及在哪里可以实现这些目标——同时容许管理者有一定的灵活度，可以自主采取行动以应对快速且不断发生的变化。 • 指出自然资源与文化资源之间、资源与游客体验之间、以及公园与其地区环境之间的所需关系。 • 着重于基础资源和价值。 • 清楚、详细地描述所需的资源条件和体验，使全体利益相关者（包括公园员工和普通大众）都能理解。 • 包含对实现期望状况适合采用的管理、开发和开放类型和水平的评估。 • 反映专家提供的最佳可用信息和最优管理实践的最新知识。 • 考虑至少 15-20 年的管理总体规划有效期（有些资源可能需要更长远的视角）。

* 当前的指导手册将必要且允许的调整作为一个单独元素进行了探讨，相关信息可参见下文“必要且允许的调整”。

制定具体区域期望状况的手段和方法建议

手段	方法建议
建立一份表格，包括每个分区中的各地理区位、场地或特色的自然文化资源期望状况、游客体验机会，以及管理、开	着重于基础的及其他重要资源与价值。根据潜在管理分区方案的详细程度，有的分区方案中可能已经描述了一部分重要资源和价值。 表格中可能包含的期望状况类别可参考上文中的“期望状况主意列表”

发和开放的类型和水平。	回顾潜在管理分区的划分手段和方法，因为在开发具体区域期望状况时同样需要考虑这些方法。 在这一规划阶段不需要进行定量描述，甚至可以说不是必需的。像“相对较大或较小、分散的、中等的、密度较高或较低、极大的或极小的”这些词语都可以用来为公园员工提供适当且充分的指导。
考虑在管理总体规划调查过程中反映的问题、事项和关注点，以及期望状况是否提供了足够具体详细的长期（15-20年或更长）指导。	牢记具体区域期望状况的最终用途是指导公园未来的管理工作。基于管理总体规划提供的指导，可以制定出所需资源条件和游客体验的衡量标准和指标，而公园管理者将负责实现这些标准和指标。 注意不要过于限定管理或开发措施（例如，过于细节化或针对性过强），以免它们在未来15-20年间无法持续发挥作用。例如，相对于只简单声明开发类型和水平是“10-15英里的小道”，描述未来20年内将修建多长的小道所依据的标准则可能更加合适且有用。比如，新建小道的数量和程度要由以下标准决定：“受小道直接影响的动物栖息地范围不超过5%，“从一条小道看不到另一条小道，或听不到那边的声音”，以及“只能在满足合适的土壤、斜度等条件的区域建设小道”。

考虑在管理总体规划调查过程中反映的问题、事项和关注点，以及期望状况是否提供了足够具体详细的长期（15-20年或更长）指导。牢记具体区域期望状况的最终用途是指导公园未来的管理工作。基于管理总体规划提供的指导，可以制定出所需资源条件和游客体验的衡量标准和指标，而公园管理者将负责实现这些标准和指标。

注意不要过于限定管理或开发措施（例如，过于细节化或针对性过强），以免它们在未来15-20年间无法持续发挥作用。例如，相对于只简单声明开发类型和水平是“10-15英里的小道”，描述未来20年内将修建多长的小道所依据的标准则可能更加合适且有用。比如，新建小道的数量和程度要由以下标准决定：“受小道直接影响的动物栖息地范围不超过5%，“从一条小道看不到另一条小道，或听不到那边的声音”，以及“只能在满足合适的土壤、斜度等条件的区域建设小道”。

有些管理总体规划需要一份关于备选方案的叙述性说明。可根据潜在管理分区和具体区域期望状况的表格来准备这份说明，而这个过程通常只是对一些相关信息进行总结，而不进行详细说明。要注意避免越过这些图表和地图中的信息进行推断，也要避免制定实施层面的规划等行为，因为这一部分不应包含在管理总体规划中（可参阅“阅施层面的制定备选方案中要避免的常见错误”）。

具体区域期望状况和必要调整的实例可参见附录 F. 4。

7. 3. 4 必要且允许的调整——评价合理调整类型的方法

一旦明确了具体区域的期望状况，就可以与现有条件进行对比，以确定实现期望状况需要进行哪些类型的改变。这些改变或大或小，这取决于每个区域现有条件与期望状况之间的差距大小。说明需要进行的改变有利于更好地理解实现期望状况到底意味着什么，同时也可以用来分析相关影响和预测成本。

尽管管理总体规划中不应当包含实现期望状况的具体管理措施等细节（《项目标准》规定应把这些内容推迟到实施计划方案中考虑），但仍然有必要探讨公园管理者为实现所需改变而可能采取的管理指导或战略范畴，这样可能会有一定好处。例如，自然界火灾机制的恢复或模拟可以通过机械疏伐和补播、符合规定的焚烧活动、或是两者相结合的方式来实现。另一个例子是，实现适当的开发类型和水平所需要的调整可能包括，自助式或配备有人员的信息设施、高密度分布的木屋或旅馆、饮食服务中心区或是一些小型自助餐厅 / 餐馆等。对一系列管理指导进行探讨的行为是否有用或者是否合适，这取决于会否会很快执行这些措施，以及调查结果中公众是否强烈关注怎样执行某个具体改变。

在某些情况下，不仅应当探讨管理指导的范畴，还要对范畴内的备选方案进行评估并选择一个优秀方案。其他情况下，实施计划则应当与管理总体规划同步制定（可参见《公园规划项目标准》中的“同步实施计划”）。在涉及实施计划备选方案和管理总体规划备选方案两种文件的单个环境影响报告或环境评估书中，可能需要同时评估实施计划备选方案和管理总体规划备选方案。但是，为了保证管理总体规划有效期内修改实施计划时管理总体规划不会随之过时，则应将实施计划与管理总体规划分开（实施计划可能是管理总体规划的附件）。

考虑必要且允许的调整时建议使用的手段和方法

手段	方法建议
比较每个区域内的期望状况与现有条件，明确从现有条件过渡到期望状况需要进行哪些改变。	明确说明需要进行哪些改变有助于：（1）确保所有的利益相关者理解管理分区期望状况的含义；（2）明确备选方案的影响；（3）预测实施备选方案的总体成本。 用表格的形式展现这些信息有助于确保对所有条件都进行了一致分析，并且没有遗漏任何重大改变。制定多个小型表格，可能要比绘制一个大的综合性表格更易于操作。 通过对比期望状况和现有条件来明确需要进行哪些改变。例如，一项所需资源条件可能是“河流应当自由流淌，并且允许河流向河边林地的周期性泛滥”，而现有的条件是“为了防止洪水泛滥而控制河道”。这一例子中涉及的所需改变是：排除那些阻碍河流自然泛滥的因素。 另一个例子是，进行适当开发的期望状况可能是“有限的现代设施，例如人行道、走廊、讲解性指示和信息标识以及长凳等”，而现有的条件是“不具备相关设施”。这一例子中需要进行的改变是：为游客体验提供适当设施。还有另外一种情况，即现有的开发类型和水平与计划的开发类型和水平一样，但是现有的开发条件可能不符合美国国家公园管理局标准。那么在这一例子中需要进行的改变就是：提供符合美国国家公园管理局标准的设施（可以通过维修／修复或替换来实现这一改变）。 其他必要调整的例子可能有： • 为实现未受干扰的自然系统功能需要进行的改变——再种植；重新引入一个或多个灭绝物种；消除

	一个或多个外来入侵物种；自然破坏机制（如火灾、海岸线侵蚀 / 沉积）或自然生态的演替；消除或缓解游客使用的影响。 • 以保护自然景观需要进行的必要的调整——加固、修复或复原历史建筑物；恢复自然演替过程以保持森林和林地群落的健康性；制定与历史实践相一致的植物体定期保养计划（例如修剪枝叶）；种植与景观历史特征相协调的植物来防治侵蚀；去除或缓解游客使用产生的影响。 • 实现某种特定游客体验需要进行的改变——去除或调解相互矛盾的使用方式；建设或移除某种设施以满足改使用方式的需要。
利用必要或允许的改变来证实对地理区位划分的合理性。	如果正在制定的备选方案中不允许进行改变，那么则可以改变分区的地理位置，或在另一分区中进行调整。

7.3.5 无行动备选方案的特殊考虑事项

根据《国家环境政策法》的相关要求，无行动备选方案主要是用来作为比较行动备选方案的效果与现状的基准。无行动备选方案是指在未来一段时间内继续执行现有的管理措施和指导，即继续采用现有的一套措施，直到行为本身发生改变。无行动并不意味着公园什么都不干，相反，无行动备选方案应当体现出，在新制定的管理总体规划没有获得批准和实施的情况下，公园将如何继续管理其自然资源、文化资源、游客使用和体验。

无行动备选方案是一套切实可行的措施，并且必须客观真实地再现公园在继续执行现有管理指导方面的情况，否则，它就不能成为比较行动备选方案与行动备选方案潜在影响的一个精确的基准。

在管理总体规划层面，行动备选方案更加注重于所需的资源条件，而不是实现这些条件需要采取的具体措施。为了用与行动备选方案相同的方式展现无行动备选方案，无行动备选方案也应当关注条件而不是行为本身。表 7.5 中展示了如何对行动备选方案中的各要素与无行动备选方案中的类似要素进行比较。

在环境影响报告或环境评估书中，应当首先阐述无行动备选方案，因为无行动备选方案是面向未来设计的，其他所有的方案都要与无行动备选方案中描述的条件环境发生的变化进行比较。另外，阐述无行动备选方案时应当提供一份对公园现有管理办法的全面概述，包括资源管理、游客使用和体验管理、以及公园运营等内容。尽管公园实际上可能有许多管理措施可供选择，或者正在使用或执行某些措施，但一些管理总体规划团队往往容易忽视对行动备选方案的描述和说明。管理总体规划中描述无行动备选方案时的详细程度和深入度应与行动备选方案相同。

表 7.5：无行动备选方案与行动备选方案的比较

要素	无行动备选方案	行动备选方案
理念	简要阐述公园应该是怎样的场所。 如果公园目前没有一个突出的“特质”，那么无行动备选方案的理念就是“继续现有的管理模式”。	简要说明公园应是什么样的场所（前景陈述）。
管理分区	描述现有的分区规划（如果有一套现成的公园规划，这就表示为实现某些资源条件和相关游客体验，当前要如何分配公园资源与价值。）	备选方案分区规划：为实现某些资源条件和相关游客体验，对公园资源与价值进行大体划分。
具体区域期望状况，包括 • 所需资源条件 • 所需游客体验 • 所需管理类型和水平	面向未来（即规划的有效期内）*规划的、当前的资源趋势 面向未来的游客体验方面的当前趋势 *	所需资源条件 所需游客体验 合适的管理类型和水平 合适的开放类型和水平 合适的开发类型和水平

• 所需开放类型和水平 • 所需开发类型和水平	当前的管理类型和水平＊ 当前的开放类型和水平＊ 当前的开发类型和水平＊	

＊如果公园正计划建设一个新的游客联络站，或是计划修复一栋建筑物，抑或是计划恢复本土的植被……这些项目和措施是否应当在管理总体规划的无行动备选方案中进行说明？通常，当此类项目或行为符合下列至少一条标准时，就只能在无行动备选方案中进行说明：

◆ 正在进行并将持续进行的项目或措施；

◆ 已经投资或即将投资的项目或措施（在管理总体规划的EIS决策记录计划签署时间之前）；

◆ 项目得到了开发咨询委员会的批准，并且已经完成了或正在进行相应的环保达标工作；

◆ 项目或措施的合作协议备忘录已经准备就绪；

◆ 国会审批通过的项目或措施。

尽管有些项目已经分配了项目管理信息系统编码，但并不足以在无行动备选方案中进行描述和说明。此外，也不应当因为某些措施是原有管理总体规划或总体规划的一部分就将其纳入无行动备选方案中。如果原有管理总体规划或总体规划中的某些提议措施尚未实施，那么就正好说明它们不属于现有的公园管理指导。如果这些项目或措施的实施程度尚且不能满足以上五条标准中的任意一条，则在现有规划过程中就需要对原有规划文档中的提议进行重新审议，并且这些提议不能代表实际的无行动备选方案。

8. 游客容量

8.1 美国国家公园管理局关于游客容量的管理方法

尽管有人认为客户容量就是一定数量的人以及／或者某一区域内的人数限制，但实际上这个概念要复杂得多。相关研究表明，游客容量不能简单地使用游客人数来测量，因为对所需资源条件和游客体验产生的影响是由多种因素共同引起的，而不仅仅是人数，还包括人们参与的活动类型、到达过的地方、留下了什么足迹、区域内有什么类型的资源、以及公园的管理水平。

美国国家公园管理局将游客容量定义为，与为实现公园目标而需要维护的资源条件、社会条件和游客体验相协调的、游客和其他公众对公园的使用类型和水平。

在多年的研究和管理实践过程中，陆续开发了一系列游客容量管理方法，并在不同的土地管理机构中得到广泛使用。几乎所有的游客容量管理方法都有一个共同的前提，那就是对公共土地的任何使用行为都会产生一定程度的影响，而且必须接受这种影响；因而公众土地管理机构的职责就是确定可以接受何种程度的影响，以及应当采取哪些必要措施以便将影响控制在可接受范围内。这就意味着所有的公园都需要考虑容量管理，即使是那些使用水平相对较低的公园，因为任何使用行为都会产生影响，而更实用的管理方法则是在资源遭受不必要的破坏、或者不得不驱散游客、或是需要支付高昂的维修费用之前，就合理地管理和控制影响。鉴于以上原因，容量管理是美国国家公园管理局政策明确规定的重要内容。美国国家公园管理局《美国国家公园管理政策》（最新版）在“第2章：公园体系规划”（可参见第2.3.1.1条）、“第8章：公园的使用”（可参见第8.2.1条）、“第5章：文化资源”（可参见第5.3.1.6条）以及“第6章：荒野的保护和管理”（可参见第6.3.4.2条）都为制定和管理游客容量提供了相关指导。

美国国家公园管理局游客容量管理方法主要关注，当所需资源条件和游客体验受到公众行为的影响时，测量目前在实现和维护这些资源和体验方面取得的成效。为了控制资源条件和游客体验的质量，公园负责人和员工要对游客和其他公众的使用程度、类型、行为和模式进行管理，而不仅限于追踪和控制游客数量。游客容量程序中的监测环节有助于检验管理措施的有效性，并为合理并恰当地管理公众使用奠定了基础。

在此过程中，美国国家公园管理局需要提供合适的机会，使公众能够共同了解所需资源条件和游客体验，并促进其开发和实现。将游客用量程序整合融入管理总体规划中需要完成两个重要步骤。第一个步骤是定义公园不同区域的所需资源条件、游客体验、以及管理、开发和开放的总体水平。这一步骤将在“第7章，制定管理总体规划备选方案”中进行论述。

第二个步骤由两部分构成：

1. 明确衡量在实现并维护所需资源条件与游客体验方面取得的成效时需要监测的指标（可测变量）和标准。

2. 明确公园员工在发现影响超标时可以采取的管理策略。

从20世纪70年代开始，明确期望状况在某种程度上已经成为管理总体规划的一部分内容，并且1998年施行的《第2号局长令》对这一步骤进行了更加清晰的界定。直到2005年，才将选择游客容量指标和标准这一步推延到随后的实施计划中完成。为了符合法律要求，并且随着人们日益认识到明确容量问题的好处，现在的管理总体规划中都包括有游客容量的相关指标和标准。美国国家公园管理局《美国国家公园管理政策》（最新版）明确指出，管理总体规划要“明确维护期望状况相关的指标和标准”（可参见第2.2条以及第8.2.1条）。该文件还指出，管理总体规划中可以明确声明，如果在管理总体规划制定过程获得了关于所选指标功效的新信息，则可能会修改指标。现在的管理总体规划中还应当总体阐述如何监测指标和标准（以确保所选指标切实可行），尽管制定详细的监测计划（含有特定监测方案）这项公园管理职能已超出了管理总体规划范围。

制定游客容量决议的最后一步是长期不断地重复监测和管理行为——为实现期望状况而采取某些必要且合理的管理措施，然后监测和评估这些措施生成的条件，根据观察到的结果来决定继续实施还是更改管理措施。无论在何种情况下，监测都可以为决策者持续提供关于实现和维持期望状况中取得的长期效果等方面的反馈：期望状况正在得到改善、保持了原状还是变得更糟？执行这些管理措施是否实现了预先设定的目标？无论怎样强调将设计完善的长期监测规划和策略纳入公园管理工作的重要性都不为过。

公园监测工作结果、相关的游客使用管理措施、以及公园指标和标准的任何变化都需要进行公众评论。本质上游客容量程序就是一份定期报告单，向公众通报资源条件和体验方面的情况、以及保护和改善这些条件和体验而采取的管理措施，同时也从公众那里收集相关意见信息。表 8.1 总结了美国国家公园管理局（美国国家公园管理局）提出的关于游客容量的方法，图8.1则总结了游客容量管理的基本过程。

不应当仅仅根据游客数量来衡量公园的使用和普及程度。公园内一些珍稀区域很容易被过度集中的游客游览活动所破坏。我们应当关注公园游览活动的质量，而非数量。理论上应当为每个人所使用和享受的国家公园，也应当限定游客的数量和开放的时间，这样可以在保证游客体验的同时又不会对公园造成过度使用和损害。

——霍勒斯 · 奥尔布赖特，

国家公园管理局主任，1929－1933

表 8.1：解读游客容量：通过规划与管理

游客容量管理是什么	游客容量管理不是什么
确定自然文化资源和游客体验的期望状况、并建立一套实现这些条件的程序。	简单地规定某区域一次可以容纳的游客数量。
数据收集、规划、监测和管理措施等的系统化循环步骤。	为应对拥挤或游客使用引发的其他问题而确定的一次性解决方法。
与游客使用和管理相关的公众参与和信息共享。	公园管理者的孤立且武断的决议。
建立在相关数据收集、监测、公众参与和信息共享基础上的管理决策。	能够快速达成确凿结论的研究。
为实现条件而采取的多重管理手段，可能包括： • 景点管理（例如建造围栏、设施搬迁等）； • 限制或重新分配用途（例如经费的构成情况、预留地）； • 调整使用情况（例如限制游客团体的规模）； • 强制实施（例如规定游客只能在小道上活动）； • 游客教育（例如在教堂边的树林中小声说话，以尊重其他人的冥想与感悟需要）。	为解决对资源条件和游客体验的影响而制定的、限制观光旅游活动的单一的方法。

8.2 游客容量对所有公园的适用性

有些公园员工认为他们的公园不存在“容量问题”，但他们可能已经通过某种非正式的方式经历了上述部分或全部步骤，尽管他们自身并没有意识到这一点。声称不存在容量问题的公园实际上已经具备一个游客用量指标，可能是提出了与其他游客使用类型相冲突的数量标准（例如，每年受到的投诉不超过 5 例）。管理者将会发现通过要求制定指标和标准、并定期评估标准是否可行等行为来使游客容量程序正规化，这样能够更加客观、全面地评估公园是否真的不存在容量问题。此外，管理者还会发现，一旦设定使用模式后，相对更加实用的做法是在问题出现之前就对游客容量进行管理，而不是等问题发展到需要制定争议性更大或成本更高的解决方案后才采取行动。按照上文所述步骤来组织相关工作的一个好处在于，这个程序为在公园使用模式变得根深蒂固从而很难或不可能进行更改之前，就采取措施以便更加有效地管理游客影响创造了辩护理由。

图 8.1 游客容量管理

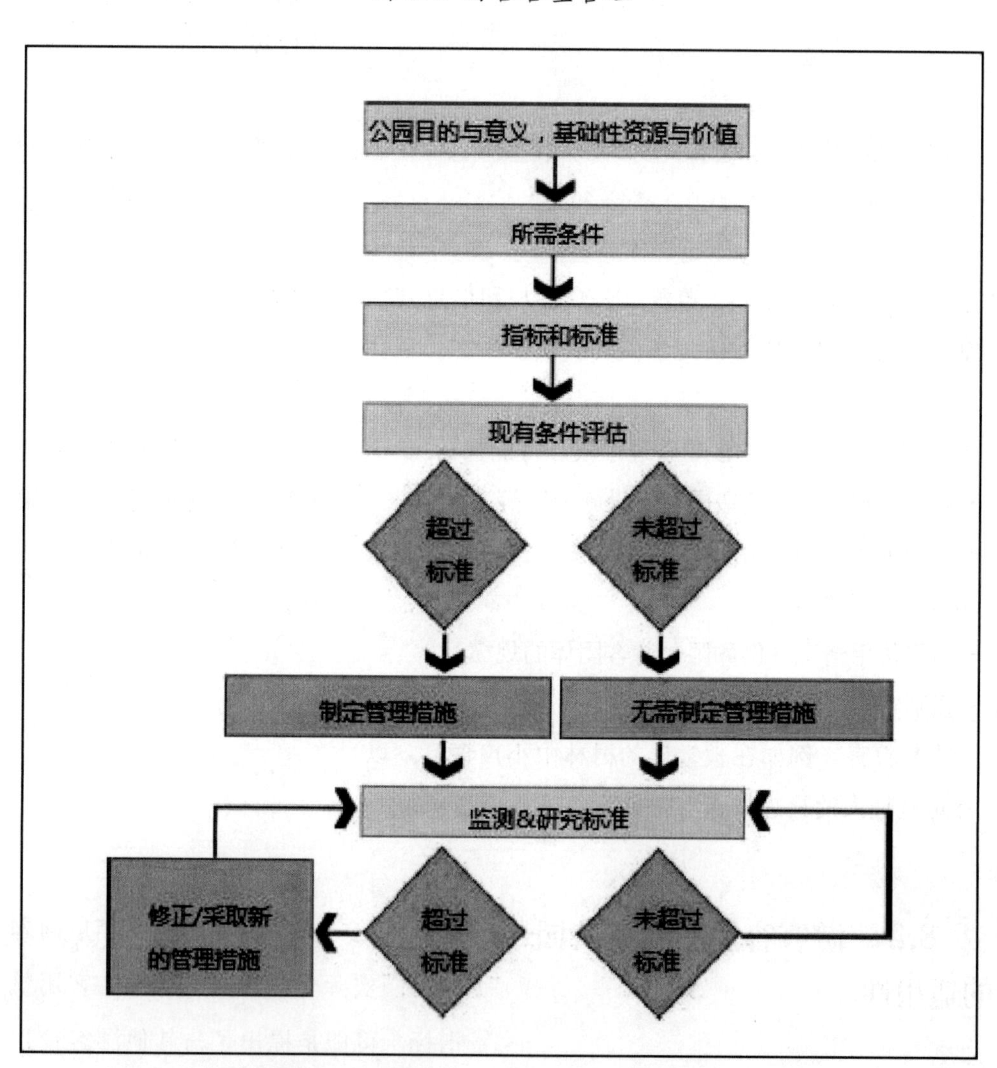

8.3 游客容量指标和标准

有效的监测要求①确定可以用来测量何时实现了期望状况的最有效的指标（可测量的影响参数），②挑选测量指标所参照的标准。游客用量标准是公园员工致力于维护的一种管理决策，是关于游客容量指标的最低可接受范围，同时应当认识到高于标准的条件则更有必要来努力实现和维持。

以下是关于指标和标准的更多技术层面的定义和示例：

◆ 指标是指具体的、可测量的资源或社会变量，可以通过对其的测量，或追踪由公众使用而引起的条件变化，来评估达到期望状况的相关进程。

实例：旅游旺季期间（相关规定为从五月到九月期间的每周五到周日，上午10点到下午4点之间）进入国家公园需要等待的时间（通过分钟数计量）

◆ 标准是为指标确定的一个具体的、可测量的数值，是用来确定某个地带或特定区域的不可接受条件的触发点。换句话说，标准就是一个可测定的点，该点的一侧为可接受的条件，另一侧则为不可接受的条件。

实例：不超过百分之十的游客在进入公园前要等待10分钟或以上的时间。

为了建立和维护游客容量，建议应当为每个管理分区至少确定一个受公众使用影响的资源条件指标和一个社会条件指标。一些管理分区可能会共用一些资源和（或）社会条件指标，但是每个分区还应该有建立在各自条件基础之上的不同标准。部分分区在受游客使用所影响的具体属性方面的指标和标准可能相同。限制和禁止公众使用的管理区域不需要制定游客容量方面的指标和标准（尽管资源管理策略中仍然需要设定与公众使用无关的资源条件指标和标准）。一些情况下，分区内的某些区域可能需要单独制定专门针对某种场所的指标和标准，例如某些旅游热点景区等。还有一些时候，如特殊重大事件期间，也需要有专门的指标和标准。指标和标准的设定方法是灵活多样的，但目标却只有一个，即挑选的这些指标都是为了向管理者展示游客使用正在如何影响公园资源和游客体验，以及这些影响是否会导致当前条件与期望状况背道而驰。

没有绝对“正确”的一套指标和标准，因此真正需要努力做的是决定使用什么指标和标准来监测公园条件。决策工作的精确程度会因每个公园的环境与条件而异。对公众的使用行为可能怎样影响资源条件和游客体验了解得越深入，在维护优质资源和游客体验方面就越容易想出更有效的管理措施。

经过最初的测试阶段之后，除非有令人信服的理由，否则在管理总体规划的预设有效期内一般不应更改游客容量指标和标准。如果指标和标准无法实现预期目标，那么就需要进行修改。指标和标准与管理措施一样，是适应性管理过程的一部分，在实施过程中如果获取了新的信息，则应当对其进行相应改进。如果出现了以下情况，公园管理者则可能会决定修改指标和标准，并修正监测规划与安排：

1. 找到了衡量资源或社会条件变化的更好方法；

2. 指标在测量由公众使用引起的变化时灵敏度不够；

3. 定期检查显示指标的成本效益太低；

4. 维护这些标准显得不现实的。

这几类变化大部分都应当在监测期的最初几年内完成。测试期结束之后就很少进行调整了。频繁的调整可能会出现分区内的指标和标准与条件不一致的情况。无论如何也不能仅仅因为公园超出标准或公园职工想要推迟做出困难的抉择而改变指标或标准。

管理总体规划（管理总体规划）应当承认监测过程中可能需要修改、删除或增加指标和标准，特别是在管理总体规划（管理总体规划）实施过程的初始阶段。

8.3.1 指标

指标可以被看作是将期望状况转变为可测量对象的一种手段。指标应当关注公众使用所造成的最重大影响，或者关注那些可测量的、管理控制范围内的影响变量。总而言之，目标就是要寻找一种简单的、易于测量的、且覆盖主要关注性影响的变量。

关注性影响是资源或体验的直接效应。指标不应当聚焦管理措施本身（例如，每天河上游玩的游客团体的数量），而应该是管理措施的主要影响（例如：每天在河上与其他游览团体相遇的次数）。如果将指标建立在管理技术之上，而不是根据关注性影响来确定指标，这样会限制有效管理方案的数量。例如，可以将每天的乘船游客数量限定在一定配额内，以此确保较低的相遇频率；但是其他措施，如严格安排开船时间等，也可以确保合理的相遇频率，而且对参观河流的限制相对较小。

处理测量方法中的相关难点也很重要。例如，沙门氏菌问题可能是水质的一个关注因素，而相比直接测量沙门氏菌的数量，公园员工可以选择一种更加简单和安全的测量方法，即测量与沙门氏菌密切相关的大肠埃希杆菌的数量。在另一个例子中，游客体验的整体质量可能是一个主要问题，而相比询问现有游客和潜在游客的整体体验，公园员工可以选择测量某个单项变量，例如在荒野上与其他游客群体相遇的次数（一般认为该变量与荒野区域中的游客体验的质量密切相关）。

确定指标的手段与方法建议

手段	方法建议
回顾资源条件和游客体验，思考："游客使用会对资源条件和游客体验造成什么潜在影响？"并考虑目前公众使用产生的效果或影响。	在管理总体规划（管理总体规划）的过程中，挑选期望状况指标时应当关注那些在解决公共使用造成的相关度最高、最严重的影响方面最靠前的指标。而其他指标则应当在随后针对特定区域或主题的更加详尽的规划过程中予以考虑（如荒野规划、步行道规划、资源管理策略等）。在管理总体规划（管理总体规划）层面，指标应当从总体上说明公园的基础资源与价值、其他重要资源与价值、以及这些资源和指标将如何受公众使用的影响，并确定哪些影响将会是规划应主要解决的问题。 下列规划实践问题有助于探讨潜在指标： • 当前公众使用如何影响资源条件和游客体验？ • 管理总体规划（管理总体规划）初稿中的预期未来使用可能会如何影响资源条件和游客体验？ 根据受影响（或可能受影响）的资源或价值的重要性、严重性或脆弱性，来确定上述哪些影响应该是公园最优先考虑的问题？
考虑其他应用中已经开发出来的指标。	美国国家公园管理局（美国国家公园管理局）开发出了一个数据库，对各种土地管理规划和文件资料中用于或建议用于监测游客容量的指标和标准进行了整理和汇编。采用那些拥有类似资源和使用模式的区域中已经考虑和选择的指标不失为一种适当且高效的方法（尽管可能不适合采用另一个公园所选择的精确标准）。规划团队可能也会考虑公园在资源清查和监测方案中选择了哪些指标，如果这些工作中涉及受人为使用影响的指标，那么则应当把这些指标纳入公园游客容量监测中，这样就可以增强数据收集的效果。根据公园规划人员和管理者的判断，确定当前公园的相

	关知识中哪些指标可能适合用来监测游客容量。
需要时还应获取额外信息。	询问公园的现有游客和潜在游客，哪些因素影响了或者可能会影响他们对于游客体验的评价（可以通过正式的游客调查或管理总体规划（管理总体规划）的各种层面的调查来实现）。 向科学家求证，在可能会受公众使用影响的因素中，哪些因素对于自然区域（如滨河区域）的良好运行至关重要。向学者请教，在可能会受使用影响的变量中，哪些变量对于文化资源的完整性至关重要。 与规模较大且不断发展壮大的学术文献组织商议公众使用影响方面的问题。需要时还应在区域内收集一些关于潜在指标的基线数据，帮助改善指标与潜在标准评估之间的契合度。
检查潜在指标以判定其实用性。	需要提出以下问题： • 指标是否与资源条件或游客体验的实际影响相关？是否是核心价值和（或）极易退化或损失的资源的重要测量指标？ • 指标是否可能会受到使用水平、使用类型、使用时间、使用位置和游客行为等至少一种使用属性的影响？ • 指标是否直接指向影响游客体验或资源条件质量的因素？ • 指标是否与美国国家公园管理局能够管理或施加影响的变量相关？ • 指标是否明确而客观？测量单位是否清晰并且有明确定义？ • 指标的测量方法是否简单且有效？如果不是，是否值得进一步扩展测量工作？ • 是否可以通过提供相关培训来确保指标测量的可靠性？ • 是否可以在资源尚未受到显著影响或游客体验没有

	被显著破坏的情况下测量到指标？ • 指标是否能发挥早期预警作用，在出现不可接受的变化之前就提醒公园管理者注意正在恶化的资源条件。 对于某个具体公园来说，评估指标时可能还需要提出其他的问题。可以考虑制定一套具体标准（可参照上框中的问题列表）来评估潜在指标。
思考表述指标的多重方式	根据最能展现公园环境和相关使用影响的测量单位，可以使用多种方式来表述指标。例如，自由休闲小道的指标主题可以通过以下方式来测量： • 各临时小道的总长度； • 每单位区域内临时小道的数量； • 道路周边所分叉出的临时小道的数量（总数或每英里的数目）； • 距离公园边界或敏感栖息地一定范围内（例如，50 英尺或 100 英尺）的临时路段的长度。 在明确如何最好地表述指标时，要认真考虑问题的底线。例如，如果真正的问题是可能会使某特定区域内的敏感性植减少，并且出现土壤压实现象，那么最佳指标可能就是所有临时小道（即受影响总面积）的总长度；如果问题在于可能会将某些敏感栖息地分割成碎片，那么最佳指标就可能是每单位面积内临时小道的数量。 同时，也要考虑公园会怎样监测指标。例如，如果有解决问题所需的足够的数据，那么计算从指定道路上分叉出的临时小道的数量的则十分简单，并且具有成本效益。如果数据不充分，就需要进行更广泛的监测工作。 此外，还应当考虑这些指标是否需要时间或空间限制。将时间或空间限定因素加入指标之中，既可以传达出能够接受多大程度的影响，而且可以传达出此类影响的发生频率。指标通常应当与一定的时间段相结合，

	特别是涉及包括游客拥挤度等相关问题在内的社会条件时。时间段的例子有“每天”“每晚”“每次旅游”、“每小时”以及“每年”等。资源条件方面的指标也可能需要设置空间上的限定，例如，可以使用“每英里四条社会道路”或“每英亩四条临时小道”等距离或面积方面的词汇来表述临时小道。
清晰地表达指标，明确定义所有词汇。	清楚地描述指标是进行有效交流、监测和分析所必不可少的条件。例如，一个热点景区的使用强度可以通过实际游客数量或观察到的游客数量来测定，而这两个变量之间有着显著不同。临时路径也可以通过多种方式来解释，例如，它们是否包括驯鹿迁徙路径、旧式越野车道以及已经废弃的道路等？同样地，指标可以是每天遇见不同游客群体的数量。然而，此处对“一天”的定义并不明确，是12小时、24小时还是白昼的时间呢？从周五晚上开始至周六早上结束的徒步旅行，是应该看成半天还是两天呢？高峰时段的含义是什么？如果没有清楚地定义某个指标，那么在设定合理标准、监测这项指标或预测相关标准的影响时，很可能会产生混淆和误解。

表 8.2：指标示例

期望状况	**良好的指标**	**较差的指标**
安全、轻松、愉悦的非机动化漂流机会	每小时在河流上遇见其他船只（非机动化）的次数。 每小时在河流上遇见的其他类型的游客（摩托艇、游泳者等）的次数。 每个月抱怨其他游客制造噪音的游客数量。	每天河流上的漂流船只的数量。 出租的船只数量。 码头停靠船只的泊船数量。
自然条件与过程	单位面积内临时小道的长度或	小道起点的数量。

	数量 小道上或小道边缘长出有害野草的次数 离河岸一定距离内受人类活动干扰的土地数量及面积 （分区90%面积中）出现声级超过自然环境声音水平这种现象的时间百分比。	规章制度的数量。 管理并开发的路径数量。 执法部门官员的数量。

8.3.2 标准

如上文所述，游客容量标准是关于公园员工致力维护的某个指标的最低可接受条件的一系列管理决议。设定此标准水平时需要与分区期望状况相一致。

确定标准的手段与方法建议

手段	**建议方法**
考虑所选指标的现有条件与期望状况之间的差距	因公园现存问题而确定的指标需要考虑以下问题： • 公园中出现问题的区域和没有出现问题的区域有何区别？ • 评估问题的严重程度，现有条件与期望状况之间的差距有多大？ 因公园的未来潜在问题而确定的指标需要考虑以下问题： • 大部分人是否（公园员工、利益相关者、公众）都认为现有条件是可以接受的？如果是，是否会发产生更多影响，并且是否仍然可以接受？如果不是，那么现有条件是不是他们认为的可接受的底线？ 如果现有条件看似与期望状况一致，则可以把现有条件看作设定标准的水平点。只有在经过缜密思考，并确信现有条件代表了相关机构和公众对公园的未来发展愿景时，才能作出判断。如果现有条件明显达不到期望状况的要求，则应当把标准设置在与期望状况相一致的水平上。

确定已经设置了所选指标相关标准的可比性区域，并考虑该标准是否合理。	一些公园和保护区已经就各种区域和问题建立了指标和标准，并且这些指标和标准已经被编入参考数据库中。为存在类似问题的可比性区域设定指标和标准，也可以用来评估正在考虑之中的潜在标准。
确定与所选指标相关的调查研究，并考虑其中的数据是否有利于制定一套适合公园环境且有用的标准。	多年来，围绕游客对各种设定条件的偏好进行了大量的研究。已经公布的相关信息涉及几个方面的偏好，包括拥挤度相关变量（如在道路上与其他游客群体相遇的概率、能够在不受其他游客影响的环境中露营的条件、同时出现在热点景区的人数等）、游客冲突（不文明行为发生的概率、使用雪地摩托车或私人游艇等来自于其他游客或公园活动的噪音）和资源影响变量（临时道路的数量和破损程度，道路侵蚀，破坏露营地、垃圾问题、故意毁坏公共财产和涂鸦行为）等。回顾游客对这些设置条件的偏好等方面的相关游客调查与研究，可以为相关人员探讨制定公园潜在标准提供一定的信息来源。
检查潜在标准以确保它们能够符合基本的准则	应当提出的潜在问题包括： • 标准是否是定量且明确的？例如，“河面上每天较低的相遇概率”的描述就不符合定量且明确的要求，因而仍然需要大量的解释和说明。可以将其改为“每天与其他游客群体相遇的次数不超过三次”。 • 标准是否现实？标准必须能够反映在区域期望状况基础上能够有效维持的条件，并且可以反映公园员工在标准范围内管理公园的能力。 • 衡量标准的最好途径是什么？标准可以有不同的衡量方式以达到相同的条件。（例如“平均 20”或“90%的时间低于 30”）。选择的衡量方式可能会对公共关系、统计和运行等方面产生影响。 是否需要把标准表述为一种可能性？既然把指标和标准定义为，某一条件（指标）开始转变为不可接受（指标）时的零界点，那么面临的问题就是如何控制

	不可接受情况出现的概率。大多数情况下，如果能够在90%的时间内避免不可接受的社会条件，就说明一个公园的管理工作已经十分出色。例如，可以这样表述一个标准："在夏季旅游高峰期间，90%的情况下每天在步行道上遇见其他游客群体的次数不超过10次。"满足条件或达到标准的情况为90%，剩余10%的情况则允许出现随机或突发事件（如周末假期）。这也考虑到了游客使用模式中固有的、与社会标准密切相关的复杂性和随机性。拱门国家公园的标准最初考虑到并包括了与公园旺季相关的各种条件的可能性。在经过一段监控与测试时间之后，公园判定这一概率应该与一整年的旅游活动相关，而不仅限于旺季期间。但拱门国家公园现在的标准是，90%的游客将体验到可以接受的条件。公园相信这是开展管理活动更为合理的出发点。值得注意的是，这一转变要求针对该指标制定一整年的监测方案，而非仅限于旺季。
记住：制定标准是一种主观决策，没有唯一"正确"的标准。	在进行有关标准方面的决策时，应当建立在理解标准的权衡和影响的基础之上。从科学家、管理者、规划师和公众那里所收集到的信息有助于评估潜在标准，但是最终决策仍然依靠管理者最理性的专业判断。没有哪项研究能够完全给定一个唯一的答案。在选定标准以前，不可能知道正确的答案。后续的检测也不会披露什么才应该是正确的答案。鉴于此，应当用一种符合逻辑的、可追溯的方式提出标准相关决策，并且要接受公众评审。最安全且最合理的方法是，充分评估最佳可用数据、选择发现的最佳标准、记录下思考的过程，并对这些标准进行监测。需要时也可以选择含有较少甚至没有地点限定的数据、但合理且有依据的标准。遭受质疑时，可以承认挑选的标准是主观的，但却反映了管理者的最佳判断。
基于即将作出的决定，	如果规划团队预计制定标准后会做出一些有争议性的

考虑所需的标准的可靠性和精确度。	决策或者采取高度限制性的管理行为，那么就需要更多的数据与分析。尽管如此，不论争议度的高低，都应当解释公园选择任意指标和标准的基本原理，并将其纳入管理记录中，以便在需要时向公园员工和公众解释。

8.3.3 不可再生资源的指标和标准

因为游客容量隐含的前提就是公众使用总伴随着一定程度的影响，因而围绕如何为不可再生资源设定游客容量这个话题进行了大规模探讨。对于那些无法再生或再生速度很慢、且在可预见的未来将受到影响的资源，例如洞穴遗迹、考古遗址、历史建筑、硅化木或巨杉等，应当如何制定相应的标准呢？

尽管在这一问题上从未取得过一致意见，但某个工作组还是发布了一些初步的建议，为如何确定并设置不可再生资源的公众使用影响的衡量指标和标准提供了参考（可参见美国国家公园管理局 2000a，2000b）。该工作组总体上认同不可再生资源具有较高的价值，通过建立严格的标准，并在超出这些标准之前即开始执行相应的管理措施，就能够处理这些价值。也就是说，可接受的变化量——虽然大于零——也应当处在一个较低的水平。

对于那些完全不允许出现资源退化现象的景点或资源，则应当执行相关政策和管理措施来避免造成任何负面影响（可能要求有严格的使用限制）。这种情况下可能就完全没有必要明确游客容量的相关指标和标准。

关于是否需要在游客容量监测方案中纳入特定景点或资源，其最终决定权在公园管理者手中。这并不是说不应当对景点或资源进行定期监测，确保它们处于良好的状态；然而，作为公众使用容量评估基础的监测指标和标准库中可能不需要体现具体景点或资源。

如果需要获取关于不可再生资源指标和标准的更多信息，可以参见工作组提供的不可再生资源的建议概述。

8.4 可能的管理总体规划管理策略

除了在管理总体规划中描述公园期望状况时需要选择指标和标准之外，还需要确定一套初步可能合适的管理策略和（或）手段。经过数十年的研究、管理实践以及探讨，现在已经找到了多种策略和手段，可以用来解决由娱乐使用所造成的资源或体验影响方面的问题。条件恶化可能是由多种因素造成的，如游客使用的类型、水平、时间，游客的行为，或设施的设计等。现在已经不再认为限制游客使用度是维持所需资源和社会条件的唯一手段，甚至都已不再是最有效的手段。而将对资源和社会指标的有效监测与公众参与相结合，能够为公园管理者制定合理的管理策略提供所需信息。

可以将监测过程及其与管理措施相联系的方式比作交通信号灯。当监测结果显示，条件在所制定的标准范围之内，不需要采取额外措施时，就出现了绿灯的情况。黄灯的情况则是在监测结果显示条件正在接近标准的时候出现的，出现这一预警信号时可能需要采取积极措施来保护和加强期望状况。在黄灯情况下采取措施仍然是为了满足特定标准，此时才去的措施限制性较弱，并且主要着重于公众教育等手段。当监测显示公园相关条件背离了既定标准，必须采取措施使其恢复到可接受标准范围内时，就会触发红灯情况。这个时候所采取的管理措施可能限制性更强，包括在多个区域限制游客使用水平，限制某些活动，或者是关闭某些区域等。

为了帮助公园管理者确定什么样的策略和手段在各种情况下最为有效，美国国家公园管理局委托相关机构编制了一本决策手册，用以解决游客使用方面的问题（《维护公园资源和体验的品质：公园管理者手册》，安德森、莱姆和王，1998 年）。对于思考管理总体规划中可能需要制定的重要类别的管理策略和手段来说，这本手册是一个很好的参考资料。

该手册提出了在应对不可接受的影响时可以考虑使用的五大管理策略:

◆ 通过限制游客使用的区域、时间、类型以及游客的行为模式来调整游客使用的特点。

◆ 通过增强资源的持续性或是维护（修复）资源来改善资源的基础状况。

◆ 提供更多的娱乐机会。

◆ 减少整个公园或问题区域内的游客使用。

◆ 调整游客的态度与期望。

该手册还明确了实施策略的主要手段:

◆ 景点管理（例如建造围栏、设施迁移、加固景点）；

◆ 定量配给或重新分配资源的使用（如收费结构、预定制度）；

◆ 控制使用情况（例如限制游客团体的规模、限制露营篝火）；

◆ 强制实施（例如限定游客只能在步行道上活动）；

◆ 游客教育（例如在教堂边的树林中小声说话，以尊重其他人的冥想和感悟需求）。

管理总体规划（管理总体规划）中应当包含有将公园条件控制在标准之内所需采取的策略和（或）手段的总体类别（并非具体措施）。这一内容可以归入管理分区描述中，也可以纳入特定备选方案描述部分。并不是所有的策略和手段都适用于所有情况。例如，增加游客设施的数量可能不适合荒野和荒野区域。策略（手段）的范围应当与分区描述中的期望状况保持一致，并且其有可能会作用于备受关注的潜在影响。这样做的目的是向公众大致说明公园在资源和游客体验管理方面可能会考虑采用的策略类型和范围，但同时并不需要过于详细的措施，因为那样在解决具体问题时可能会降低管理者的长期灵活性。然而，如果在制定管理总体规划时某项特定的公众用途所造成的影响已经接近或者超过了相关标准，那么规划中就需要更加详细地描述潜在措施，以解决这一问题。

管理总体规划（管理总体规划）中明确的可选管理策略和手段并不会限制管理者根据监测所获信息而采取相应措施的能力。而最终选择的实际且具体的管理措施则取决于面临的特殊环境和情况。美国国家公园管理局必须提供与当前或或后续公众参与流程中所提议的具体措施相关的信息。另外，提议实施的特定管理措施需要满足《国家环境政策法》《国家历史保护法》和其他相关法律的规定。而对于会引起公众使用管理发生重大改变或产生集中干扰性的游客管理方式等行为，则有更高的法律要求。

8.5 制定指标和标准的监测策略

监测在游客容量管理中主要发挥以下三方面的作用：

1. 协助公园管理者判断资源和（或）社会条件是否发生了变化，是否正在接近期望状况，是否正好达到了期望状况，或者是否已经超过了标准。

2. 提供实际结果的反馈，从而使公园管理者能够据此评估管理措施的有效性。

3. 为开展与公园目标相一致的管理措施提供一系列合理的量化基准。

如果没有数据，公园管理者就缺乏制定措施的基础，只是凭借直觉知道公园存在问题。而通过监测，公园管理者便可以了解公园各项条件是如何发生变化的，或者能够证明为什么需要采取措施改善条件和状况。

要使公园员工了解监测工作要求付出的精力和投入，这是至关重要的，而这却往往是制定包含指标和标准的规划方案时最容易忽略的部分。监测是一项长期的延续性工作，它要求有配套的实施计划、详细实施方案或监测规划，以避免出现偏颇，并要求提供关于公园资源及游览动态的连贯的有用信息。监测计划的基本目标是保障能够清楚地界定资源条件和（或）游客体验品质的底线，并且在达到底线时能够识别出来。

管理总体规划（管理总体规划）中应当包含一个监测策略，来说明成功追踪指标所需的总体工作水平。判断选择某项特定指标的可行性时，规划团队要考虑可能会怎样监测每项指标，包括成功监测这些指标的精确性要求，以及怎样系统地监测这些指标，监测频率如何等。可以通过绘制下文所示表格来推进并记录这一探讨过程。

表 8.3：监测策略总体描述示例

指标	标准	监测策略
每平方英里内临时路径的长度（英尺）	每平方英里内临时路径的长度为 20 英尺	公园正式员工与志愿者日常巡查工作中的非系统性监测。每 1-2 年对小道系统中的一部分小道进行评估。
公园道路上车辆行驶超过规定限速的百分比	公园道路上超过规定限速 5 英里 / 小时以上的车辆不超过 10%	纳入日常定期巡查内容，并且（或者）挑选几天时间，采用速度追踪技术进行抽样调查。
每小时不同游客群体相遇的次数	90% 的时间内，不同群体相遇的次数不超过 5 次	根据抽样方案，在旺季期间随机抽查几天，观察某个时间遇见的游客人数。

一些规划团队发现，将初步监测规划作为管理总体规划（管理总体规划）的附录，这种做法是比较有利的（但不是必需这样做）。而所有监测策略（规划）论述中都应当包含一个免责声明，即如果在监测方案实施过程中获取了有关结果的新信息，那么则需要相应地调整策略（规划）。因为大多数管理总体规划（管理总体规划）并没有一个详细的监测规划，因此在完成管

理总体规划（管理总体规划）之后，就需要立即制定监测规划来指导长期的监测工作。监测规划也应当向公众公布。更多关于监测方案和规划的信息可以参见游客体验与资源保护手册，即《明确并监测游客体验和资源质量指标：面向娱乐资源管理者的手册》（莱姆、安德森和汤普森，2004 年），2006 年“乔治·赖特论坛”上关于游客影响监测的讨论，及某些公园的监测方案示例（例如，约塞米蒂、拱门、芒特雷尼尔、罗亚尔岛、科罗拉多大峡谷、谢南多厄、迪纳利以及宰恩等国家公园）。

制定监测方案时要注意四个主要指标：

1. 可行性，在需要进行监测的所有地点和时间内，监测人员和设备都能够配备到位，并且能够对获取的数据进行分析。

2. 客观性，通过客观、可复核的方式记录数据。

3. 及时性，在公园管理者需要时，监测所得数据能够及时提供所需信息。

4. 重复性，监测方案要足够清楚明确，保证不同的人能够以同样的方式来执行方案。

制定监测策略和规划时也应当考虑到其他重要因素，包括测量位置、频率、测量时间；数据抽样与统计方法；怎样分析和展示数据；收集数据的用途；监测工作的预估成本；以及确定负责数据采集、分析和报告的人员。

不同监测指标所要求的精确程度可能差异非常大，这取决于现有条件（通过现有条件评估确定）与既定标准之间的差距有多大。在现有条件与既定标准相距甚远的情况下，监测的精确度就比现有条件与既定标准较为接近的情况下要小。监测精确度的差异还可以体现在其他方面，主要有监测周期的频率、系统性监测的水平、或者是监测的地理区域，相关说明如下：

监测的频率——如果现有条件与标准相距甚远，那么则可以每七到十年对相关指标进行一次监测。如果条件呈现出向既定标准接近的趋势，则需要缩短监测周期，确保在条件违反标准之前就终止其产生的影响。

系统性监测的水平——某些监测可以成为公园员工或志愿者的日常巡查工作或是其他管理工作的一部分。这类监测随着巡查或其他管理工作的进行而进行，并不需要制定具体的监测计划。如果监测结果表明条件正在开始发生变化，那么则应当进行更多的系统性监测来识别问题。

地理区域——使监测的精确水平多样化的另一种方法可能会涉及监测工作的地理区域或是总体范围。一个相关的例子是测量从主要步行道分岔出的休闲小道“分支”，来确定休闲小道的范围。如果休闲小道与主要步行道的岔道口数量开始大量增加，那么公园管理者则可能需要考虑对公园内所有的休闲小道进行一次全面调查，以便确定该问题的严重程度，并选取最为有效的管理措施。

监测的精确程度还可能因特定资源或价值的敏感性或重要程度而不同。例如，一片敏感滨水区内的游客使用量稍有增加或者游客行为发生变化，便会产生问题，那么就应当对该区域进行系统性的、频繁的监测。

同时，根据围绕特定资源或价值的保护，或者管理游客使用水平、类型和模式所需的最终管理措施的争议程度，监测的精确程度也会存在差异。如果一个公园预料到会面临高度争议，那么从一开始就可能需要开展较为精确的监测工作。

另外，在管理行为的影响尚且未知的地方，监测的精确程度也会不同。例如，如果关闭露营场地和恢复种植本地植物等措施对景点条件所造成的影响尚不明确，那么针对这些区域则可能需要进行短期系统性监测，以评估该技术在修复期望状况中的有效性。

鉴于有限的人员和预算，以及使公众参与公园管理的要求，在可行的情况下应当考虑让志愿者参与到监测工作中来。不少公园都在聘用志愿者从事游客使用方面的监测工作，并且取得了巨大的成功，考虑使用志愿者来进行监测工作的公园应当从这些公园的成功先例中吸取经验。

8.6 环境合规性与游客容量

修改游客容量指标和标准，以及采取具体管理措施时需要遵守的环保要求，通常不是管理总体规划（管理总体规划）中要考虑的主题。但是在完成管理总体规划（管理总体规划）之后，公园员工可能想要修正某项指标或标准，或者提议采取某些具体措施来解决游客容量方面的问题。下文对这些主题进行了简要论述。

8.6.1 修订指标和标准

修订已经制定的指标和标准时，可能需要满足《国家环境政策法》《国家历史保护法》及其他相关法律、法规和政策要求。对现有指标或标准的任何一条修正，都需要按照《美国国家公园管理局第12号局长令手册》中列出的程序（可参见第2.10条）逐一进行评估，判定这些修改行为造成影响的可能性。制定环境筛查表是这个流程中的一个关键工具。如果确定了某项修正不会造成潜在影响，那么可能就需要采取进一步措施来满足《国家环境政策法》的相关要求。

在假定对某项标准进行细微调整就自动意味着不会对人类环境造成影响时要小心谨慎。由于标准是考虑一项指标所参照的尺度，从而决定了条件的可接受性，决定了设置的标准度会对最终资源和游客使用条件产生实质性影响。例如，对游客相遇比率标准的一个看似微小的修改，可能会对特定区域内的游客使用产生深远的影响，相应地，也会对公园资源产生深远的影响。必须充分考虑对标准的任何修订所产生的间接影响（意思是在实施措施之后的一段时间，以及行为范围之外的更远的距离），无论这种影响多么微小。

8.6.2 采取管理措施

如果公园的现状正在接近或即将超过游客容量标准，那么提议执行的具体管理措施必须符合《国家环境政策法》、《国家历史保护法》及其他相关法律和政策的规定。为满足《国家环境政策法》的要求而选择合理的流程取决于所提议的管理措施，及其对人类环境造成潜在影响的程度。例如，依据教育方法，可能会直接排除教育游客去公园的其他区域游玩以分散游客的措施。然而，对于修建新的步道来分散游客使用或者要求持有日间使用许可等措施来说，则可能要求进行相应的环境评估书。所有管理措施都需要按照《美国国家公园管理局第12号局长令手册》中“确定合理的《国家环境政策法》流程”章节部分所明确的程序（可参见第2.10条）来逐一进行评估。

9. 估算备选方案的成本

9.1 管理总体规划中为何要有成本估算？应当包括哪些成本？

《1978公园和休闲娱乐区法案》要求管理总体规划中要有成本估算，而且成本对于制定重大决策来说十分重要。管理总体规划必须兼具远见性和现实性，并且要以一种财政负责的方式制定管理总体规划。成本估算是选择优选方案过程中要考虑的一个关键因素（同时考虑的还有各种备选方案的影响和优势）。决策者和公众需要对各种备选方案的成本估算有一个总体了解，包括无行动备选方案，以便在规划过程中做出明智的决定并确定可行性。

《公园规划项目标准》指出，规划中应当包含年度经常性成本（下文称作“年度运营成本”）以及修复设备、开展新建设或管理项目所产生的一次性成本估算。在员工、运营及维护等经常性需求，以及设备、交通项目、研究、资源修复等一次性项目方面，各备选方案的成本可能差别很大。管理总体规划应当关注备选方案中影响期望状况的那些要素，并且应当给出这些行动产生的费用。为了清晰起见，成本估算中应当包括进行估算的年份，例如“所有成本估算都按照2008年的美元价值计算的”。

土地收购成本也会影响美国国家公园管理局做决定，但是一般不应包含在公共成本说明中。华盛顿地区办事处土地资源部部长在一份致华盛顿地区办事处公园规划与特别研究部部长的内部通知中提到，由于土地价值的波动性、评估发展的不一致性、收购过程的保密性，因而不适合包括将土地收购成本纳入管理总体规划中。这个规定是建立在1990年华盛顿地区办事处土地资源部副主任所做的一份内部通知基础之上的，这个通知指示只有在华盛顿地区办事处土地资源部通过了成本估算后，各地区主管才能将土地成本纳入规划文件中。但如果是国会或管理及预算办公室要求制定成本估算，或是其他特殊情况，则可能会存在例外。在这些情况下，华盛顿地区办事处土地资源部的人员也应参与制定成本估算。叙述中也应当包含对提出的边界调整的探讨，并且要说明会在采取立法行为和收购土地之前估算土地成本。

在确定备选方案及其相关成本时，应用概念性形式展现设施和项目，而非成品形式。单个备选方案中可能会一系列满足期望状况的、适当的设施和管理行为。制定了一项备选方案后，选择最适合该备选方案的设施或措施、并根据可用信息来设计估算成本方案的任务就落到了规划团队身上。据了解（并且用规划免责声明用语明确申明），管理总体规划中展现设施和管理措施的成本仅仅是出于比较的目的，而且随着特定项目的提出和获批，这一部分成本会发生改变。成本估算的依据应当包含在规划制定管理记录中。另外，向公众披露的细节要少于制定成本估算方案中进行的计算。

我们应当充分预见公园的需求并尽量慷慨地满足这些需求，因为等待的时间越长，任务就越艰巨，耗资也就越大。

——霍尔德·卡帕恩

9.2 成本展示的内容

管理总体规划中应当包含以下要素：

◆ 各备选方案的比较概述——总结中应当包含成本估算表和免责申明用语。展现成本和实施进度之处都应当加上免责声明用语。

◆ 各备选方案的描述——备选方案描述中通常会出现关于成本、员工雇佣劳务和合作机会的解释说明；需要时备选方案总结部分可以重复这些内容。

9.2.1 备选方案的比较概述

备选方案的比较概述中应当包含以下内容：

◆ 显示各备选方案间的比较分析结果（见下文的模板和例子）的一张表格，包括以下因素（这些因素将在下一节中进行详细讨论）：

1. 年度运营成本
2. 人员编制水平（全时当量）
3. 一次性设施成本
4. 一次性非设施成本
5. 显著影响备选方案及其成本比较的其他项目或行动的成本

◆ 免责声明用语（可参见第9.5节）

9.2.2 备选方案描述

备选方案的描述中应当包括以下要素：

◆ 一份关于成本的解释说明——解释说明部分应当包括关于每个备选方案中的主要成本的说明。例如，如果备选方案B中包括设备建设成本估算，那么则应当把这一项目描述为："备选方案B的估算中包含了在东入口附近的开发区内新建一个用于引导和提供信息的游客服务设施的成本。"此外还应当描述公园运营和维护方面的改变。例如，如果一个备选方案中移除了一栋旧建筑物，导致延期维修费用减少，则文本中也应当描述这种费用降低的现象。讨论成本时，可以绘制一份实施时间表，或标明各项措施的"诱发事件"，这种做法可能比较合适。例如，规划文件中可能规定，"当现有的停车场容量达到饱和、且公园资源正遭受乱停车行为影响时，将启动备选方案C中提议的交替运输机制。"

◆ 关于各备选方案总体人员编制水平差异的一份综合解释说明——例如，规划文件中可能规定，"备选方案C中所指的新员工包括两名环保合规专家和三名游客安保巡逻人员。"人员编制水平只能反映由美国国家公园管理局运营基本资金支付酬劳的美国国家公园管理局员工——这一数字中不包括志愿者和由合作方提供报酬的职位。（对于无行动备选方案，员工雇佣水平应当指的是当前批准的员工数量上限，而不是随时可能变化的、当前受法律约束的或实际的人员配置水平。）

◆ 在适当情况下，还应当包括一份对合作机会的探讨——文本中应当承认一些成本可能会由合作伙伴承担，但是管理总体规划中不应当给出合作伙伴的名单，除非公园创建法或其他具有法律约束力的文件中明确提出了这些合作伙伴。任何可能由合作伙伴承担的成本都必须在成本表中体现出来，并作为美国国家公园管理局成本；关于各合作伙伴的职责将在备选方案的文本中予以说明。另外，文本中还应预先声明，在具备足够的外部资金和(或)非美国国家公园管理局人员时，只会按照报告中呈现的规模来执行一些项目。

9.2.3 内部简报

以下内容只能够出现在内部简报中：

◆ 边界调整的潜在成本——应当描述如何计算这些成本，还应标注出这些成本估算是否通到了地区和（或）华盛顿地区办事处土地资源部的批准。

◆ 成本估算使用工具的说明——例如，如果提议建设一个游客中心，简报应当指出使用了设施模型，以及何时获得了批准。另一个例子是，声明在成本估算中使用了现时重置价值计算器。

◆ 延期维护总费用——应当包括公园在某个日期的延期维护总费用，并把它当作提出新的成本项时的参照点。如果备选方案中提议的措施会影响到延期维护，那么也应当说明这一信息。

9.3 成本说明的格式与模板

成本表格中应当呈现的是单个数字，而不是一个范围，因为免责声明中会指出这些数字仅仅是估算的值。同时，表格中不应包含生命周期成本或边界调整的费用，并且不应把年度成本添加到一次性成本中。根据项目规模，应将成本四舍五入为最接近10000美元或100000美元。

表9.1中提供的模板可以在管理总体规划中使用。如确使用，那么下文脚注中的斜体部分也应当出现在文本中（脚注中方括号内的非斜体字内容是提供给规划团队的参考指导）。

表 9.1：成本比较表格示例

（所有成本估算都基于 2008 年的美元货币价值）

	备选方案 A	备选方案 B（美国国家公园管理局优选方案）	备选方案 C
年度运营成本（国家公园管理局运营基本资金）[1]	2370000 美元	4450000 美元	5870000 美元
员工数量（全时当量）[2]	32	40	57
一次性总成本[3]	3450000 美元	33040000 美元	49280000 美元
设施成本[4]	3450000 美元	28240000 美元	44480000 美元
非设施成本[5]	0	4800000 美元	4800000 美元
其他成本[6]			
• 战地绕道工程[7]	0	15000000 美元	15000000 美元
• 实用型模块化成像光谱仪科学中心的简易宿舍[8]	0	2100000 美元	0

［注解：表格中不应包括边界调整的费用；应当在表格后添加一个脚注，说明表格中不含这些成本。］

1. 年度运营成本是每个备选方案相关维护和运营活动每年花费的总费用，包括水电费、物资、员工工资和福利、租赁和其他物质。进行成本和员工编制估算时假设按照叙述中的方式充分实施了某个备选方案。

2. 全时当量的总数量是指维护公园资产良好运转、提供令人满意的游客服务、保护资源以及广泛支持公园日常运作等所需的人年数。全时当量总数量只表示由国家公园管理局运营基本资金支付酬劳的美国国家公园管理局雇佣人员，不包括志愿者和合作

方提供报酬的职位。全时当量员工工资和福利包含在年度运营成本中。

[对于无行动备选方案而言，员工雇佣水平应当指的是现有批准的员工数量上限，而不是当前的实际雇佣水平，因为后者会随时间变化。]

3.[总一体性成本应当等于其下列展开行中各项因素的总和，且多行中的一次性成本不能够重复计算。]

4. 一次性设施成本包括设计、建造、修复或改造再使用游客中心、道路、停车场、管理设备、公共厕所、教育设施、入口站、消防站、维修设施、博物馆收藏设施以及其他游客服务方面所花费的成本。

[对于无行动备选方案而言，一次性设施成本包括已经获批并获得充分资助的项目的相关成本。已经获得了PMIS声明但是实施资金尚未获批的项目则不应包含在无行动备选方案中。]

5. 一次性非设施成本包括为保护与设施无关的文化或自然资源、开发无关设施的游客使用工具等行为，以及开展需要大量资金并超出公园年度运营成本的其他公园管理活动。例如……

[为清晰起见，此处规划团队应当列举相关例子或查阅备选方案中的陈述。相关的例子可以是修复历史景观、制定草原或森林复原的用火管理计划、研究和清查、制作面向游客的新影片、网站或展览、延伸项目以及其他各种措施。一次性非设施成本的定义标准是这些成本与设施成本无关。如上所述，在无行动备选方案中，非设施成本应当只包括那些现有项目已经规划了的、并且在项目管理信息系统中确定资金来源已获批的成本。]

6.[部分或者全部由其他来源提供资金的项目。这些成本项目应该与设施成本分开并明确标出，同时附上一份融资计划说明。用脚注形式标出详细描述项目的所在页码，这种做法可能比较合适；脚注7和脚注8对此进行了举例说明。]

7.[战地绕道项目将对公园内主要高速公路重新设置路线，而最终决定权在于维吉尼亚交通部。如果项目通过了审批，该州政府将出资约1200万美元（总成本共1500万美元）。更多的信息可参见第2章。]

8.[美国实用型模块化成像光谱仪科学中心简易宿舍项目是一个合作项目，将在当前的实用型模块化成像光谱仪科学中心附近建造宿舍区。当实用型模块化成像光谱仪科学中心筹集到项目必需的210万美元资金后，将启动该项目。详情请参阅第93页。]

表格中的每一个成本类别（年度运营成本、员工数量、一次性总成本、设施成本、非设施成本和其他成本）都应当出现在各管理总体规划中。如果其他项目成本体现出各备选方案之间的大量差异、或成本金额大或涉及非典型融资，那么表格中也应当包括这些项目成本。规划团队可以自行决定使用可选成本项，并且应在备选方案陈述中详细说明其他项目。这些项目都应当单独罗列，不要捆绑成一个单独的成本项。

9.4 成本估算的工具与方法建议

手段	方法建议
确定备选方案需要估算哪些成本项	制定一个矩阵，类似于影响分析部分的做法，列出各备选方案中提出的需要估算成本的所有主要设施和管理行为。只报告那些在使各备选方案之间存在差异中发挥重要作用的成本项。根据新设施、现有设施的改变、非设施成本、运营成本或其他成本等，对各备选方案中的行为进行分类。
确定年度运营成本	国家公园管理局运营基本资金数据库为公园的无行动备选方案提供了基线开支。国家公园管理局运营基金数据中可能没有捕捉到全时当量的获批上限与实际数量之间的差异，但是可以把这些差异添加到国家公园管理局运营基金数值中。对于其他备选方案，则要加上与各备选方案相关的用于维护和运营的额外费用。应当根据当前的美元价值，在假设该备选方案得到充分实施的基础之上计算年度运营成本。 全时当量员工的工资和福利包含在年度运营成本中。 新设施的年度维护成本预计占建设成本的 4%。 条件可行时也应估算非设施项目的年度运营成本。
确定员工数量——全时当量数值	实施行动备选方案所需要的全时当量应该显示的是美国国家公园管理局雇佣人员，而非志愿者。计算全时当量值时应假设充分执行了备选方案；同时，还应当附上对新增全时当量职位的总体描述。 每个备选方案中新增的全时当量职位的相关成本应当

	并入年度运营成本中。
计算设施建设和／或重大修复等工程所花费的一次性成本，并取得在优选方案中使用设备模型的许可权。	使用成本矩阵来记录所有的一次性成本。 对于无行动备选方案，一次性设施成本包括已经获批且获得全面资助的项目成本；项目管理信息系统声明已经获批、但实施资金尚未获批的项目则不应当包含在无行动备选方案中。 如果某项措施将对年度运营成本产生影响，则要确定该影响并相应地调整运营成本。拆迁费用应添加到设施成本中。 所有可能由合作伙伴承担的费用都必须包含在一次性成本中，但应当在费用分摊描述部分予以解释说明。另外，文档中还应预先声明，只有在具备足够的外部资金和（或）非美国国家公园管理局人员可供使用时，才会按照提出的规模开展一些项目（如果合作项目成本金额较大或涉及非典型融资，则应当在“其他项目成本”部分单独罗列）。 设备建设／修复成本可通过以下方式进行估算： • 设备规划模型（针对新设备）； • 现时重置价值计算器； • 类似的建设／修复项目； • 其他美国国家公园管理局或行业指导，和／或专业判断。 设备规划模型： 设备规划模型可以用来确定新建游客中心、管理设施、公共厕所、教育设施、入口、消防站、维修设施、博物馆收藏设施以及其他设施的占地面积。该模型会询问关于公园情况、当前及预期的参观量、以及设施内将安置什么东西等的一系列问题。使用该模型会得到一个预估的设备规模，但不会生成成本。基于占地面积和其他因素，使用了一个行业公认的方法来确定潜在成本。 注意，对于优选方案中提出的所有设施来说，使用的

	设备模型必须获得华盛顿地区办事处建设项目管理部以及地区主管的批准，并且相关批准文件应当收录在管理总体规划简报资料中。 设备规划模型的联络人是华盛顿地区办事处建设项目管理部的南希·克罗大特（303 969 2391）。 现时重置价值计算器： 在线现时重置价值计算器反映了美国国家公园管理局设施相关成本的行业标准。现时重置价值计算器可用来粗略估算新资产的成本，包括建筑物、道路、步行道和众多其他种类的资产。根据资产类型的不同，这种计算器可以计算每单位、每平方英尺、或每线性英里的成本。模型会根据地区成本差异进行自动调整（例如，金门国家公园的区位因子是 1.47，而艾伯涵·林肯诞生地国家历史遗址的区位因子是 1.04）。各项成本相加得到的总成本再乘以区位因子，即可得出基于特定区位的成本。 现时重置价值计算器是一份微软 Excel 电子表格，需要输入公园名称（计算区位特定成本）、资产编号（例如 4300——住房）和资产数量。一旦输入了这些信息，就会转到一份专门针对这类资产的电子表格，此时就需要输入有关该资产的更多数据，例如建筑物类型、楼层数和占地面积。计算器会自动计算出总成本，并且考虑到了区位调整因素。至此，游客可以点击“记录现时重置价值”来生成一份包含所需结果的独立电子表格。 现时重置价值计算器所得结果中可能不包括追加成本，如安装设施等一次性成本；应当通过其他的行业标准方式将这些成本列入成本估算中。现时重置价值计算器生成的成本估算可以加上一定的百分比来体现追加成本。 这种工具的联系人是华盛顿地区办事处公园设施管理部的提姆·哈维（202-513-7034）。 公园资产管理计划

	公园资产管理计划描述的是公园资产情况；各资产在实现公园使命方面的重要性；公园运营和维修资金水平；现时重置价值、数量、资产状况以及逾期维护数量等方面的关键数据。公园资产管理计划还会预测未来的系统重置需求、超年度项目开发以及计划配置的候选人。对于管理总体规划而言，公园资产管理计划可以显示出钱花在了哪些资产上，花了多少，并且能够列出必须维护的资产名单。
估算非设施类行动的一次性成本	此类成本的定义标准是这些成本与设施成本无关。如前文所述，使用成本矩阵来记录所有的一次性成本，并将其归入相对应的部分。 在无行动备选方案中，非设施类成本应当只包括当前项目中已经规划了的、并且项目管理信息系统中确定已获得了资金来源的成本。 所有可能由合作伙伴承担的成本都必须包含在一次性成本中，但应当在费用分摊描述部分进行说明。另外，文本中还应预先声明，只有在具有足够的外部资金和（或）非美国国家公园管理局人员可用的前提下，才会按提出的规模开展一些项目。 相关的例子有修复历史景观、制定草原或森林复原的用火管理计划、研究和清查、制作面向游客的新影片、网站或展览、延伸项目以及其他各种措施。非设施类成本通常通由专业判断和（或）其他美国国家公园管理局或行业指导、以及类似的项目来进行估算；在某些情况下，也会用到现时重置价值计算器。 如果一项措施将对年度运营成本产生影响，则应当确定该影响并相应地调整运营成本。
如果合适的话，还需要估算边界调整成本	与华盛顿地区办事处土地资源部联系，估算进行重大边界调整可能花费的成本，包括土地购置和地役权。 这些成本只会出现在内部文件中，而不会出现在管理总体规划中或与公众的其他通信材料中。另外，内部

	文件中还要求说明如何确定的这些成本。 如果提出了一项边界调整建议，那么文本和成本总结表中都应该注明成本展示中不包括收购费用。
必要时还要估算其他项目成本	如果其他项目成本体现了各备选方案间的差异较大、或者这些项目成本金额较大或者涉及非典型融资时，则应当把这些成本也并入成本估算中。这些措施都应当在备选方案陈述中予以明确说明，并且，各具体项目都应当单独罗列。相关范例可参阅前一节内容。这些特定措施的成本应当与设施类成本分开，并清楚罗列，同时附上资金计划成本说明，也可能会提到有关项目详细描述的所在页码。 如果一项措施将对年度运营成本产生影响，则应当确定该影响，并相应地调整运营成本。
根据需要，就成本估算与华盛顿地区办事处进行协商	位于华盛顿的华盛顿地区办事处公园设施管理处和位于丹佛的华盛顿地区办事处建设项目管理部是负责美国国家公园管理局成本估算工具开发与使用的两个主要管理机构。这两个机构都加入了设施管理软件系统，该系统可追踪现有资产、价值分析和设施规划建模，并且与美国国家公园管理局发展咨询委员会共同管理新建项目。

9.5 免责声明用语

管理总体规划的制定团队在向公众提供每个备选方案的信息时，应当考虑到公众关于成本和项目进度的预期。下文中的免责声明用斜体字标示，旨在强调应纳入管理总体规划中的文本。在计划中展现成本估算时应以项目符合样式或叙述格式将免责声明收录进管理总体规划中。

清单式免责声明示例

“以下内容适用于管理总体规划中的各种成本：

◆ 成本是估算出的结果（基于2008年的美元值），不适合用作预算目的。

◆ 呈现的成本估算尽可能地采用了相关美国国家公园管理局和行业标准。

◆ 考虑到设计设施、明确具体的资源保护需求、以及不断变化的游客预期等因素，日后再确定具体成本。

◆ 根据是否执行行动、执行的时间、以及合作伙伴和志愿者的贡献，美国国家公园管理局所负担的实际费用会有所不同。

◆ 管理总体规划获得批准并不能保证所提议措施的资金和人员都已准备就绪。

无论选择的是哪个备选方案，获批规划的实施都将取决于未来美国国家公园管理局的融资水平和全体公务部门优先考虑的事项，以及合作伙伴的资金、时间和努力。”

叙述式免责声明示例

“此处以及整个规划中提到的成本数值都只是为了提供备选方案相关成本的估算值。估算成本（基于2008年的美元值）时尽可能地采用了美国国家公园管理局与行业的成本估算指导方针，但是得到的估算值仍然不适合用于预算目的。具体成本会在随后更加详细的规划与设计实践中进行确定，并且会考虑到设计设施、明确具体的资源保护需求、以及不断变化着的游客预期等因素。根据是否执行了行动、执行的时间、以及合作伙伴和志愿者的贡献，美国国家公园管理局负担的实际成本会有所不同。

无论选择哪个备选方案，获批规划的实施都将取决于未来美国国家公园管理局的融资水平和全体公务部门优先考虑的事项，以及合作伙伴的资金、时间与努力。管理总体规划获得批准并不能保证所提议的资金和人员都可付诸实施，有可能若干年以后才能全部得以实施。”

10. 管理总体规划/《国家环境政策法》文件：受影响的环境，环境后果，磋商与协调

本章着重说明管理总体规划/环境影响报告或环境评估书的主要部分，不包括（第7章中说明的）备选方案和前言概述部分的目的、需求、基础等内容（在第4章和第6章中进行了介绍）。为了符合《国家环境保护法》的相关要求，管理总体规划/环境影响报告或环境评估书中一般包括专门介绍受到影响的环境、造成的环境后果以及磋商与协调等章节。本章以对讨论影响主题为开头，这个主题贯穿了《国家环境政策法》文件的所有章节。

10.1 明确影响主题

影响主题是指实施管理总体规划）中描述的任意一个备选方案（包括无

行动备选方案）时可能影响到的、特定的自然、文化或社会经济资源与价值。影响主题可能包括游客使用与体验，以及公园运营。必须明确对这些资源或价值产生的影响，并且在环境影响报告和环境评估书的环境后果一节中应当公开对每项资源的影响强度或大小、持续的时间和发生的时间。

分析公园的基础资源和价值及其他重要资源和价值能够明确这些资源与价值中哪些可能会受到管理总体规划中所作决定的影响。然而，环境问题和影响主题的分类要比基础资源或其他重要资源与价值的分类更宽泛，因此《国家环境保护法》规定公园管理者和规划人员在实施计划决议之前，要考虑实施计划可能会显著影响到的、或者所受影响会引发公众高度争议的人类环境。

死谷公园中的野驴就是高度争议性话题的一个良好范例。这一外来野生物种不符合公园基础资源或价值的标准，也不符合联邦法律保护的公园重要资源或价值的相关标准，但是它们却是符合另一个标准的资源或价值，即一个或多个备选方案将对它们产生的影响不能忽略不计，而且这种潜在影响可能会引起公众的高度争议。在这个例子中，野驴的命运也属于与公园的一项或多项基础资源或价值的期望状况有关的更大层面的规划问题。然而，影响主题不仅包括那些期望状况存在争议的资源或价值，也包括属于更大层面的“人类环境”的野驴。《国家环境保护法》相关规定的目的就在于拓展规划视角，使其不仅包括相关人员认为对公园规划非常重要的事项，也包括无意中可能会发生无可挽回或不可逆转性改变的更大层面的人类环境的其他成分。

《美国国家公园管理局第 12 号局长令手册》的附录 1 与“规划、环境和公共评论系统”（规划、环境和公共评论系统）网站上提供的环境筛查表是初步明确公园基础资源与价值之外的潜在影响主题的一个极好工具。为确保编写环境影响报告过程中不会忽略人类环境的特殊成分，白宫环境质量委员会罗列出了一些强制性主题。如果一项或多项规划备选方案可能会对这些主题产生影响，就必须考虑这些主题，包括：

◆ 相关地区（包括当地、州或印第安部落地区）所提议的行动可能与土地使用计划、政策和控制相冲突（《美国联邦法规》第 40 编第 1502.16 条及第 1506.2【d】条），以及公园调和矛盾的力度

◆ 能源需求与节能潜力（《美国联邦法规》第 40 编第 1502.16 条）；

◆ 自然资源或非再生资源的需求与节能潜力（《美国联邦法规》第 40

编第 1502.16 条）；

◆ 城市品位、历史文化资源、建筑环境的设计（《美国联邦法规》第 40 编第 1502.16 条）；

◆ 社会或经济弱势群体（更多信息可参见《第 12898 号行政命令》中的环境正义部分）；

◆ 湿地及漫滩（涉及美国国家公园管理局漫滩管理方针中定义的 100 年形成的漫滩和 500 年形成的漫滩）（《美国联邦法规》第 40 编第 1508.27 条）；

◆ 基本农业用地和特色农业用地（《美国联邦法规》第 40 编第 1508.27 条）；

◆ 濒危动植物及其栖息地（包括其他州濒危动植物名录中提名的动植物及其栖息地）（《美国联邦法规》第 40 编第 1508.27 条）；

◆ 重要的科学、考古学和其他文化资源，包括《国家历史古迹注册名录》中已经登记在册、或有资格登记在册的历史财产（《美国联邦法规》第 40 编第 1508.27 条）；

◆ 生态关键区、天然和景观河流、其他独特的自然资源（《美国联邦法规》第 40 编第 1508.27 条）；

◆ 公共健康与安全（《美国联邦法规》第 40 编第 1508.27 条）；

◆ 宗教圣地（《第 13007 号行政命令》）；

◆ 印第安人看管的资源（ECM 第 95-2 条）。

另外，白宫环境质量委员会还提供了其他影响主题的相关标准并收录在《美国国家公园管理局第 12 号局长令手册》中。下面是关于一些其他影响主题的范例，尽管上述列表中没有专门提及这些话题，但它们同样是从强制标准中衍生出来的，并且适用于管理总体规划。

> 多年以前，矿工通过携带金丝雀下井来监测矿井内是否存在致命气体。而今，国家公园就是我们的生态金丝雀。
>
> ——小乔治 B• 哈佐格，
>
> 《为国家公园而战》1988

表 10.1：其他影响主题示例

相邻的土地所有者	光照景观管理	土壤
空气质量	当地经济	声音景观
考古学资源	海洋保护区域	植被
社区服务	博物馆收藏品	游客访问或可访问性
特许权	自然海岸线 / 海岸作用过程	旅游设施

文化景观 重要的鱼类栖息地 人种学资源 地质学资源 危险物质 土地使用	古生物学资源 公园运营 公共健康与安全 风景 / 视觉资源	旅游讲解 游客引导 水资源 荒野 野生动物

随着外部调查不断提供新信息，在规划过程中会进一步完善潜在影响相关信息。一旦确定了初步备选方案，规划团队就会更加明确地侧重那些可能会对资源产生影响的问题，以及涉及受影响资源的哪些方面。

影响主题应当是“可测量”的（如果数量上不能测量，性质上则要能够测量）。因此，可能会将影响主题列表缩减到只包含那些实际上受一个或多个备选方案实施行为影响的、可测量的东西。之后这些东西便成为了环境影响报告的影响主题。对于下述三种影响主题或受影响资源，通常不会考虑进一步分析，并且环境影响报告中受影响的环境部分和环境后果部分都不会提出这些主题或资源：

1. 不适用于某一公园的影响主题或受影响资源；

2. 实施任意一项备选方案都不会波及到的影响主题或受影响资源；

3. 所受影响可以忽略不计或者相当微小的影响主题或受影响资源。

但是，必须在管理总体规划中充分解释排除对某个影响主题做进一步分析的原因和依据，并收录在管理记录中。

接下来是一些例外情况，但这些例外只适用于一般性指导。文化资源、受威胁物种或濒危物种以及漫滩和湿地等其他法规规定的资源，只要它们可能会受到“任何”（甚至可以忽略不计）影响，则需要进行总体说明；实际上，即使对此类资源和其他主题没有影响，有时候还是会提到它们。规划团队（包括资源专家）决定特定主题的分析深度。即使相关人员判定产生影响的可能性可以忽略不计或者可能性为零，但公众也可能会认为这一结论存在争议；在这种情况下，就需要继续进行分析，以充分说明为何会得出这一结论。

明确了影响主题之后，规划团队就要判断在适当描述各主题的受影响的环境时需要哪些数据（可参见“10.2 受影响的环境”）。描述受影响的环境有利于界定环境影响发生的背景。对于任何所受影响可辨识的影响主题，规划团队都必须明确并描述潜在影响的类型、背景、持续时间和强度（可参见下文“10.3 环境后果”）。

通过聚焦特定的影响主题，规划团队可以避免对受影响的环境进行不必要描述或者对影响后果进行不必要分析。这样做还可以帮助决策者和公众将注意力集中在重要事项、影响主题以及各备选方案之间的差异上。例如，在管理总体规划中提出许多综合性社会经济信息可能会引人关注，但却没有必要，也不值得这样做；许多主题，如教育和社区历史等，这些与受影响的环境或影响后果并没有太大的关联性，所以也不用探讨。而影响主题应当注重的是那些受到或者可能会受公园管理影响的对象，例如公园内附带经营许可证的数量、小贩数量、特许经营以及其他商业活动的数量；针对居住在公园附近不讲英语的游客开展的讲解项目；当地或地区经济（房屋出租、物资供应、工作机会等）怎样依赖公园的发展，这种依赖性有多大等。

关于影响主题的论述，包括提到的主题和排除的主题，一般出现在管理总体规划/环境影响报告或环境评估书的概述章节中。

10.2 受影响的环境

环境影响报告中受影响的环境这一节通常简要描述实施任意一个备选方案时可能直接或间接影响到的自然、文化和社会经济资源。无行动备选方案和受影响的环境的相关阐述则共同为之后明确行动备选方案的潜在环境影响提供了一个基准。描述受影响的环境的目的是帮助界定影响发生的背景，因为背景是用来确定影响重要性的一个要素。

搜集与可能受影响的自然、文化和社会经济资源现状（位置、自然、条件、范畴、规模等）相关的精确且足够的数据，对于之后识别并描述影响十分关键，而且必须在可以开始《国家环境政策法》分析之前就将这些数据准备就绪。对于判断在描述受影响的环境时应考虑哪些资源来说，环境筛查表中的自然、文化和社会经济资源列表是一个不错的起点。另外，白宫环境质量委员会还规定了适用情况下环境影响报告中需要考虑的一些主题(可参见上文“10.1明确影响主题”)。

不应当为描述那些不可能受所提议备选方案影响的资源而收集数据。受影响的环境并非指整个当前环境，仅仅指那些与所作决定相关联的资源。例如，如果备选方案中的分区计划不会对地质状况、基本农田或特色农田、受威胁物种或濒危物种及其栖息地造成影响，或者分区计划对这些资源造成的潜在影响较小或者可以忽略不计（例如影响的探测度低），就可以不对这些资源进行下一步分析，也不用在受影响的环境或环境后果等部分进行描述。通过聚焦特定的影响主题，规划团队可以避免对受所影响环境进行不必要描述，还可以帮助决策者和公众将注意力集中在各备选方案之间的重要差异上。

一旦确定了备选方案、存在的问题和影响主题，便需要明确和说明每项受影响资源的分析区或边界。这些边界可能与项目边界相同，也可能不同。例如，鱼类的分析边界可能包括了整个流域，但某种稀有植物物种的分析边界则可能只包括某一特定山脉南坡的一英亩土地。一栋历史建筑的分析边界可能只局限于建筑物本身的占地面积，但一种文化景观的分析边界则可以包含地形地貌、土壤、植物、水道、相关文化价值和传统。大多数情况下，分析区的地理边界会成为公园边界（除探讨累积影响时）。将分析区延伸到公园边界之外有两个明显的例子，即社会经济环境和任何提议调整边界的区域。有时，某种特定资源的分析区边界也会随不同的备选方案而变化。例如，对于随备选方案变化的设施，提出的建设位置要求对每个位置的土壤和植被遭受的影响进行分析。全面描述受影响的环境通常需要了解潜在影响的范围，因而随着影响分析工作的进行可能会进一步完善对每项资源所受影响的描述。

描述受影响的环境时篇幅不必过长，只要能够理解提出的备选方案将产生的影响即可。由于环境影响报告应该具有分析性，而不是百科全书式的文档，因此对受影响的环境的冗长描述并不是衡量描述充分性的尺度。对于背景材料、技术材料及不太重要的描述信息，则应当通过参考文献的方式将其附加、总结或合并到受影响的环境描述中。对于这类资料应当进行简要总结，并解释说明它们与环境影响的相关性。同时，在许可的环境影响报告初稿评审期内，文档本身必须能够供潜在利益相关人员进行检查。此外，还有一些材料一般也通过参考文献的形式并入这一部分（并且可作为项目文件的一部分供相关人员使用），包括其他《国家环境政策法》文件、常见动植物名单、历史资源研究、空气质量和水质的详细数据和标准、独立的科学研究、人口和社会经济数据汇总以及出版作品。

参考资料：《美国国家公园管理局第 12 号局长令手册》（2.8.A 节和 4.5.F 节）

10.3 环境后果

制定管理总体规划 / 环境影响报告等大型概念性规划时，影响分析中的信息可以而且也不应该像实施计划一样详细。同时，鉴于规划的概念性本质，在大多数管理总体规划 / 环境影响报告中很难开展关注可量化指标（受干扰土地的面积或是受影响的考古场址的数量）的传统影响分析。本章概述了《国家环境政策法》分析的基础知识，然后探讨了一些推荐的管理总体规划层面的分析方法，并提供了几个实际案例。

10.3.1 影响分析的要素

影响分析要求整合三方面内容：现有环境信息、项目和备选方案描述以及资源影响相关说明文献。优秀的影响分析应当简洁清晰、切中要害的；侧重于实际的环境问题；使用精确的科学分析方法。影响分析中必须阐述对所关注的资源产生的直接、间接和累积影响，包括这些影响的背景和强度。

下文简要概述了撰写影响分析时的一些关键考虑事项。关于影响分析的更多综合指导，可参考以下白宫环境质量委员会文件：《执行〈国家环境政策法〉程序性条款的相关条例》（《美国联邦法规》第 40 编第 1500 - 1508 条）、《白宫环境质量委员会的〈国家环境政策法〉条例相关的 40 个最常见问题》”（白宫环境质量委员会 1980），以及《美国国家公园管理局第 12 号局长令手册》。

◆ 直接影响：由备选方案引起的、与行为发生在同一时间、同一地点的影响。

◆ 间接影响：由备选方案引起的、发生在行为之后或空间上离行动较远的影响，但也是可以合理预见的。

◆ 累积影响：某项行为加上过去、现在、或可合理预见的未来中的其他行为时，所有这些行为对环境产生的叠加影响，而不论什么机构（联邦机构或非联邦机构）或个人采取的这类行为。一段时间内发生的行为单独来看比较微小，但集合到一起后就比较显著，这样也会构成累积影响。

◆ 背景：必须从若干不同的角度来分析某项行动的特殊显著性，例如整个社会（人文和自然）、受影响的地区、受影响的利益集团和行动发生地。行动的特殊显著性因其所处的环境而异。例如，对于一项特定地点的行动，其特殊显著性通常取决于在当地产生的效果，而不是对世界这个整体产生的影响。而且，短期效应和长期效应都是相关的（《美国联邦法规》第 40 编第 1508.27 条）。

◆ 强度：强度指的是影响的严

重性（《美国联邦法规》第40 编第1508.27条）。用来定义影响强度的要素有：大小（影响的相对规模或数量）、地理范围（影响的波及面可能有多广）、持续时间（影响将持续多久）和发生频率（影响是一次性的、间歇性的还是不断持续的）。描述大小和持续时间时可能会使用一个范围概念而不是一个具体的数字，因为这样能够更好地体现对影响的了解和认识，而且如果将来出于其他考虑而必须调整某项行为时，范围式的描述也能够预留一定的灵活空间。

◆ 性质：一项影响可能是有害的，也可能是有益的。

影响临界值的定义

影响临界值（也称作影响强度界定）是用来描述影响的等级、持续时间、地理范围和发生频率等。这一定义可以帮助读者理解规划团队是如何测量环境影响的背景及强度的（可以忽略的影响、轻微影响、中等影响或重大影响）。条件可能的情况下，影响临界值的界定方式也应当是定量的（例如，在界定水质的影响临界值时可以使用数字标准）；除此之外，由于备选方案和影响的概念性本质，因此也可以采用定性的方式表述定义，或采用最好的专业判断来定义临界值。根据分析的资源类型、资源的条件以及该资源问题（调查过程中确定的）所具备的重要程度，影响临界值的定义也各不相同。

界定影响临界值时可遵循以下指导：

◆ 临界值的定义应当足够具体明确，不会在若干影响主题之间互换使用。定义应当包含资源或价值特定因素（例如，在分析野生动物影响时在个体与群体比方面的损失）。

◆ 确保定义讨论的因素在分析中可以进行测量（例如，分析过程中几乎不可能测量对遗传变异性产生的影响，因此影响临界值的定义中不会包括遗传变异性这一因素）。

◆ 确保各定义没有相互重叠。测试各种影响情况，确保它们符合同一个影响层面定义。

◆ 在界定时使用并行的语言。例如，如果你用轻微影响的定义来探讨湿地的功能，那么你同样需要通过探讨湿地的功能来说明可忽略的影响、中度影响和重大影响。

◆ 在定义强度临界值时应避免混入表示持续性时间（短期或长期）的相关参数——时间不应当属于影响强度定义。

◆ 临界值的定义应当既考虑到不利影响，也要考略到有利影响。

在有些情况下，如果法律中有关于影响临界值的具体指导，例如《濒危物种法案》的第7条以及《国家历史保护法》的第106条，则使用法律中规定的内容。例如，在探讨濒危物种的影响临界值时，其影响临界值中可以出现“无影响”、“不可能产生有害影响”以及“有可能产生有害影响”等术语。对于文化资源，其影响临界值的定义应当与《美国联邦法规》第36编第800.5条中关于确定不利影响的相关规定保持一致，同时还要对该定义进行量体裁衣，以适合公园的具体文化资源（可参阅“10.3.6 管理总体规划与《国家历史保护法》第106条”）。

应当注意的是，关于自然或文化资源的影响主题，管理总体规划/《国家环境政策法》文件中并没有一致的、标准的影响临界值定义；不同的管理总体规划（管理总体规划）会采用不同的定义。附录I.1中包含了关于自然资源影响临界值定义的两个实例，分别是从2009年《大柏树国家保护区管理总体规划/环境影响报告》和2006年《大沙丘国家保护区管理总体规划/EIS》中摘取的。。关于影响临界值界定的其他信息可参考《美国国家公园管理局第12号局长令手册》（第4.5.G节）。

关于文化资源的影响临界值，附录I.1中则给出了由文化资源项目提供的标准化语言。在评估管理总体规划/环境评估书或环境影响报告中的环境后果所在章节中的文化资源所受到的影响时，附录I.1中推荐的这种语言可以用来当作编写方法部分文本的基础。这个标准语言是通用的；为了提高其实用性，使用时应当根据具体情况进行相应调整。

关于在运用文化资源影响强度中所遇问题的更多论述可参阅网站http://planning.nps.gov/tools.cfm。

因果关系

调查过程中明确的《国家环境政策法》问题重点关注影响分析，因而问题阐述报告中要描述行为和资源之间的因果关系。问题阐述报告是描述行为和资源之间的关系，而影响分析则是从环境和强度（影响的大小、范围、持续时间和发生频率）两个方面来评估这种关系。

在描述影响时，因果关系链要清楚明了：某项行为导致了一些事情的发生，以背景、性质、大小、范围、持续的时间和发生的频率等定义方式对资源或价值造成了影响。下面的例子说明了原因和后果之间的因果关系链：

表 10.2：影响分析示例

影响主题分析示例（海鸟栖息地）	
背景和方法	一项研究（博朗，1978 年）表明，反复遭遇机动船舶容易引发一些换羽鸟类迁移，或容易扰乱它们的筑巢行为，导致这些鸟类都迁徙到偏远的湖泊以寻求庇护。机动船舶将成鸟赶离了巢穴，降低了卵孵化成功率，也降低了雏鸟养育成功率，并且增加了雏鸟被捕食的几率。这种干扰也会对成鸟造成严重的生理影响，给它们带来更大的生存压力，使它们不断消耗几乎已经枯竭的能量储备。在反复受到干扰之后，换羽海鸟和水禽就倾向于放弃原来的生存地点。因此，对筑巢鸟类或换羽鸟类的任何干扰都被认为是重大影响。
影响分析	
导致一些事情发生的行为	在备选方案 A 中，尔兹利岛、亚当斯湾和斯基德莫尔湾的所有海鸟或水禽敏感栖息地内禁止使用机动船舶。
发生的事情	禁止使用机动船舶确保海鸟和水禽能够在这片栖息地上换羽、筑巢与觅食，不受机动船舶和相关岸上人类活动的干扰。
从影响的性质、背景、强度和持续时间等方面评估到的、对资源产生的影响	这一行为将对这些物种产生重大且有利的影响。在划定的所有栖息地中，现有的种群和数量将长期得到保持。这一点特别重要，因为公园提供的是该地区内最后一个大面积的、未受人类行为干扰的海鸟和水禽栖息地。

缓解措施

缓解措施是指通过设定限制、提出要求或条件的方式，来减轻或消除提议的某项行为将对环境、社会经济或其他资源价值造成的可预见的影响。白宫环境质量委员会条例在《美国联邦法规》第 40 编第 1508.20 条中将缓解措施定义为：

◆ 通过不实施某项行为或者实施部分行为来避免完全影响。

◆ 通过限制某项行为及其实施的程度和范围来使某种影响最小化。

◆ 通过修复或恢复一个受影响的环境来修正影响。

◆ 在行为的实施期和有效期内开展保护和维护工作，减轻或消除影响。

◆ 通过更换或提供替代资源或环境来抵消影响。

管理总体规划/环境影响报告或环境评估书中必须有缓解措施，并对其进行分析，“即使是那些单独看来并不重大的影响。”“所有相关的、合理的并能够改进项目的缓解措施都应予以明确”，即使它们超出了美国国家公园管理局的管辖范围。这些措施通常排在备选方案所在章节的最后，以便基于缓解措施备选方案来评估影响。换句话说，在分析环境影响时假设会执行提出的所有缓解措施。影响分析还应当考查缓解措施的有效性。

一些缓解措施可能是专门针对某个备选方案的，而其余的缓解措施则可能适用于所有的行动备选方案。管理总体规划中经常采用的一些缓解措施可参见附录I.3。

在环境影响报告或环境评估书中明确缓解措施时，应当记住一条重要提示：决策记录和无重大影响的调查结果都必须明确将配合所选方案一同实施的缓解措施。从某种角度来看，决策记录和无重大影响的调查结果都是与公众签订的“合同”，承诺相关机构将实施这些缓解措施并且会检测实施结果。因而，机构在作出这一承诺时需要充分考虑预算规划。换句话说，如果公园员工将执行某项缓解措施，那么规划团队就应当只包括这项缓解措施。如果确定了一项缓解措施但却没有执行，那么环境分析的合法性将受到质疑，并且会使管理总体规划面临法律诉讼的危险。

累积影响

累积影响分析的焦点在于过去、现在和可合理预见的未来采取的、超出了计划范围外的行动所产生的影响。为了更好地理解如何确定累积影响，可以思考这样一个公式：x+y=z。在累积影响分析中，x是所提议的行动单独对资源造成的影响；y是过去、现在和可合理预见未来中采取的措施对资源造成的影响；而z是将所有这些影响合并之后的得到的总影响（或累积影响）。

分析累积影响时应当包含以下要素：

◆ 描述可能会影响环境的、过去、现在和可合理预见未来中所采取的其他行动（即不在规划或项目范围内的其他行动）——这包括管理总体规划范围外的美国国家公园管理局的管理措施，例如濒危物种的再引进，或者是对道路的持续性保养。

◆ 过去、现在和可合理预见的未来中采取的行动对资源造成的影响——这种影响应当尽可能量化，并从整体强度方面解释这种影响。

◆ 总结行动备选方案单独可能对资源造成的影响

◆ 描述资源受到的累积影响——过去、现在和可合理预见未来中采取的措施所造成的影响，加上行动备选方案造成的影响之后得到的总影响的整体强度。有必要阐述行动备选方案在整体累积影响强度中所占的比重。很多情况下，行动备选方案添加到已有资源影响上的叠加影响（有利影响或负面影响）是非常小的；也就是说，行动备选方案在导致整体有益或有害的累积影响中所起的作用是非常小的。

通常，涉及多项措施时就很难确定累积影响；特别是当某种资源的有利或负面影响可变时。在这些情况下，确定累积影响的过程就变成了一种主观判断，需要某些明确声明的假设来支撑。

表 10.3：累积影响示例

累积影响	公园过去的行为导致海鸟和水禽的筑巢栖息地的割裂现象极其严重。当地社区的开发计划要求加大对沙滩娱乐活动方面的开发，而这会进一步加剧本地区海鸟和水禽栖息地的丧失。过去的行为和将来计划开展的开发活动对水禽筑巢栖息地产生的主要负面影响，加上禁止在公园内使用机动船舶所产生的主要有利影响，将得出一个总体较小的、有害的、长期的累积影响。

在管理总体规划中分析累积影响时，规划团队应当制定一份累积影响方案，放置在影响后果所在章节的开头。方案中应当明确分析中考虑了过去、现在和可合理预见的未来中采取的哪些措施。同时，方案还需要区分独立于管理总体规划之外的、正在实施（或将要实施的）的美国国家公园管理局的行动（例如，一项获批的道路保养项目），和那些本应不属于美国国家公园管理局的行动，不论该行动发生在公园范围以内还是以外（例如，政府机构、临近的土地所有者或商家采取的措施、开展的项目或规划）。

附录 I.2 中给出了分析累积影响时的其他一般考虑事项，并提供了一个范例，即《大沙丘公园的管理总体规划 / 荒野研究 / 环境影响报告初稿》

的累积影响方案和优选方案的影响主体分析。

气候变化考虑事项

在分析管理总体规划中提出的各备选方案可能产生的影响时，规划团队需要考虑其对气候变化将造成的影响。管理总体规划/《国家环境政策法》文件中考虑气候变化问题时，需要说明两个关键问题：

1. 与备选方案有关的温室气体排放量显示管理总体规划备选方案在气候变化中起了什么作用？

2. 气候变化会对公园资源和游客产生什么影响，尤其是对那些会受管理总体规划备选方案影响的资源和游客？

就问题1而言，大多数管理总体规划备选方案对气候变化的作用可能是忽略不计的，而且《国家环境政策法》文件中可以排除这种可能性。但为了支持这一观点，规划团队还需要粗略估算由备选方案而产生的温室气体排放量。对于位于西太平洋区的国家公园，按规定管理总体规划团队需要使用公园气候变化应对领导系统的手段来估算温室气体排放量，从而为比较各潜在备选方案与各备选方案对碳排放量的相对影响提供一个基准（可参见2009年7月17日公布的《西太平洋区气候变化展望》；更多关于公园气候变化应对领导系统手段的信息，请查询相关网站.）

规划团队在解决管理总体规划/《国家环境政策法》文件中的气候变化问题时，还应当参考华盛顿地区办事处环境质量部于2009年2月颁发的暂行指导草案。指导草案中概述了在考虑贯穿《国家环境政策法》流程的气候变化问题时的一些步骤建议。然而，应当强调的是该指导手册只是个初稿，还会对其进行调整和更改。规划团队在分析管理总体规划/《国家环境政策法》文件中的气候变化问题时，如果有任何疑问，应当与地区环境协调员和华盛顿地区办事处环境质量部进行协商。

确定损害

1916年颁布的《美国国家公园管理局组织法》规定，公园管理局：

“应当推进并管理对下文详细说明的国家公园、遗迹和保留地等联邦土地的使用活动……，采用的管理方式应当确保这些联邦地区不受损耗，以供子孙后代享用。”

除了避免损害这些地区外，美国国家公园管理局的管理者还必须寻求方法，尽最大可能地避免或减轻对公园资源和价值所产生的不利影响。然而，相关法律也赋予美国国家公园管理局管理者一定的自由裁量权，即在需要实现公园目的时，允许对公园的资源和价值造成一定的影响，只要所产生的影响不会进一步损害波及的资源和价值即可。

美国国家公园管理局《美国国家公园管理政策》（最新版）规定公园管理人负责判定损害，并指出根据公园管理者的专业判断，如果某项措施“将危害公园资源或价值的完整性，包括这些资源或价值本来能够提供的享用机会”，那么就应当认定该措施对公园构成了损害。这个政策还进一步指出（第 1.4.5 节），判断一项措施产生的影响是否符合这一标准（即会危害公园资源或价值的完整性）取决于以下因素：

◆ 将会影响到的特定资源和价值；

◆ 影响的严重程度、持续时间和发生时间；

◆ 影响的直接和间接效应；

◆ 正在讨论中的影响以及现有的其他影响所共同形成的累积效应。

某种影响产生的损害很容易达到一定程度，即其影响的资源或价值的保护工作满足下列一个或多个标准：

◆ 是实现公园创建法或声明中提出的特定目的所必需的；

◆ 对于公园的自然或文化完整性、或对公园游玩娱乐机会来说至关重要；

◆ 公园管理总体规划文件或其他相关美国国家公园管理局规划文件中强调了其重要特殊显著性。

如果某种影响是为了保护和维持公园资源或价值完整性而必须采取一定措施时所产生的后果，而且不可避免，那么这种影响构成损害的可能性就会比较小。

损害可能是由游客活动、管理公园过程中美国国家公园管理局的活动、特许经营商和承包商及公园内部其他运营商所采取的行动、或者公园外部行动所造成的。行动和无行动都可能会引起损害。做损害决定时同样需要在相关背景下进行考虑，这意味着要在公园的建立目的和未来期望状况等综合背景下思考行动本身；此外还应当考虑公园的现有条件、公园内部和外部活动的相对影响、以及提议实施的或正在实施的措施的潜在影响将产生什么累积效应。

按可忽略的、较小的、中等的或较大的四个层次对影响进行界定，这种做法为评估影响是否可能会损害公园资源或价值提供了基础。国家环境政策法分析中的所有主要的或重大的影响并不都构成损害；但对美国国家公园管理局的资源和价值造成的所有损害在国家环境政策法中都是主要或重大影响。如果一项影响最终会对资源或价值造成损害，那么就必须调整相关措施来减轻影响的程度。如果对所提议措施进行调整仍然不能够避免对公园产生损害，那么就不能执行该措施，并且要排除对其进行进一步考虑。

《美国国家公园管理局第12号局长令手册》要求，公园规划文件中应当在《国家环境政策法》文件的环境后果所在章节中介绍损害研究得出的结论。在讨论备选方案影响下的每项环境资源所受损害时，最后都要有一个简要结论，总结所有的重大发现，包括是否有可能损害资源。《国家环境政策法》相关文件中还应当包括做出损害结论的依据。除此以外，每个备选方案都要有一个整体损害结论。

《自然资源影响与损害评估暂行技术指导》（美国国家公园管理局2003b）中提供了关于损害背景、方法、工具、适用法律和规定、影响及损害范例等方面的大量细节。同时，针对生物资源、水域、空气资源、光照景观、声音景观、地质资源和生态系统，文件中也有具体信息。网站上发布有损害暂行指导；美国国家公园管理局官网上也有一些关于损害的信息以供参考。

管理总体规划备选方案中不能够存在任何将会或可能会对公园资源或价值构成损害的行动。规划团队通常需要声明产生的任意影响都不会达到损害公园资源和价值的程度。然而，潜在损害的问题可能并不总是很明确，可能会因具体情况而异。建议在遇到这方面问题时，与地区环境协调员和（或）华盛顿地区办事处环境质量部进行协商。

不可接受的影响

发生损害的影响临界值并不总是显而易见的，因此美国国家公园管理局《美国国家公园管理政策》（最新版）（第1.4.7.1条，下文简称《政策》）提出了一个方法，帮助确保不会发生损害。《政策》的这部分内容提供了关于不可接受影响的相关指导：

“这些影响并不足以构成损害，但对于某个特定的公园环境而言却仍然不可接受。公园管理者必须杜绝可能会造成不可接受影响的使用方式和行为；他们必须评估现有的或所提议的使用方式，并判断这些使用方式对公园资源和价值造成的相关影响是否可以接受。

几乎公园中发生的每种形式的人类活动都对会公园的资源或价值产生一定程度的影响，但这并不意味着这些影响是不可接受的，也不表示必须禁止某种特定的使用方式或活动。因而，对于这些政策的目的来说，不可接受的影响（单项影响或累积影响）具有以下特征：

◆ 与公园的目的或价值不一致。

◆ 阻碍实现公园规划过程中明确的在自然或文化资源方面期望的未来条件。

◆ 会对公园游客或员工造成不安

全或不健康的环境，或者会减少当代或后代享受、了解公园资源或价值，以及从中获得启发的机会。

◆ 无理干涉

• 公园的项目与活动；

• 某种合理的使用方式；

• 和平安宁的氛围、荒野中的自然声音景观、以及公园内的自然、历史或纪念场所；

• 美国国家公园管理局特许经营商或承包商的运营活动或服务”。

下图说明了合理的使用方式、不

图 10.1：资源保护管理

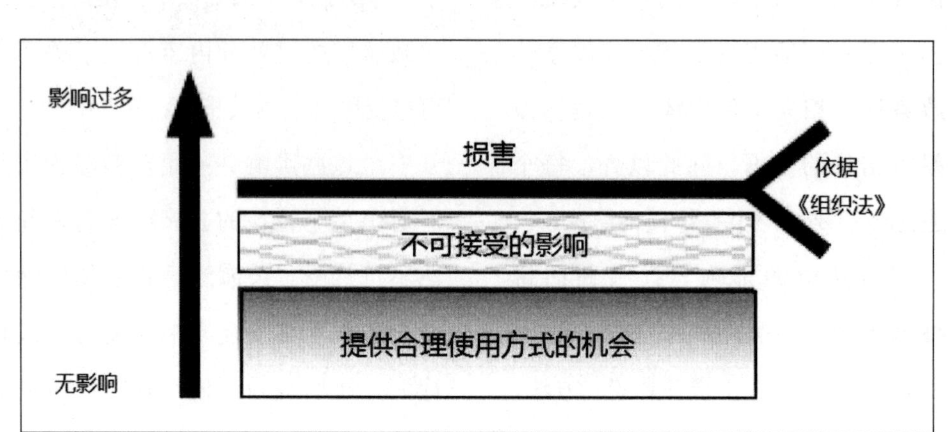

结论

在对每个资源影响话题的所受影响进行讨论，最后都需要有一个简短的结论来总结对资源造成的影响和累积影响（例如，“在夏季，备选方案会对大白羊产生局部的、短期的及中等程度的影响，加上其他正在进行的或计划进行的活动所产生的影响后，则将会产生地区性的、短期的、中等程度的影响”）。总结中还应该声明备选方案是否会损害公园资源和价值，并且分析中应当有相关证据来支持这个声明；尽管结论中会解释说明影响，但不应提出分析中没有的新信息。

表 10.4：结论声明示例

总结	此备选方案会对地区内的海鸟和水禽敏感栖息地产生长期的、重大的有利影响。尽管栖息地受到的地区负面影响会部分抵消这种有利影响，但抵消后得到的净效应是，该地区海鸟和水禽的敏感栖息地数量有所增加，并且提供的是该地区唯一的、延绵不断的此类栖息地。这一备选方案不会对海鸟或水禽的栖息地产生损害。

可接受影响与损害之间的关系。

10.3.2 科学的数据与其他信息

《托马斯法案》要求所有的公园管理决策，包括所有管理总体规划或环境影响报告中的决策，都应当利用科学研究中的相关数据。

“美国美国内政部部长应当将这些方法看作是为确保在公园管理决策过程中充分并恰当地使用科学研究成果而采取的必要措施。当公园管理局采取的某项措施可能会对公园资源造成显著的负面影响时，管理记录中都要反映思考单项资源研究时所使用的方式。”

《托马斯法案》，标题II，第206条（PL105-391）

这不仅仅是法律要求，这也是良好规划所应当具备的。分析人员应当努力在科学技术信息与相关机构最终所采取的措施之间建立一种合理的联系。

理想情况下，管理总体规划或环境影响报告中的影响分析部分所使用的数据应当是专门针对某一特定公园的，但这并不总是可能实现的。因此，就必须依靠并利用从相似区域或相似情形研究中得到的数据来进行分析。文献调查中有与管理总体规划或环境影响报告分析相关的研究成果列表；附录L有关于支撑多种规划（包括管理总体规划在内）的数据类型的全面概述，以及潜在的数据来源。

还有一种情况是，数据可能只适用于公园的某些区域，却不能供整个公园参考使用。在这种情况下，分析人员应当基于现有的科学研究，解释并说明已知公园特定区域内某项措施的哪些影响，然后再对公园的整体情形进行推断。例如，如果有研究表明，胜利国家公园秘密山谷中的驼鹿群受远足者的活动影响而被迫离开原栖息地，那么为了进行分析的目的，研究人员就可以据此假设，在公园中有类似植被或地形、或者远足者的使用水平与秘密山谷相类似的其他山谷中，远足者也同样会使驼鹿群背井离乡。

研究人员应当与公园的资源及文化资源管理人员相互协调，将清查与检测结果进行合并融合，确保在哪里收集到并分析了有用的、可信的数据，就将这些数据用于规划和影响分析中。即使分析影响所必需的信息不完整或不可用，或者获取相关信息的成本过高，但白宫环境质量委员会仍然要求相关机构尽一切努力，并按照下述步骤开展研究工作（《美国联邦法规》第40编第1502.22条）：

◆ 说明这些信息不完整或不可用；

◆ 说明这些信息与评估对人类环境造成的、合理且可预见的、显著的负面影响的相关性；

◆ 总结与评估这些影响相关的、

现有的可靠科学证据；

◆ 根据科学界普遍接受的理论方法或研究方法来评估这些影响。

“现有的可靠科学证据”可以包括在监测过去行为造成的结果过程中获得的数据。例如，如果公园中的某些特定区域过去曾经对游客关闭（出于游客安全或资源保护的目的），那么对这片区域情况的监测发现则可以用来支持分析管理总体规划或环境影响报告（管理总体规划／环境影响报告）中提出的、相类似的关闭措施所可能产生的影响。即使之前没有组织过正式监测，也可以从公园员工那里得到关于当前关闭措施产生的效果的非正式信息。

管理总体规划／环境影响报告或环境评估书中资源分析部分的作者应当是主题领域的专家。如果不能就所有相关话题配备相应的专家，那么分析人员应当与公园、地区和主题专家进行一对一的交流，讨论并决定重要的影响问题和其他分析信息。对于特别复杂或可能很显著的影响，则应当预留一定时间，邀请业内权威科学家和对相关资源问题十分了解的其他人士，对影响分析进行同行评审。相关专家应当有足够的机会来审查分析文本并提出意见。

注意管理总体规划／环境影响报告中的文献目录部分要标明引用数据的来源以及相关的参考书目，即使有些数据来源于公园员工或其他人的轶事观察，这一点很重要。

10.3.3 为进行分析而提出假设

清楚地描述确定影响时所使用的主要假设条件是十分重要的。

“假设应当清楚明了，解释不一致之处，公开使用的方法，推翻相矛盾的证据，记录引用要有坚实的基础和根据，要消除臆测，并且要以可用来“司法解释”的方式来呈现结论。”

杜邦公司 v. 火车，430 美国 112（1977）。

假设应当清楚明确，包括游客统计方面发生的变化、各种游客活动的发展趋势、科技方面的预期变化（例如，四冲程造雪机将替代二冲程造雪机）、全球变暖导致的潜在的气候变化和生态系统变化等。

对于美国国家公园管理局制定的管理总体规划而言，一个重要的假设是将会实现或维持每个管理分区明确的期望状况以及相关指标和标准。当现有条件不符合期望状况或标准时，则进一步假设管理人员将采取行动进行补救。

项目性的管理总体规划分析中必须有关于每项资源分析中对地理和时间界限上的假设。这些问题在“10.2 受影响的环境”章节中进行了说明。

评估可能会产生重大环境影响（例

如，燃料泄漏）等措施的发生风险时同样涉及制定假设。通常无法精确说明这类型事件发生的可能性，因此必须建立在专家的假设之上；而且应当在分析的方法论部分对这些假设予以明确。

在规划团队开始撰写影响分析这一章节时，规划团队最好罗列出每个成员应使用的主要假设——例如，游客使用或是某种特定类型的游客活动正在增加还是减少。

2005年《迪纳利郊野公园管理规划或环境影响报告中提供了一个范例，是关于在确定影响分析时所使用的假设（项目存档可查阅网站：http://parkplanning.nps.gov/parkHome.cfm?parkId=9）。

10.3.4 影响分析的手段与方法

白宫环境质量委员会的“《关于执行〈国家环境政策法〉相关程序条款的规定》”中指出：

“相关机构应当明确所使用的方法，并以脚注形式列出申明结论所依据的科学来源和与其他信息来源。”

——“方法与科学的精确性”（《美国联邦法规》第40编第1502.24条）

白宫环境质量委员会指导手册，即《在〈国家环境政策法〉框架下考虑累积影响问题》中提供了一些分析累积影响的方法。虽然该手册着重分析累积影响，但其中很多方法也可以用于管理总体规划备选方案中分析个别的直接和间接影响。下文介绍了与管理总体规划/环境影响报告或环境评估书中的直接和间接影响分析关联度较高的一些方法：

规划团队执行的分析层级和类型取决于公园、重要事项与影响话题、争议的程度、以及规划团队可用的时间、资金和专业知识。管理总体规划团队经常使用的分析方法有与公园员工和其他专家进行讨论、进行文献调查和开展地理信息系统分析。下文中罗列了一些其他方法，以往管理总体规划中可能不经常使用，或者完全没有使用过；但是，这些方法仍然可以为我们提供有用信息。关于这些方法的更多资料和多个机构对这些方法的使用实例可参见白宫环境质量委员会指导手册中的附录A。

应当在规划过程的早期开发分析方法并进行测试，因为这些方法所提供的信息可能需要用来制定和修正备选方案，并预测相关影响（可参见“7.1 制定备选方案之前所需的信息与分析”）。

问题、面谈与专家组

专家和其他相关团体之间进行简单的头脑风暴，可以成为明确潜在影响的一个较为高效的方法。搜集信息的途径则可以扩展到与关键的决策人物、本土居民和技术专家进行结构化面谈。

信息搜集过程和战略制定过程有一个共同特点，即都需要一个跨学科的专家组来出谋划策。这类专家组可以就某些主观的判断达成一致，并且在设计评估方法、评估影响的严重性以及比较各备选方案等工作中都会做出突出贡献。德尔斐方法、模糊集合模型和专家组都属于这大类。

覆盖测绘和地理信息系统

覆盖测绘和地理信息系统技术可将地理位置信息融入影响分析中。简单的测绘所描述的是自然和文化资源、生态系统、文化景观和人文社区的空间信息，并帮助规划人员设定分析界限。可以对资源数据中的任何数字和分区图层进行覆盖，以确定哪些资源可能会受到备选方案中某项措施的影响。覆盖测绘能够识别出受影响最大的区域，并通过此途径来对影响进行直接评估。测绘和地理信息系统技术还可以用来解决其他方法比较难以应付的问题（如果不是根本无法解决的问题），例如景观连通性问题。规划人员可以使用地理信息系统技术来确定管理分区内的区域面积和（或）总体行动所影响的地域面积（例如，某备选方案中提议划定的荒野区域面积，或者是向公众开放、关闭或有限制开放的区域面积）。

一般的地图覆盖方法是将体现不同景观特点的各种主题地图加以整合，依据开发的适宜程度（“机遇”）或被破坏的风险（“限制”）来对区域或资源进行评级。在没有更加精细的定量化“原因－结果”模型时，可以使用适宜性评级来表示资源、生态系统和人文社区的反应。覆盖测绘的相关实例可参见一些公园的管理总体规划（管理总体规划），如宰恩国家公园、奥林匹克国家公园、霍文威普国家纪念地、艾伯涵·林肯诞生地国家历史遗址和科罗拉多国家纪念地。

趋势分析

趋势分析评估的是资源、生态系统以及人文社区一段时间之内的状态，最终常常会形成过去或未来状况的图形投影，也可以确定随着时间的推移重大影响在应力的出现频率或强度上发生的变化。

趋势分析能够揭示应力（行动）与资源或生态系统之间的历史因果关系。只要环境条件相似，就可以使用普通的因果关系来预测未来影响。历史趋势还可以揭露影响变得显著、或发生质变时的临界点。

资源或生态系统条件的变化可以用简单或复杂的形式来体现，简单的趋势分析可能是根据年度调查所绘制的一张显示动物数量减少的折线图。但展现栖息地模式的变化则可能需要一系列图表、或者一张三维图，其中纵轴表示变化值。视频模拟技术可以用来展现地理或美学资源的复杂变化。在整个美国，从航拍图片和卫星图像中获得的时间序列信息正越来越多地用于趋势分析。

建模

建模是量化引起环境影响的因果关系的一项强大技术。开发一个针对具体项目的模型需要投入大量的资源和时间，因此影响分析通常使用现有的模型，或是对其进行改造后再使用；同时，由于缺乏基准数据或项目特定数据，这也会限制建模这种复杂方法的使用效果。尽管如此，建模这种方法在分析影响方面前途一片光明。一般情况下，使用模型时需要相关机构出资来：（1）开发一个既定模型或技术；（2）获取现有模型中可用的基准数据。一些影响的建模方式已经常规化，相关例子有：

- 水文机制模型；
- 土壤侵蚀模型；
- 泥沙输移模型；
- 物种栖息地模型；
- 区域经济模型；
- 游客使用模拟模型。

容易证明的、且科学界普遍认可的模型构成了《国家环境政策法》框架下的大部分实践工作的基础，而更加精细化的模型则适用于一事一议的情况。为了使相关阅读者理解模型，必须首先明确模型背后的基础假设。

管理总体规划中可以使用模型来分析划分管理区域和其他管理总体规划措施所产生的影响。为了做到这一点，公园应当建立一个包括游客使用模式相关的已知信息和假设信息的模型，然后利用这一模型来预测基于备选方案的分区和相关措施，游客使用情况将发生的变化。

地理信息系统和建模

利用地理信息系统技术可以建立模型来预测并量化某些资源所受的影响，例如植被、野生动物栖息地和文化资源。通常，在判定所提议措施的环境后果时，使用“如果……就会……”这类的模型就会非常有用。而使用地理信息系统技术不仅可以划定潜在受影响区域的范围，还可以计算出相应的面积。下面是一个假设的例子，提议将露营场地设置在划定的荒野区域和另一片拥有两项敏感资源的区域中，此种情况下就不得不仔细分析这项开发措施将对环境产生的影响，或者不得不考虑选择其他地方。

图 10.2：使用地理信息系统模拟影响的示例

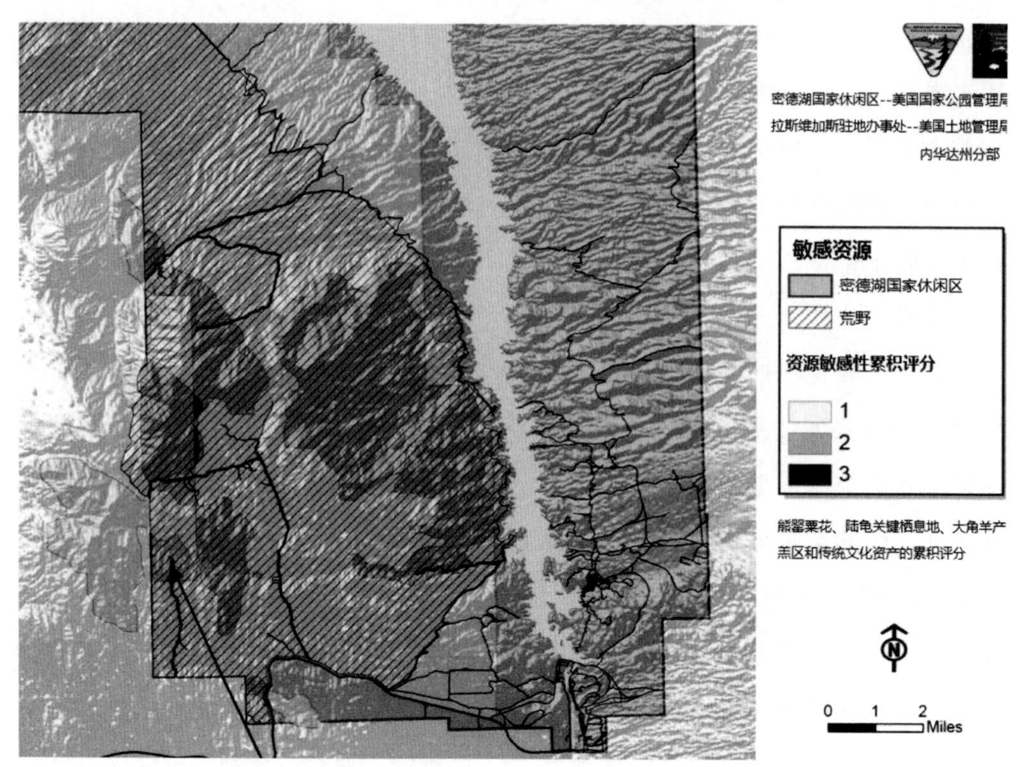

地理信息系统可以用来创建视域并进行视域影响分析。这项技术可以展现在某一特定观测点，沿着步行道等一条特殊的线路，或者是沿着两点之间的连线，朝不同方向所看到的全部景象。

表 10.5 中列举了一些可以用来分析某项具体开发措施或某个备选方案的其他模型。

表 10.5：地理信息系统影响分析模型示例

分析	可能需要输入的信息
标明对敏感物种适宜栖息地的潜在影响	栖息地轮廓
标明预期的游客流通模式和潜在的拥堵点	公路、步行道、吸引人的景区、某区域的入口和出口
开发行为对资源的影响	土壤、斜坡、漫滩、敏感资源

说明所提议的开发措施对视域产生的影响	数字评估模型、观测点数据

生态系统分析

生态系统或水域环境分析方法可以体现公园资源和价值的内在关联性。生态系统的设计原则有三个基本概念：（1）绘制生态系统的“宏观图纸”或是景观层面的视图；（2）使用多套指标，包括社区层面和生态系统层面的指数；（3）指明维护生态系统功能所需的各生态组成部分之间的各种互动。

构建精细的生态系统结构及功能模型通常超出了国家环保局工作人员的能力范围。然而，通过把视角从“物种”拓展到“生态系统”的范畴，以及观察栖息地的割裂情况、水流运动、充足的栖息地或栖息地的分布密度、栖息地所占比重、小片土地的面积、“周长－面积”比、边数等景观尺度过程，当前在运用生态系统分析原则分析影响方面已经取得了显著进步。

社会影响分析

社会影响分析处理的是从各类受影响群体的不同角度来看待变化所暗示的社会特殊显著性。评估某项变化的社会特殊显著性时一种方法是通过正式或非正式途径对受影响团体（例如北美印第安部落或其他与该区域有某种文化联系的群体）的意见领袖旁敲侧击并获取信息，以此来确定他们对每项变化设定的价值。人种学家在开展社会影响分析中可以发挥很大作用。

10.3.5 可持续性、长期管理与影响分析

管理总体规划／环境影响报告中还应当考虑排除未来选择将会产生的长期影响和效应，因为这些是国会提出的《国家环境政策法》（第101【b】条）和《美国国家公园管理局组织法》意欲实现的目标。对于每个备选方案来说，其环境后果所在章节中都必须有一部分来关注下列讨论内容（注意：这些要求只适用于环境影响报告，而不适用于环境评估）。

环境的本地短期使用与维护并提高长期生产力之间的关系（《国家环境政策法》 102【c】【iv】）

这一部分探讨为了直接使用土地，是否存在对长期经营的可能性或者公园的资源生产力进行交易的情况。这种情况下采取行动并结合其他措施会不会对特定生态系统产生影响？即将采取的措施是否会影响后代——它是不是一项可长期执行的、不会引发环境问题的可持续行动？

不可逆转的与无法挽回的资源使用行为（《国家环境政策法》 102【c】【v】）

如果一项影响长期内无法改变或者是永久性的，那么这种影响就是不可逆转的。从另一个角度看，如果一种效应导致资源不能再生、不能恢复或复原到受干扰之前的状态，那么这种效应就是不可逆转的。例如，一项文化景观（建筑）修复提议中涉及毗邻筑巢鸟类栖息地的一栋建筑物，如果鸟类因此弃巢而去且再没返巢，那么这项影响对于鸟类来说就是不可逆转的。无法挽回的资源使用方式指的是失去了那些一旦消失就找不到替代物的资源。比起“不可逆转”，一些文化资源专家更偏向使用“无法挽回”这个词来描述文化资源所受影响。例如，如果公园决定避免对鸟类造成上述潜在的不可逆转的影响，那么该建筑物就将继续破损下去，这就意味着该建筑物的文化特殊显著性和完整性方面的损失就是无法挽回的（将来也无法重新获取或修复）。考虑影响属于哪一个“正确”类型并不重要，更重要的是完全彻底地向公众披露对公园资源造成的长期和永久性影响。

下面是关于不可逆转和无法挽回的资源使用方式的另外两个示例：

表 10.6：不可逆转及无法挽回的资源使用行为示例

美洲杉国家公园 / 金石峡谷的管理总体规划 / 环境影响报告
土壤和野生动物栖息地还将持续减少，特别是在集中使用和开发的区域。当地之前受影响区域内的不可再生性资源（如岩石等）还将在公园运营和建设项目中得到再次使用。 移除文化资源或放任其衰退都将造成不可逆转和无法挽回的影响。所作决定涉及移除或处理方法时，应当与国家历史保护官员协商确定，并且要充分记录所有的资源，将其作为一个缓解战略。 移除某些水电设施可能会对卡维亚 3 号水利发电系统相关的历史设施造成不可逆转和无法挽回的影响。
德赖托图格斯群岛国家公园管理总体规划 / 环境影响报告
虽然备选方案中提议的管理行动会进一步降低资源影响风险，但仍然可能会出现

对自然或文化资源造成不可逆转或无法挽回的影响的情况。例如，从遇难船只上移除手工艺品或者破坏相关的重要考古资源，这些都将危害该地点的潜在信息并导致不可逆转的资源影响。重要考古地所蕴含的独特数据一旦丢失或损毁，通常是无法复制或恢复的。
所提议的管理措施能够加强对资源的保护和维护，并有可能最大限度地降低发生不可逆转和无法挽回影响的可能性。
包括能源和原料在内的、数量有限的不可再生资源将用于建设项目和公园运营，而这些资源一旦使用就基本上无法挽回。

不可避免的有害影响（《国家环境政策法》 102【c】【ii】）

如果某项行动将造成的重大影响无法完全缓解或避免，那么就应这一部分就要描述此类影响。注意，此处要重点论述重大影响。

10.3.6 管理总体规划与《国家历史保护法》第106条

《国家历史保护法》第106条（《美国法典》第16卷第470条，参考如下）要求联邦机构在采取行动之前，充分考虑其行动可能对历史财产产生的影响。所谓“历史财产”，是指收录在国家历史古迹注册名录中的、或是符合相关收录条件的财产。在国家公园管理体系内，历史建筑物是一种文化资源，可分为考古学资源、史前或历史建筑、文化景观和人类学资源。

《历史财产保护法》（《美国联邦法规》第36编第800条）中发布的历史保护咨询委员会规章中概述了第106节规定的商议和评审程序。根据这些规定，第106条程序

“旨在项目规划前期，通过机构官员与其他在行为对历史财产的影响中有利益关系的团体之间进行商议，使历史保护关注事项与联邦工作需求相适应。商议的目的是要明确联邦工作可能影响到的历史财产，评估其效应并寻找方法来避免、最大限度地降低或者缓解对历史财产造成的任何不利影响。”

——《美国联邦法规》第36编第800.1[a]条

《国家历史保护法》第106条规则并不是要求保存历史财产，而是要求在权衡执行联邦行动的收益与成本时考虑这些历史财产所具有的历史或史前价值，以此来确定什么符合公众利益。第106条规则提及商议和评审过程的目的是，确保所有联邦行动都

充分考虑了历史保护问题；该规则的实践效果是鼓励相关机构寻求方法来避免或最大成都地降低对历史财产造成的损害。

第106条程序为相关机构、国家历史保护官员（州级历史保护专员）、部落历史保护官员（部落历史保护专员）、联邦认可的部落、夏威夷土著人、阿拉斯加土著人、其他政府机构、公众以及其他利害关系团体之间进行商议和讨论提供了一个“论坛”。不应当把商议和评审过程看作是规划方向寻求批准的一种方法，而应当看作是一种有助于制定并形成规划方向的机制。因为第106条程序致力于促进决策进程，因此美国国家公园管理局必须与机构外部拥有相关信息或存在利害关系的团体就其所提议的措施进行商议，而且还必须认识到历史建筑物对于当地社区以及整个国家的重要性。

由美国国家公园管理局、历史保护咨询委员会以及国家历史保护官员全国会议共同达成并签署的《2008年11月全国纲领性协议》，根据《国家历史保护法》第106条以及《美国联邦法规》第36编第800条的相关内容，为美国国家公园管理局制定了一套精简过程；明确了美国国家公园管理局员工的职责；阐述了与州级历史保护专员、部落历史保护专员、其他政府认可的部落、夏威夷土著机构、阿拉斯加土著人、其他政府机构、公众、以及其他个人或组织进行商议的流程；还说明了相关活动。规划团队应当参考《2008年11月全国纲领性协议》，确保管理总体规划工作中符合其相关适用条款。

根据《国家环境政策法》的相关规定，在明确其所提议的行动对人类环境（包括历史财产在内）可能造成的潜在影响中，联邦机构负有广泛责任。《国家历史保护法》第106条和《国家环境保护法》（及其相应实施规定，分别对应的是《美国联邦法规》第36编第800条和第40编第1500条）的协同落实要求将一些彼此独立但却互为补充的程序进行整合。整合这些程序值得认真考虑，从而使得影响评估工作既符合相关法律规定，同时又符合监管规定。

《国家历史保护法》第106条审议和《国家环境保护法》是两套独立的、不同的程序，但两套程序可以也应当同时出现，而且彼此互补协作以避免重复进行公众参与和其他工作。符合其中某个程序的要求并不意味着也符合另一个程序的要求。《美国联邦法规》第36编第800.8条中概述了整合《国家历史保护法》第106条的审议工作与《国家环境政策法》相关程序的要求。

管理总体规划团队在规划过程中应当尽早明确《国家历史保护法》第

106条规定的、其应承担的责任。规划团队应当合理计划机构和公众的参与活动，明确历史财产及其特殊显著性，并分析可能对历史建筑物造成的影响，及时并有效地实现上述两个法规的目标和要求。

在分析对历史财产可能产生的影响时，或是在与州级历史保护专员或部落历史保护专员以及相关印第安部落进行商议的过程中，如果认定某项措施对历史财产造成的影响是负面的，那么规划团队就应当在管理总体规划中提供避免、或者最大限度地减少或缓解这些影响的措施。这些缓解措施的约束性承诺必须收录在决议记录或无重大影响的调查结果中，以及《国家历史保护法》第106条要求签订的协议备忘录或者项目协议中。由于在尚未明确文化资源所受潜在影响、或者尚未确定合适的缓解措施的情况下，就不能签订决议记录或无重大影响的调查结果，因而在签订决议记录或无重大影响的调查结果之前，应当与州级历史保护专员或部落历史保护专员以及历史保护咨询委员会协商管理总体规划相关事宜。

整合《国家历史保护法》第106条与《国家环境保护法》相关要求的手段和方法建议

下文所列步骤是整合《国家历史保护法》第106条相关要求与《国家环境保护法》的一个有效方法，并且可以确保规划团队充分履行《国家历史保护法》第106条和《国家环境保护法》规定下的美国国家公园管理局应尽的义务。

手段	方法建议
在管理总体规划制定过程的开始阶段，向州级历史保护专员或部落历史保护专员索要关于公园内部历史财产的已知资料，并向州级历史保护专员、部落历史保护专员和历史保护咨询委员会征求历史财产保护方面的意见。	在每个管理总体规划的规划阶段，都应当尽早开展商议活动。而且，管理总体规划过程中至少要为州级历史保护专员或部落历史保护专员创造机会，使他们在问题分析阶段和制定初步备选方案的过程中，能够提供相关信息资料并提出关注的问题。实地考察可能是个不错的方法。

与印第安部落、当地政府机构和利益相关的公众进行商议。	规划团队应当特别留意与传统相关群体（他们的文化体系或生活方式与公园的资源与价值有着密切联系，并且他们在公园建立之前就已经居住在这片区域）进行协商。传统相关群体可能包括公园周边的近邻、传统居民、虽已迁居但仍与公园保持依附关系的原有居民。传统相关群体的示例有，美国本土48个州的北美印第安部落、阿拉斯加土著人、简·拉斐特国家历史公园与保留地中的非裔美国人、曼扎纳国家历史遗址上的亚裔美国人、以及塔斯卡罗拉国家历史遗址中的西班牙裔美国人。 商议可以交流思想和观念，而非单纯的信息交流。商议是一个向其他人征询意见、进行探讨并考虑意见的过程，并在可行的情况下就如何识别、思考和管理历史财产达成共识。因此，规划团队应当在规划过程的早期就启动商议程序。同时，商议活动中应包括多方的努力和投入，与对公园历史保护活动感兴趣或可能受公园历史保护活动影响的所有公众和私有实体保持持续沟通和交流。
确保最新信息可用于决策参考。	识别并认识历史财产是一个持续的过程。随着时间的推移，新的事件会发生，学者和公众对历史特殊显著性的看法也会发生改变，因此，即使在过去曾经对公园各种类型的历史财产展开过完整调查，但在调查完成多年以后，可能还需要重新考虑这些建筑物的史前或历史价值，也可能需要基于更新后的信息重新评估历史财产。
在管理总体规划过程中与州级历史保护专员或部落历史保护专员商议，确定是否有足够的可用信息来完成《国家历史保护法》第106条	一般情况下，与州级历史保护专员或部落历史保护专员商讨管理总体规划中的单项行动的最佳时间是在制定初步备选方案期间。根据是否有足够的信息来完成地106条规定的程序，或因资料不足，管理总体规划获批之后是否还需要进一步商议，可以对提议的行动进行分类。如果规划团队已经充分完成了历史财产的

规定的商议程序，以及是否需要其他咨询服务等。	辨识和评估工作，并且有足够的可用信息来正确使用历史保护咨询委员会规章（《美国联邦法规》第36编第800.5条）中关于影响和有害影响的标准，那么管理总体规划过程中就能完成对某个既定行动的商讨工作；管理总体规划终稿中也有关于这次商议过程的文档。 由于管理总体规划的本质越来越概念化，因此可能会缺少关于辨识和处理历史财产的特异性，以及对历史财产的潜在影响；对于规划中的许多（如果不是大部分）行动而言，管理总体规划团队可能无法完成《国家历史保护法》第106条规定的商议程序。因此，管理总体规划终稿中应当包含一份需要进一步商议的行动列表，并列出可能出现进一步商议现象的未来规划阶段。另外，由于不同的州级历史保护专员或部落历史保护专员喜欢别人用不同的格式来提交资料，所以规划团队在花费大量时间制定详细表格和进行分析之前，应与合适的州级历史保护专员或部落历史保护专员进行确认。 如果在管理总体规划或环境影响报告初稿发布之后发生了较为重要的变化，例如制定了一项新的优选方案，那么规划团队在制定环境影响报告终稿之前，必须与州级历史保护专员或部落历史保护专员以及历史保护咨询委员会就这些调整和变化进行商讨。
受影响的环境这一章节中应当说明公园的文化资源清查现状，以及在执行任何行动之前需要的额外信息、规划或研究。	不完整或完全缺失的信息应当按照“10.3.2 科学数据与其他信息”中提供的指导进行探讨。

国家历史地标潜在负面影响的特殊规划考虑

国家历史地标指的是重大历史事件的发生地点、美国名人曾经工作或生活过的地方、代表塑造了美利坚共和国的那些优秀精神的地点，能够提供关于美国历史的重要信息的地点、或者是杰出的设计与建筑典范。因其在展现或诠释美国遗产方面的非凡价值或特性，美国内政部长将这些地点指定为国家历史地标。

《国家历史保护法案》（第110【f】条）、历史保护咨询委员会规章（《美国联邦法规》第36编第800.10条）以及美国国家公园管理局的《美国国家公园管理政策》（最新版）都要求在规划过程中要特别关注国家历史地标，并采取措施来尽可能最大限度地减少对国家历史地标造成的任何损害。具体来看，美国国家公园管理局的《美国国家公园管理政策》（最新版）（第5.2节）指出，当提议开展的工作可能会危害到国家历史遗迹、国家战地、以及国家公园体系内的、成立时就承认其国家历史特殊显著性的其他显著文化机构时，相关公园的公园负责人就要创造机会，使历史保护咨询委员会和美国内政部长开展同等级别的审查和评议工作，而这两个机构是历史保护咨询委员会规章制度要求的，专门针对那些可能会对国家历史地标产生不利影响的行为（《美国联邦法规》第36编第800.10条）。对于作为国家历史遗址或国家战地的公园，或主要为纪念其特殊国家历史特殊显著性而建立的公园，抑或是包含国家历史地标的公园来说，其规划团队在制定管理总体规划备选方案之前应当进行广泛商讨，尽一切努力减少对相关文化资源造成的负面影响。如果有迹象表明任意一个或者全部备选方案可能会不利于此类资源，那么公园负责人就必须采取以下步骤来应对：

◆ 通知相关地区主任正在进行的、与国家历史地标相关的商议活动。

◆ 依照《美国国家公园管理局组织法》以及美国国家公园管理局《美国国家公园管理政策》（最新版）的有关规定（可参见网站www.nps.gov/protect），判定所提议的备选方案是否会构成损害。

◆ 在开始与州级历史保护专员或部落历史保护专员，以及历史保护咨询委员会进行商讨（依照《美国联邦法规》第36编第800条）之前，先将提议的备选方案以及损害的确定情况送交地区主任进行审查和评议。

◆ 如果可行的话，与地区主任共同识别并挑选可避免或最大限度降低潜在负面影响或消除损害的备选方案。分析这些备选方案时必须尽最大可能聚焦那些使国家历史地标承受的负面影响最小化、并提出了保护成果的行动。

公园负责人和地区主任经过商议共同确定了一项既可以避免负面影响同时又不会构成损害的备选方案后，依照《美国联邦法规》第36编第800

条以及美国国家公园管理局、历史保护咨询委员会以及国家历史保护官员全国会议共同签署的《2008年11月全国纲领性协议》中第五节相关规定，公园负责人将与州级历史保护专员或部落历史保护专员进一步商议。

如果州级历史保护专员和（或）部落历史保护专员不同意美国国家公园管理局得出的无负面影响的结论，依照《美国联邦法规》第36编第800.10【b】条的规定，他们应当告知地区主任、美国国家公园管理局联邦保护官员（即华盛顿地区办事处负责文化资源的副主任），以及历史保护咨询委员会。

如果公园负责人和地区主任商议之后无法确定一项可以避免负面影响和（或）不会构成损害的备选方案，那么他们应当告知联邦保护专员，并继续进行商议，从而挑选出一个可以避免或最大限度地降低潜在负面影响、或消除损害的备选方案。如果仍然挑选不出一个可消除损害的备选方案，那么就不能继续推进备选方案；联邦保护专员应当将此结果告知地区主任。

如果选定了一个可消除损害的备选方案，联邦保护专员应告知地区主任选定这个备选方案的目的是，与相应的州级历史保护专员或部落历史保护专员以及历史保护咨询委员会商讨发现的效应和负面影响。除非地区主任反对，否则公园负责人就要按照《美国联邦法规》第36编第800条的规定继续推进商议程序。如果州级历史保护专员或部落历史保护专员以及历史保护咨询委员会不同意所提出的缓解措施，那么公园负责人将与地区主任、联邦保护官员和华盛顿地区办事处主任商议，以便做出恰当回应。如果商议最后达成了一份协议备忘录，则公园负责人要将该备忘录提交给地区主任、联邦保护官员和华盛顿地区办事处主任进行审阅和评议。美国国家公园管理局局长将负责执行本局的最终协议备忘录。公园负责人必须将所有项目通信的副本提供给地区主任和联邦保护官员。

对历史财产的负面影响以及对公园资源与价值的潜在减损

历史保护咨询委员会规章（《美国联邦法规》第36编第800. 5【a】【1】条）对历史建筑物所受负面影响的定义是：

“以破坏历史财产的位置、设计、布置、环境、材料、工艺、气氛或关联性的方式，直接或间接地改变了有资格纳入国家注册名录的历史财产的特性。应当对某个历史财产的所有资格特质都进行考虑，包括那些在完成其入选国家注册历史建筑物完成最初资格评估之后陆续确定的特质。负面影响可能包括后期采取的措施、远距离移动、或是累积的措施所造成的可合理预见的影响。”

并不是所有的负面影响都会构成损害，只有达到了任意一条构成损害的标准时才能被认定为损害（可参见第 10.3.1 节中关于损害的论述）。

参考资料：《美国国家公园管理局第 12 号局长令手册》（第 2.7.D 条以及第 4.5.E.9 条）。

10.4 规定讲述环境影响所在章节的格式

可以用多种方式来设置管理总体规划 / 环境影响报告中环境影响所在章节的格式，其中一种最有效的方式（与白宫环境质量委员会条例相一致）是先根据备选方案，然后再按照话题来组织影响。另一个常用方式是首先按照影响话题组织信息，然后再依据备选方案来组织信息。当各备选方案在影响方面差异相对较小时，后一种方式尤为适用，可以消除不必要的文本重复。表 10.7 中展示了这两种方式。

表 10.7：环境影响所在章节的模板

按照备选方案组织影响	按照话题组织影响
影响分析方法和影响临界值 影响话题 1 影响分析方法 影响临界值 影响话题 2 同上 备选方案 A 影响话题 1 直接与间接影响分析 累积影响分析 结论与损害调查结果 影响话题 2 直接及间接影响分析	影响话题 1 影响分析方法 影响临界值 备选方案 A 直接及间接影响分析 累积影响分析 结论与损害调查结果 备选方案 B 直接与间接影响分析 累积影响分析 结论与损害调查结果 影响话题 2 同上

累积影响分析 结论与损害调查结果 本地短期使用与长期生产力之间的关系 不可逆转或无法挽回的资源使用方式 不可避免的有害影响 备选方案B 同上 备选方案C 同上	本地短期使用与长期生产力之间的关系 备选方案A 备选方案B 不可逆转或无法挽回的资源使用方式 备选方案A 备选方案B 不可避免的有害影响 备选方案A 备选方案B

更多信息来源：

◆ 白宫环境质量委员会：《<国家环境政策法>实施条例》（《美国联邦法规》第40编第1500-1508条）、《关于白宫环境质量委员会<国家环境政策法>条例的40个最常见问题》以及《根据<国家环境政策法>考虑累积影响》（1997）。

◆ 美国国家公园管理局：《美国国家公园管理局第12号局长令手册》(2001b)。

◆ 希普利协会：《如何撰写高质量的环境影响报告和环境评估书》（1992）。

10.5 磋商与协调

管理总体规划或《国家环境政策法》的最后一章主要阐述整个规划过程中的磋商与协调工作。这一章简要介绍了公众参与活动，包括公众会议和内部通讯，以及新闻发布稿等公共通知（但是本章不会详细讨论规划问题，提出这些问题是为了说明说明第1章中的行动，而且解决这些问题也需要采取第1章中的措施）。本章还应当描述与其他机构、官员和组织的商议过程，特别应当注明与美国鱼类和野生动物管理局以及国家海洋渔业管理局（依据《濒危物种法案》第7条）、国家海岸带管理办公室（依据《海岸地带管理法》第307条）、以及美国本地人进行的商议活动。

10.5.1 评审机构与对象列表

本章列出了一份规划资料寄送对象清单。这部分对象应当包括接受计划书副本的所有公共官员、机构、组织和个人（如果个人列表少于三页）。

通常采用分类的方式来罗列收件人：

- ◆ 国会代表；
- ◆ 联邦机构；
- ◆ 美国本土部落和机构；
- ◆ 州际民选官员；
- ◆ 州政府机构；
- ◆ 当地及地方政府机构；
- ◆ 组织与企业；
- ◆ 图书馆；
- ◆ 个人（取决于个人的数量）。

10.5.2 关于管理总体规划 / 环境影响报告初稿的意见

如果正在准备管理总体规划 / 环境影响报告终稿，则需要安排一个新的小节来总结环境影响报告初稿公众评审期间发生的一切，并整理公众评议和公众、机构和组织性会议的相关记录。要对书面和口头评论进行总结。另外，还可能需要设置一个小节来讨论对管理总体规划 / 环境影响报告初稿进行的重大调整。同时，如果公众意见中反映管理总体规划 / 环境影响报告初稿中存在不准确的信息或者错误的观点，那么还可以设定一个小节来澄清普遍存在的公众疑虑，但这一小节是个可选项。

本章必须包括所有政府机构来信的副本、收到管理总体规划 / 环境影响报告初稿的其他机构或个人的实质性意见副本、以及规划团队对这些意见的回应副本。在决定机构需要回应哪些意见时，要审查口头意见及书面意见，这一点很重要。第 12 章中论述了对实质性意见以及非实质性意见的回应方式。

参考资料：《美国国家公园管理局第 12 号局长令手册》（第 4.5.H 条以及第 4.6.A-B 条）。

10.5.3 实施管理总体规划后的未来合规要求

管理总体规划中提出的行动在执行之前，可能需要满足其他合规要求。虽然环境后果一节中已经对部分措施进行了大体评估，但却没有明确众多细节（例如确切位置、设计构思、设施大小），因而还需要开展进一步分析。在安装新设施或执行某个行动之前，可能还需要获得州政府和 / 或联邦政府的允许，并开展额外的商议工作。值得注意的是，如果在实施管理总体规划之后，仍然需要采取其他重要合规举措或大量合规举措，就应当在“磋商与协调”一节中注明。

可能需要满足其他合规要求的主题有：

- ◆ 改良设施、筹备未来的荒野研究、管理特定资源，例如消除外来物种或恢复湿地（《国家环境政策法》的要求）。
- ◆ 可能会对联邦注册濒危物种产

生影响的行动或设施（《濒危物种法案》第 7 条）。

◆ 可能会影响重要鱼类栖息地的行动或设施（《马格努森一史蒂芬斯渔业保护和管理法》）。

◆ 可能会对水资源（如湿地）造成影响的行动或设施，或可能会向美国水域排放、疏浚或投置填充物的举措或设施（第 404 条“美国陆军工程兵团的许可权”，第 401 条“水质认证”）。

◆ 可能会对收录在或者有资格纳入国家历史古迹注册名录的文化资源产生影响的措施（《国家环境政策法》第 106 条）。

◆ 涉及制定联邦法规的提议（依照《行政程序法》和《国家环境政策法》）。

◆ 可能会影响特许经营权的举措（特许经营合同）。

◆ 商业服务（《1998 美国国家公园管理局特许管理改进法案》第 418 条规定的商业用途授权）。

在采取某些行动之前可能还需要从公园管理者处获得附加许可。

10.6 管理总体规划／《国家环境政策法》文档附录和参考文献

按照《美国国家公园管理局第 12 号局长令手册》（第 4.5.I 条）的规定，管理总体规划／《国家环境政策法》文件的附件中应当包括重要的辅助材料。不是要把这些辅导资料建设成一个包括公园所有相关材料都的数据库或一座“图书馆”，“只需要包含主要的支持性数据、环境成分的相关基本描述、重要的专业报告，以及重大法律与行政管理文件、机构协议的副本，或者完整使用……【管理总体规划／《国家环境政策法》文件】以实现分析或决策目的所必需的其他信息。”

管理总体规划／《国家环境政策法》文件中通常包括两个附件：

◆ 公园的授权法或创建公园的行政命令；

◆ 与其他机构（例如美国鱼类和野生动物管理局，美国历史保护办公室）的商议信。

也可能包含其他附件：

◆ 关键的机构协议或谅解备忘录；

◆ 建筑分类列表；

◆ 漫滩或湿地调查结果声明；

◆ 对所提议的边界调整的分析；

◆ 规划中讨论过的动植物学名列表；

◆ 管理总体规划的制定过程；

◆ 优选方案的制定过程；

◆ 管理总体规划备选方案的成本估算；

◆ 荒野研究与建议；

◆ 天然河流与景观河流评估；

◆ 游客容量分析，或指标与标准

选择分析；

◆ 公园中属于州和联邦名单的植物和野生动物物种；

◆ 立法历史总结；相关法律和行政命令列表；

◆ 与公园相关的美国国家公园管理局的政策和授权；

◆ 生物评估；

◆ 当地分区条例；

◆ 交通研究总结。

管理总体规划/《国家环境政策法》文件中还应设置一个参考文献的章节。根据白宫环境质量委员会条例，参考文献和关键词索引是环境影响报告的必备内容；《美国国家公园管理局第12号局长令手册》（第4.5.I条）另外指出应当包含一份词汇表——尽管一般认为这一部分是可选项——（如同缩略词词汇表）。《美国国家公园管理局第12号局长令手册》（第4.5.H条）还指出环境评估书中应当有参考文献、术语词汇表和缩略词词汇表。

参考文献（也称为参考书目或引用书目）应当包括文件中引用的所有资料的来源，包括网络资源和个人通信。此外也可能包括一些虽然没有直接引用、但是对于制定规划或《国家环境政策法》来说十分重要的参考资料。这些参考资料可以按照作者姓名的字母顺序排列，或是根据主题排列。关于引文格式的详细说明，可参见2005年丹佛管理中心发布的《编辑参考手册》（美国国家公园管理局2005c）。

环境影响报告中要求设置一个小节，列出编制人员名单，并建议在环境评估书中也设置这样一个小节。依照白宫环境质量委员会条例（《美国联邦法规》第40编第1502.17条）和《美国国家公园管理局第12号局长令手册》（第4.5.H.2条），环境影响报告中必须列出主要负责编制文件的人员名单及其相关资质（规划团队）。名单应当包括公园员工和参与规划制定工作的其他人员（例如丹佛管理中心的规划人员、协商人员等）。这一小节中还应列出主要编制人员、各自所负责的部分、专业特长、主要经历、主攻学科等。通常，在管理总体规划/环境影响报告中主要编制人员名单需要包含的信息有：专业职称、在美国国家公园管理局和（或）其他联邦机构的工作年限、学位以及规划过程中的主要责任。此外，名单中也应当提到后来退休或离职的人员。

下文所给示例是关于公园规划团队成员通常应包括什么内容：

简·史密斯，文化资源专家，学士、硕士（历史保护方向）；15年美国国家公园管理局工作经验；主要负责文化资源相关章节的评审工作，包括文化资源描述和这些资源所受影响的评估工作等。

编制人员名单中还可以包括其他重要贡献者，例如公园、地区以及华盛顿地区办事处的员工、咨询委员会成员、出版服务行业的工作人员（如编辑、绘图人员）等，但不用说明这些人员的资质。

11. 识别优选方案和环保优选方案

11.1 优选方案

优选方案是美国国家公园管理局认为最能够实现其法定使命与责任的备选方案，这种判断过程建立在规划团队进行的《国家环境政策法》分析和独立的价值分析等基础之上，其中后者通过对各备选方案的一次性成本估算进行对比来考虑预期结果。

在选择优选方案初稿之前，跨学科小组成员——包括公园负责人和地区代表——要审查分析结果、公众意见、预计成本估算值和管理政策等，确保备选方案准确反映了规划工作中搜集和准备的信息。一旦他们认为备选方案初稿的范围正好合适，那么则可以使用价值分析流程将备选方案与美国国家公园管理局使命和在规划调查阶段识别出的主要问题进行平等比较。对比过程中需要回答的问题有：

◆ 提议的备选方案之间有什么差异优势？差异优势有多大？

◆ 各备选方案间的差异优势是否重要？

◆ 这些优势是否值得投入相应的成本？

优选方案初稿可能是最初考虑的方案之一，也可能是若干备选方案众要素的结合，抑或是一个全新的备选方案。

公园负责人和跨学科小组将备选方案初稿（包括推荐的优选方案）提交给地区主任，由地区主任负责备选方案的最终审批，包括挑选美国国家公园管理局优选方案。地区主任在挑选美国国家公园管理局的优选方案时，可能会发现价值分析过程中得出的备选方案的价值并不是最大的，而是另一个备选方案。价值分析只是一个决策辅助工具，其他决定要素也可能会影响地区主任的最终抉择。选择某个优选方案的依据和理由应当纳入管理记录，并且最终要出现在管理总体规划 / 环境影响报告的决议记录中，或者是管理总体规划 / 环境评估书的无重大影响的调查结果中。选择某项优选方案时使用的流程和选择依据也可以包含在管理总体规划优选方案描述部分，或备选方案所在章节的引言中，或者是以附录形式出现。对于公众和未来的公园管理者及决议制定者而言，选择某项备选方案的理由都应当清晰易懂。

如果在发布管理总体规划 / 环境影响报告初稿进行审议时，已经确定了优选方案，那么则应当在管理总体规划 / 环境影响报告初稿的文本或附函中予以说明。选定优选方案有助于公众在评审初稿过程中关注自身评论。如果尚未选定优选方案，则可以理解为在实现美国国家公园管理局的法定使命和责任上，任何一个或所有的备选方案都具有同等价值。但在管理总体规划 / 环境影响报告、或管理总体规划 / 环境评估终稿中，就必须在文本中明确最终选择的优选方案。

需要注意的是，环境影响报告中的所有备选方案在分析影响时详细程度必须保持一样。环境影响报告中每个备选方案的分析程度应当与优选方案的分析程度大体相似，从而保证评审者能够对备选方案进行有效评价和比较。此外，环境影响报告还必须保持客观公正，与其他合理且可行的备选方案相比不能够表现出支持优选方案的倾向。

优选方案的概念与环保优选方案的概念不同（详见下文）。

考虑每个问题时应明白怎样做符合道德和审美要求，并且在经济上具有可行性。

——阿尔多·利奥波德

11.1.1 选择优选方案的程序

美国国家公园管理局进行规划的目标在于确保其做出的决定能够尽可能地有效并高效地履行其使命。如同《美国国家公园管理局组织法》中所指出的，美国国家公园管理局的使命包括两方面：

“促进并规范……国家公园……的使用，目的是在保护公园范围内的景色、自然和历史物件，以及野生动植物，以合理的方式提供娱乐享受，使其免受损害，为后代所用。”

——《美国国家公园管理局组织法》（《美国法典》第 16 卷第 1 条）

美国国家公园管理局这一使命的特性在于实现相关非货币利益。例如，在科罗拉多大峡谷边缘独处静坐或凝望落日，或徒步穿越宰恩国家公园的纳罗斯峡谷，或者是观赏独立钟，并且思考国家起源，而这些体验的价值何在？如何评价这些优势条件，怎样用金钱来衡量？在这一过程中如何使用价值评估方法？

国会强调美国国家公园管理局应当制定一个衡量收益和成本的、更加“显著客观”的优先级设置系统。为回应这一政策，1996 年美国国家公园管理局开始在其建设项目优先级设置过程中使用优势选择法，从而引入了

"收益 - 成本"的决策思路。

实践经验表明，优势选择法为制定决议提供了合理方法，而且与依据传统衡量因素所做出的决定相比，优势选择法能够提供更加清晰明确的文件依据和收益 - 成本权衡结果。而今，优势选择法是美国国家公园管理局决策者惯用的评估方法，特别是在所作决议涉及到必须评估备选方案之间非货币利益时。使用优势选择法进行的价值评估能够使跨学科小组了解相关机构和利益相关者所重视的备选方案的属性，利用这些信息就有可能制定出一个优选方案，使得在多种情况下美国国家公园管理局都能够以更少的投入获得更多的优势条件。

虽然优势选择法已经是美国国家公园管理局使用的主要决策方法，但在使用结果与成本的关系来识别价值最大的备选方案并公布相关决定时，也可能会使用其他决策方法。在考虑每一个备选方案时都要思考这样一个问题："该备选方案和其他备选方案在结果上的不同与两者在成本上的不同是否价值相当？"除此之外，还要考虑其他几个方面：

◆ 考虑所有可行的备选方案。

◆ 充分考虑用于评估备选方案的要素，确保每一个要素都合理可靠，并且与调查过程中发现的问题相关。

◆ 根据这些要素对所有备选方案进行平等测试。

◆ 确保解决方案具有成本效益。

◆ 收益 - 成本关系。

◆ 考虑公众的意见和观点。

无论采用何种决策过程，重要的是地区主任应当根据对所有备选方案的相对优势进行比较，并确定预期优势是否值得预估成本，在这种深刻分析基础之上来选择优选方案。另外，用文件证明选择某个优选方案的依据也很重要。

11.1.2 优势选择法

优势选择法关注的是各备选方案之间的差异。各备选方案的共同要素在选择优选方案中无关紧要，因而不予考虑。这一流程使得跨学科小组能够集中讨论对公园管理来说各备选方案存在真正差异的方面。

优势选择法并不预先设定各个要素的重要性，或显示某些要素的重要性自然要比其他要素突出。这样做就排除了围绕资源或游客哪个更加重要而展开无特殊显著性的争论。相反，优势选择法专注于备选方案之间的差异，并且要确定这些优势的重要性。这一过程为比较各备选方案的重要性或收益提供了一个统一尺度，所得结果反映了备选方案在帮助美国国家公园管理局实现其机构使命方面的总体效果。之后将成本加入评价过程中，

就能得出 “重要性－成本”比率，这有助于规划团队明确哪个备选方案或者备选方案中的哪些要素在每美元的单位成本上创造的效益最大。

优势选择法作为一个决策系统，建立在一个原则之上，即两个备选方案之间的差异可以看成是某个备选方案的优点或者是另一个备选方案的缺点。从理论上讲，如果一项差异既是某个备选方案的优点，同时又是另一个备选方案的缺点，那么这个差异则可能会被统计两次。然而，为了使得决策过程简洁、清楚，优势选择法只对每项差异罗列一次——作为优势，之后再根据各个评价要素来比较不同的备选方案，明确各自的优势，并在此基础之上做出决定。最后通过衡量和总结这些优势（而不是评价要素本身）来确定优选方案。优势选择法系统最突出的强项之一在于其基本原理：决议必须基于相关事实。例如，“保护自然资源重要还是保护文化资源重要”这类型问题就是“无事实基础的”——找不到实质性的依据来做出判断。而缺乏相关依据，就无法做出一个令人信服的决议。实际上，优势选择法流程所关注的问题是“在保护自然资源及其过程方面哪个备选方案的优势最大？”，以及“在保护文化资源方面哪个备选方案的优势最大？”，并且围绕每一个问题对各备选方案进行比较。跨学科小组可能会发现各备选方案在自然资源保护方面呈现的优势差异相对较小，而在文化资源保护方面的优势差异比较显著。在这种情况下，关注事实而非价值就可以大大简化决策过程。通过采用优势选择法等价值分析流程，规划团队能够在识别优选方案和在对各备选方案进行主要权衡时所使用的各因素之间建立一种有逻辑的、可追踪的联系。

优势选择法使用了一系列基于字典释义的词汇和定义。使用这种方法时应理解这些词汇并保持使用行为的正确性和一贯性，这一点很重要。下文将通过“一群人将去露营，使用了优势选择法来决定选择哪个露营场地”的例子，来解释这些词汇的定义及其在优势选择法中的用途。表 11.1 左侧是这些词汇在优势选择法中的定义，右侧则通过选择露营场地的示例来说明词汇。

表 11.1：优势选择法使用范例

思考的主题：一群人将使用优势选择法来决定挑选哪个露营地

优势选择法的定义	示例：选择露营场地
要素：描述各备选方案之间差异的某个决定的元素或构成。任何时候都不要主观掂量各要素的重要性。	要素： ◆ 水源； ◆ 帐篷点； ◆ 台地； ◆ 私密性。 不适合决定以上要素中哪一项比其他各项更重要，需要做的只是搜集更多关于场地条件的实际信息，而且需要考虑差异（优势）的重要性。
属性：某一备选方案中某项要素的特点、品质或影响。	水源要素的属性： 场地 8：距离 60 英尺远 场地 19：距离 260 英尺远 场地 23：距离 150 英尺远 该属性描述了各备选方案的水源要素方面的情况（此处仍然没有使用到价值）。
优点：两个备选方案属性之间的有利差异。一个备选方案的劣势就是另一个备选方案的优势，无一例外。恰当地阐述一项优点对于向别人解释相关决议来说十分关键。	水源要素的优点： 场地 8：近 200 英尺 场地 19：无优势 场地 23：近 110 英尺 在水源要素方面，最不具备比较优势的是场地 19，因为它离水源最远，因而没有任何优势。其他备选方案的优势都是与场地 19 进行比较的，离水源越近，优势就越大。

优势选择法决策过程中有五个基本步骤：

- ◆ 总结每个备选方案的属性。
- ◆ 判断每个备选方案的优势。
- ◆ 判断每项优势的重要性。
- ◆ 权衡优势的成本与其总体重

要性。

◆ 总结做出的决定。

下文中的论述将展示优势选择法是怎样帮助露营者挑选露营场地的。

步骤一：总结每个备选方案的属性

下表展示的是示例中各备选方案的属性，值得注意的是属性单元格中只应当包括条件描述，并不涉及价值评判。解释属性时存在一个常见的错误，即总是比较这些属性而不是描述条件，例如“场地 8 比场地 23 平坦得多”。比较各备选方案是下一步将要讨论的内容。

表 11.2：优势选择法中如何总结属性

要素	**备选方案**					
	场地 8		场地 19		场地 23	
要素 1——水						
属性	60 英尺远		260 英尺远		150 英尺远	
优势						
要素 2——帐篷点						
属性	中等平坦		几乎平坦		相当倾斜	
优势						
要素 3——台地						
属性	无台地		无台地		有台地	
优势						
要素 4——私密性						
属性	靠近道路、距离近		有遮蔽物、距离远		有遮蔽物、距离近	
优势						
优势总体重要性						

步骤二：判断每个备选方案的优势

确定哪些属性构成一项优势，整个团队在这一点上要达成共识，这是很重要的。例如，他们必须都认同离水源更近是一个优点，因为水的密度和重量比较大，所以搬运距离更短就体现出一种优势。恰当描述优势是非常关键的——随后总结决议理由时还会用到。

最不会被选择的属性为每个要素提供了一种“底线”，通过与该“底线”进行比较，就可以得出其他备选方案的优点。最不会挑选的属性没有任何优势，因而无“优势”项。

表 11.3：明确优势

要素	备选方案					
	场地 8		场地 19		场地 23	
要素 1——水						
属性	60 英尺远		260 英尺远		150 英尺远	
优势	近 200 英尺				近 110 英尺	
要素 2——帐篷点						
属性	中等平坦		几乎平坦		相当倾斜	
优势	适度较为平坦		更加平坦很多			
要素 3——台地						
属性	无台地		无台地		有台地	
优势					相对于无台地，有台地	
要素 4——私密性						
属性	距离近、靠近道路		有遮蔽物、距离远		有遮蔽物、距离近	
优势			由于遮蔽物和位置偏远，私密度更高		因遮蔽物而具有适度私密性	
优势总体重要性						

步骤三：判断每项优势的重要性

判断优势的重要性时通常要考虑以下四点：

1. 决议的目的和背景

2. 使用者和利益相关者——受到决议影响的、或者对决议感兴趣的人的需求与偏好

3. 优势的大小——优势中的差异相对较小还是明显具有实质性特殊显著性？

4. 相关属性的大小——如何比较各个属性？

在对露营地以上四点考虑事项进行分析之后，圈出对于每项要素而言最重要的优势。

表 11.4：确定每项优势的重要性

要素	备选方案					
	场地 8		场地 19		场地 23	
要素 1——水						
属性	60 英尺远		260 英尺远		150 英尺远	
优势	近了 200 英尺				近了 110 英尺	
要素 2——帐篷点						
属性	中等平坦		几乎平坦		相当倾斜	
优势	适度较为平坦		更加平坦很多			
要素 3——台地						
属性	无台地		无台地		有台地	
优势					相对于无台地，有台地	
要素 4——私密性						
属性	距离近、靠近道路		有遮蔽物、距离远		有遮蔽物、距离近	
优势			由于遮蔽物和位置偏远，私密度更高		因遮蔽物而具有适度私密性	
优势总体重要性						

挑选最重要优势——也是主要优势中最重要的优势。此处选定的不是最重要的因素，而是备选方案中最重要的优势（差异）。最重要优势将作为衡量其他所有优势重要性的基准。决定最重要优势时需要跨学科小组进行充分讨论，并对目标、特殊显著性、利益相关者诉求等方面进行周全考虑。这是整个流程中一个具有挑战性的部分，主要是因为它需要非常缜密的思考、讨论和文件。

挑选最重要优势的一个有效方式是采用“防御者 / 挑战者”方法。小组成员首先需要回答一个问题，即“决议中的哪一项优势比较重要，是 x 中的优势（选择一个评价要素——具体哪一个并不重要）还是 y 中的优势（选择另一个评价要素——同样具体哪一个也不重要，因为最终会覆盖所有的评价要素）？”一旦确定 x 或 y 中的某个优势相对来说更加重要之后，小组成员还需要接着回答“决议中的哪一项优势比较重要，是 x 中的优势（第一个问题中选择的评价要素）还是 z 中的优势（选择另一项评价要素）？”一直持续这一过程，直到选出“最重要优势”。注意此处比较的是每项评价要素的优势，而不是评价要素本身。

一旦选择出了“最重要优势”，接下来就要制定决议的重要性标准，通常通过打分的方式（满分为 100 分）进行。“最重要优势”的分数可以作为给其他各项优势评分的标杆，这一标杆就是最高分，也是其他所有优势进行比较的基础[1]。在所给露营地示例中，可能需要考虑比较“近 200 英尺”、“最为平坦”、“相对于无台地，有台地”和“由于遮蔽物和位置偏远，私密度更高”等优势。

表 11.5：确定“最大优势”

要素	备选方案					
	场地 8		场地 19		场地 23	
要素 1——水						
属性	60 英尺远		260 英尺远		150 英尺远	
优势	近了 200 英尺				近 110 英尺	
要素 2——帐篷点						

1. 数值可以是 10 或 200，只需要流出足够的区间来表达优势差异，但大多数规划小组喜欢将数值设为 100.

属性	中等平坦		几乎平坦		相当倾斜	
优势	适度较为平坦		更加平坦很多			
要素 3——台地						
属性	无台地		无台地		有台地	
优势					相对于无台地，有台地	
要素 4——私密性						
属性	距离近、靠近道路		有遮蔽物、距离远		有遮蔽物、距离近	
优势			由于遮蔽物和位置偏远，私密度更高	100	因遮蔽物而具有适度私密性	
优势总体重要性						

判断各剩余的最重要优势的重要性。衡量所剩下的每一项最重要优势的重要性，并与“最重要优势”进行直接或间接比较。必须依照同一重要性标准来衡量所有优势，连续为每项要素的最重要优势打分，与“最重要优势”进行比较，并且各要素的最重要优势之间也要进行比较。这些跨学科讨论是制定良好决议的核心，应记录下这些讨论内容和重要性赋值依据，这一点很重要，而且将有助于随后解释相关决定。在这个露营地例子中，必须思考与“由于遮蔽物和位置偏远，私密度更高”这个最重要优势相比，“近 200 英尺”、“更加平坦很多”以及“相对于无台地，有台地”有多重要。

表 11.6：确定剩余的重要优势

要素	备选方案					
	场地 8		场地 19		场地 23	
要素 1——水						
属性	60 英尺远		260 英尺远		150 英尺远	

优势	近 200 英尺	40			近 110 英尺	30
要素 2——帐篷点						
属性	中等平坦		几乎平坦		相当倾斜	
优势	适度较为平坦		更加平坦很多	70		
要素 3——台地						
属性	无台地		无台地		有台地	
优势					相对于无台地，有台地	65
要素 4——私密性						
属性	距离近、靠近道路		有遮蔽物、距离远		有遮蔽物、距离近	
优势			由于遮蔽物和位置偏远，私密度更高	100	因遮蔽物而具有适度私密性	
优势总体重要性						

在判断剩余的每一项优势的重要性时，赋予某一特定要素中最重要优势的评分就是衡量这一要素中其他优势重要性的标杆，而且这些优势的分数必须小于或等于这一要素中最重要优势的分数。一项要素中最不重要优势（表格中用下划线标注的优势）的评分为0，并且不用考虑这一评分。这一要素中的其他优势的评分就要限定在0分和最重要优势的得分范围之间；如果优势一样，则评分也相同。在露营地例子中，应当注意的是场地8和场地19都没有台地，因为这对于要素3来说属于最不会选择的属性，因而两个场地的这一项要素的评分都是0。

表 11.7：确定其他优势

要素	备选方案					
	场地 8		场地 19		场地 23	
要素 1——水						
属性	60 英尺远		260 英尺远		150 英尺远	
优势	近 200 英尺	40		0	近 110 英尺	30
要素 2——帐篷点						
属性	中等平坦		几乎平坦		相当倾斜	
优势	适度较为平坦	30	更加平坦很多	70		0
要素 3——台地						
属性	无台地		无台地		有台地	
优势		0		0	相对于无台地，有台地	65
要素 4——私密性						
属性	距离近、靠近道路		有遮蔽物、距离远		有遮蔽物、距离近	
优势		0	由于遮蔽物和位置偏远，私密度更高	100	因遮蔽物而具有适度私密性	45
优势总体重要性						

一旦确定了每项优势的重要性得分，就需要检查分数之间的逻辑性，从而确保所给出的分数前后保持一致，这一点很重要。例如，要素 1 中场地 23 的重要性得分为 30，要素 2 中场地 8 的重要性得分也是 30，这两个分数是否等同？如果发现得分不一致，则需要继续开展小组讨论来修改部分分值，直到小组对重要性评分结果的逻辑一致性感到满意后，再对各场地的重要性得分进行汇总。

表 11.8：汇总优势

要素	备选方案					
	场地 8		场地 19		场地 23	
要素 1——水						
属性	60 英尺远		260 英尺远		150 英尺远	
优势	近 200 英尺	40		0	近 110 英尺	30
要素 2——帐篷点						
属性	中等平坦		几乎平坦		相当倾斜	
优势	适度较为平坦	30	更加平坦很多	70		0
要素 3——台地						
属性	无台地		无台地		有台地	
优势		0		0	相对于无台地，有台地	65
要素 4——私密性						
属性	距离近、靠近道路		有遮蔽物、距离远		有遮蔽物、距离近	
优势		0	由于遮蔽物和位置偏远，私密度更高	100	因遮蔽物而具有适度私密性	45
优势总体重要性		70		170		140

如果所有备选方案的成本都一样，那么就选择优势总体重要性得分最高的那个。在上述露营地例子中，如果所有场地的露营费用都一样，那么就应当选择场地 19，因为这一备选方案的优势最为显著。

步骤四：权衡成本和优势总体重要性

如果各备选方案的成本不一样，那么跨学科小组就必须判断成本更高的备选方案中优势总体重要性是否有显著提高。这个过程也是在评估额外收益是否值得付出相应的成本。

在露营场地的例子中，假设露营场地运营者知悉有些场地的条件比其他场地更受欢迎，因此可能会收取更高的费用，此时露营者还会不会做出同样的选择呢？

表 11.9：衡量费用和优势总体重要性

要素	备选方案					
	场地 8		场地 19		场地 23	
要素 1——水						
属性	60 英尺远		260 英尺远		150 英尺远	
优势	近 200 英尺	40		0	近 110 英尺	30
要素 2——帐篷点						
属性	中等平坦		几乎平坦		相当倾斜	
优势	适度较为平坦	30	更加平坦很多	70		0
要素 3——台地						
属性	无台地		无台地		有台地	
优势		0		0	相对于无台地，有台地	65
要素 4——私密性						
属性	距离近、靠近道路		有遮蔽物、距离远		有遮蔽物、距离近	
优势		0	由于遮蔽物和位置偏远，私密度更高	100	因遮蔽物而具有适度私密性	45
优势总体重要性		70		170		140
每晚总费用		$3		$20		$4

在这个例子中，场地8的重要性总分为70分，在三个备选方案中分数最低，但其费用也最低。场地19的重要性总分为170分，是三个备选方案中最高的，但是其优势重要性值不值得花费比场地8多5倍的费用？场地23的重要性总分为140分，但其成本也相当低，仍然具有众多优势。

重要性－成本分析图

将重要性－成本相关数据绘制成图，能够为决策过程提供一种视觉化辅助手段。一条陡峭的上升趋势线说明不用太大成本就能大大增加优势总体重要性，因而可能具有良好价值；而如果上升坡度较小、没有坡度或者坡度不断递减，则表明虽然花费了大量金钱，但是优势总体重要性却没有相应增加，因而并不具备良好价值。

图 11.1：重要性－成本分析图

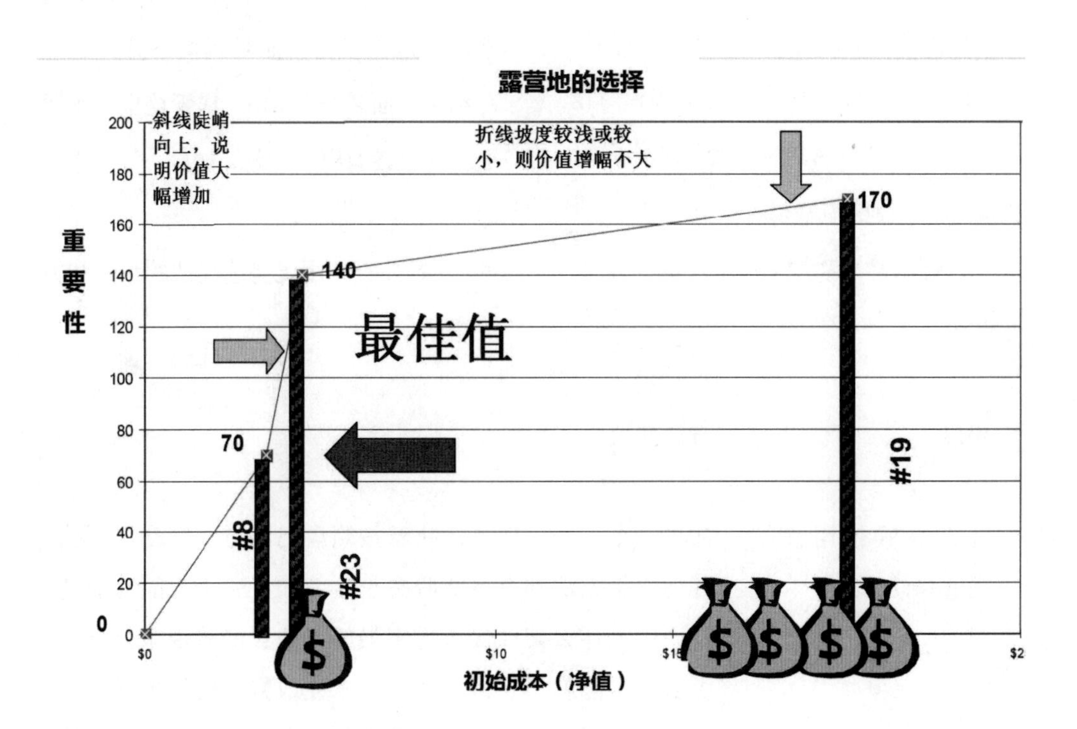

优势选择法本身并不能制定出一定决议，它只能提供相关参考信息。在露营场地的例子中，小组如果不介意支付比次优场地费用($4)多4倍的金额($20)，那么他们也可以选择优势重要性最大的场地；但如果露营者的预算有限，他们则可能会选择场地23，因为它提供了较多的有利条件，费用却比场地19便宜许多。

虽然优势选择法所得结果可以为挑选优选方案提供有用信息，但需要具备一定常识。在这一阶段，需要退一步重新考虑所作决定：所作决定是否合理？是否有其他备选方案可供选择？所作决定是否代表利益相关者的观点？决议制定过程中是否存在错误？是否需要修订要素、优势和重要性评分等？

同时，也可以凭借这个机会来改进优选方案，可能会借鉴淘汰掉的备选方案，取其精华。如果费用是个重要因素，则要格外小心；应当考虑吸收其他备选方案的优势是否值得投入更多费用。

步骤五：总结上述决定

借助优势陈述和讨论过程中所作笔记来总结选择某项备选方案的理由，这个过程需要包括一个核心陈述和总结，以便每个小组成员都能够简单解释所作决定。在上文“露营场地选择”的例子中，决议总结中可能需要记录以下信息：

我们选择了场地 23，因为其具有以下优势：

◆ 比较具有私密性。

◆ 距离水源近 110 英尺。

◆ 有一个野餐台地（其他场地均不具备）。

◆ 价值最大——以合理的费用提供了突出的有利条件。

虽然该场地较为倾斜，但以上罗列的优点更为重要。

如果在这一决定中费用因素并不重要，那么优选方案则可能会是场地 19，因为其优势总体重要性最大——它更加平坦、最为私密，而且人们愿意为这些有利条件而多花费 $16，尽管这里离水源更远而且没有野餐台地。

11.1.3 使用优势选择法的手段和方法建议

手段	方法建议
什么时候使用优势选择法。	如果一个人一意孤行，执意按照自己的方式行动，那么任何决策方法都有可能脱离正轨。如果一个人能够清楚地说明为什么某项优选方案最好，并且能够说服公众，那么他可能就不想再花费时间来完成整个优势选择法流程。如果需要做出一个基于相关事实、且能立得住脚的决定，那么就需要使用优势选择法，并在小组合作中贡献自己的专业知识和价值。
致力于实现共同目标	进行有益且充分的辩论是这一流程的核心，但是顺利通过这一流程还必须做出一些妥协。取得成功的关键在于愿意努力达成共识。

找到充足的信息	在开展优势选择法流程之前，规划团队应当对预期结果（特别是在基础资源与价值方面的预期结果）、环境影响、以及每项备选方案的一次性成本等内容有大致了解。期望状况（可参见第 7 章）、影响评估（可参见第 10 章）以及成本预估（可参见第 9 章）等部分会包含并体现这些信息。
召集跨学科小组，联合熟悉优势选择法的机构来开展工作	虽然 CBA 流程图非常直观，但仍然建议邀请拥有相关流程经验的专业机构来指导规划团队完成整套流程，这样可以确保正确使用优势选择法，从而得出令人信服的最终决定。因为优势选择法专业机构不属于规划团队，因而更有可能保持中立并避免在规划过程中产生偏见。
明确关键要素	要素是决议的关键构成部分——体现各备选方案之间的差异所在。列举要素的例子时可以包括各备选方案： ◆ 如何保护或改善基础资源或价值？ ◆ 如何使游客体验的多样性最大化？ ◆ 如何防止资源损耗？ ◆ 如何维持并改善资源条件？ ◆ 如何提供游客服务以及教育和娱乐机会？ ◆ 如何保护公众的健康、安全和福利？ ◆ 如何改善环境的可持续性，并减少公园对气候变化的影响？ ◆ 如何改善公园运营的效率和效果？ ◆ 如何保护员工的健康、安全和福利？ ◆ 如何向国家公园体系提供其他有利条件？
描述备选方案的属性	属性是备选方案中某一要素的特质或重要性。为说明这一步骤，表 11.10 列举了两个要素及一部分属性的相关示例。描述属性过程中存在一个常见的错误，即经常使用比较性的语言来阐述优势，而不是通过描述特质的方式来进行说明。例如，不应当使用“去往悬崖和海滩的可选途径更多”这种表述方式，而应当描述为“去往悬

	崖和海滩有两种途径可供选择”。
确定对于每一个要素来说，哪个备选方案体现出的重要性最大。	确定重要性时要考虑以下四点： ◆ 决议的目标和条件——对于管理总体规划而言，这涉及优势如何有助于实现公园目标、维护公园特殊显著性和基础资源。 ◆ 游客和利益相关者的需求和偏好——这一点主要涉及受该决议影响并对决议感兴趣的人们。这也表示优选方案决策过程中哪里体现了公众参与和公民参与中收集到的信息。 ◆ 优势大小——各备选方案的优势差异相对较小还是显然有很大不同？ ◆ 相关属性的重要性——如何对属性进行比较？所提议的措施是否会影响公园兽群中的一对麋鹿或者是仅有的三只北美洲灰熊中的任意一只？ 附录 J. 1 中给出了以上分析方法的一个模板，附录 J. 2 中包含有供管理总体规划使用的完整模板。
制作一份图表，用一次性总成本的斜线图来展现优势重要性，以此来说明每个备选方案的相对价值。	示例：价值分析 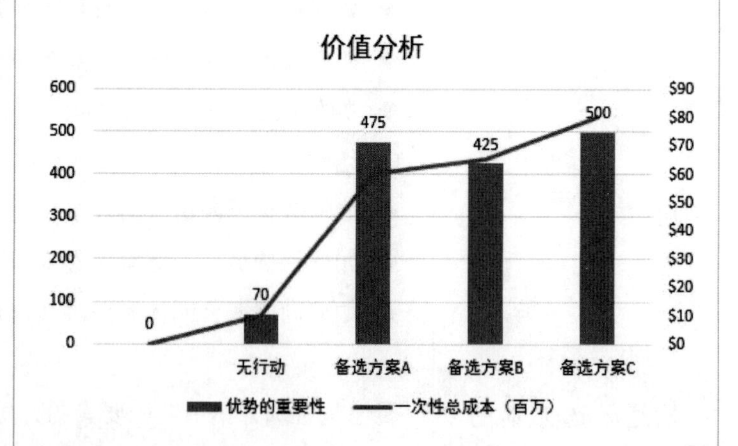
检查整个过程，确保挑选的备选方案提供的价值最大。	优势选择法中有一个步骤称作“复核”，专门介绍这一点。

记录下整个流程。	优势选择法中的细节都应当纳入管理记录中，包括挑选优选方案时所使用的要素。需要时也可以将优势选择法的相关细节收录在管理总体规划 / 环境影响报告或管理总体规划 / 环境评估书的附录部分。

参考资料：关于如何使用优势选择法的更多指导可查询国家公园管理局官网。

表 11.10：优势选择法中使用的属性示例

要素 1：提供通往显著公园特色园区的便捷通道		
备选方案 1	备选方案 2	备选方案 3
属性：可以从静湖搭乘摩托艇和橡皮筏抵达悬崖和海滩。	属性：可以从静湖搭乘摩托艇和橡皮筏抵达悬崖和部分海滩，但摩托艇无法抵达索利蒂德海滩的大部分区域。	属性：从静湖去往悬崖和大部分海滩只能搭乘橡皮筏。
优势：摩托艇和橡皮筏的自由通达度非常好。	优势：橡皮筏的自由通达度非常好；摩托艇的自由通达度也比较好，只是无法抵达索利蒂德海滩。	优势：无优势可列。（这是最不可能选择的备选方案，因为这个要素描述的是“提供通往显著公园特色园区的便捷通道”，并且不包括游客团体。游客体验上的差异性【搭乘橡皮筏去往悬崖和海滩的游客不会受到摩托艇的噪音骚扰】将在另一项要素中进行评估。要素 1 仅仅考查到达方式。）
要素 2：保护自然资源和自然过程		
备选方案 1	备选方案 2	备选方案 3

属性：雷岭露营场地的低环路和通往“走投无路”景点的道路周围的湿地功能有所增强。	属性：重新设计雷岭露营场所为恢复当地湿地提供了机会。	属性：新建了通往“无路可走”景点的道路，以及建造博马露营场地，可能对湿地造成新的负面影响。
优势：对于之前已经受到干扰的湿地区域提供了较好的保护。	优势：能够更好地保护资源和自然过程，湿地修复工作也有很大改善。	优势：无优势可列（最不可能选择的备选方案，因为此项要素描述的是“保护自然资源和自然过程”，并且属性中还指出将会对两个区域的湿地产生新影响。）

11.2 环保优选方案

在对所有备选方案完成环境分析之后，就必须选定一项环保优选方案并进行描述。在接近备选方案这一章节的结尾处会将环保优选方案作为一个单独的标题进行说明。

环保优选方案能够推动《国家环境政策法》（可参见第101【b】条）中罗列的国家环境政策：

◆ 作为环境受托人，充分完成每一代人对子孙后代负有的环保责任。

◆ 保证所有美国人所处环境安全、健康、富饶，并且在美学和文化上都令人赏心悦目。

◆ 在不会造成环境恶化、或引发健康和安全风险、或者产生其他不良的、非故意性后果的情况下，实现对环境的最大有利使用。

◆ 保存并维护重要的国家历史、文化和自然遗产，并且尽可能地维护能够提供了多样化个人选择的环境。

◆ 有的资源使用类型能够提供高品质的生活、并且能够使人们广泛共享生活便利，应当在这种资源使用类型和人口之间达成平衡。

◆ 提高可再生资源的质量，并且不断努力使对有限资源的循环利用最大化。

文本中应当说明哪个备选方案是环保优选方案，并从以上六个目标方面来阐述原因。更加具体来讲，文本中最好能够对所有的备选方案进行比较和对比，从而评估每个方案在实现以上六个目标方面的情况。尽管通常情况下这六个目标不仅提到了资源保护问题，还包含游客使用和娱乐机会等方面的内容。例如，目标3、4、5指出要“实现最大有利使用”；“为人们提供可进行多样化选择的环境”；

以及“在人口和资源使用之间达到平衡”和“广泛共享生活便利设施”。挑选环保优秀方案时可能会难以判断或抉择，尤其是必须平衡某项环境价值与其他价值时；但是通过挑选环保优选方案，能够向美国国家公园管理局决策者和公众清楚呈现各备选方案的优缺点。

没有一项政策或法律要求美国国家公园管理局优选方案和环保优选方案必须是同一个备选方案，尽管大多数情况下它们常常确实是同一个。理论上规划团队在选择美国国家公园管理局优选方案时会选择那些在环境保护方面的优势比环保优秀方案小一些的备选方案，例如，某栋历史建筑物正对自然资源构成损害，那么移除这个建筑物可能是一项环保优秀方案；但是美国国家公园管理局优选方案可能是要保护这栋建筑物，同时也认识到，即使采取了缓解措施，但从环境保护方面来看，所选择的备选方案的效果仍然不及将建筑物移除的效果。

当美国国家公园管理局优选方案和环保优选方案不是同一个时，规划团队可能会受到来自美国国家公园管理局其他部门以及公众的核查和质疑：为什么环保优选方案不是美国国家公园管理局优选方案？因此，文档中必须充分且完整地说明选择某项优选方案的理由和依据。

描述环保优选方案的相关范例可参见附录 J.3。

参考资料：《美国国家公园管理局第 12 号局长令手册》（第 2.7.D 条和第 4.5.E.9 条）。

12. 规划初稿评审、环境影响报告终稿、决议记录、环境评估书、无重大影响的调查结果和规划书终稿

12.1 规划初稿的评审

12.1.1 内部评审

在发布文件进行公众评审之前，关于规划的内部审核流程和程序以及管理总体规划过程中不同环节的审批，每个地区和丹佛管理中心都有各自的规定，因此开展相关工作时应当与地区或丹佛管理中心的规划主管商议并确定相关要求。

管理总体规划制定过程中至少有两个步骤要求华盛顿地区办事处项目经理进行政策商议评审工作，这两个步骤分别是：(1) 项目协议阶段，此步骤中的商议只针对项目经理层面；(2) 对公布的管理总体规划初稿进行内部审核的阶段，此步骤中进行的商议涉及政府专门部门层面。正如美国国家公园管理局《美国国家公园管理政策》(最新版)所指出的，与华盛顿地区办事处进行商议的主要目的是让项目经理和美国国家公园管理局

领导尽早参与到重要政策决议以及规划和研究的关键阶段中来，规划过程的一个重要目标应当是确保美国国家公园管理局领导了解并支持单个公园的规划和研究工作；与华盛顿地区办事处进行商议的另一个目的是有助于确保各公园的规划与美国国家公园管理局政策保持一致，并考虑可能会成为其他公园的先例或对可能会对其他公园产生的影响。向华盛顿地区办事处提交的所有规划材料都应当在规划、环境和公共评论系统（规划、环境和公共评论系统）中进行公布（可参见附录A.4）。

在没有完成华盛顿地区办事处政策咨询，并且华盛顿地区办事处主管允许印发所公布的管理总体规划初稿之前，可能不会发放管理总体规划初稿进行公众评论。附录K.6中有关于印制文件的一份简要陈述的范例。早期进行的咨询，特别是在公众评审之前进行的咨询，在避免公众和媒体对与美国国家公园管理局政策和管理方向不一致的提议进行回应方面是必不可少的。

规划项目可能会很复杂或具有高度争议性时，建议在规划过程中的关键时间点向华盛顿地区办事处首长提交一份简报。制定初步备选方案阶段、或者在公布管理总体规划/环境影响报告初稿的可用性公告之前、间或是在最终版本的管理总体规划/环境影响报告获得了批准等阶段，都可能适合提交这样一份简报。正如第五章所描述的，应当邀请华盛顿地区办事处公园规划与特别研究部的项目管理人参加相关会议，并且应当应在计划日期之前提前两天将会议概要寄送给公园规划与特别研究部，确保规划管理人和收到会议概要的官员了解一些关于所讨论的话题的背景知识。

国家公园构成了美国瑰宝的长廊……在人口增长导致空间变小的年代，它们变得尤为珍贵。然而，国家公园的未来取决于它们所服务的公众所具有的监护意识、关注度和理念。在一个民主国家，我们获得所应得的，并留下能够反映我们自身及我们所处时代的遗产。

——迈克尔·罗梅，《危机中的国家公园》（1982年）

12.1.2 管理总体规划/环境影响报告初稿的公开评审

在向公众发放管理总体规划/环境影响报告初稿之前，必须由环境保护局和美国国家公园管理局分别公布一份《联邦公报》可用性通知。应当最先审核并发布美国国家公园管理局的《联邦公报》通知，之后，应当在环境保护局发布《联邦公报》通知之前将管理总体规划/环境影响报告寄送给相关受众。实际上，环境保护局首先要问的一个问题是：“你们是否已经向公众发放了管理总体规划

/ 环境影响报告等文件？”

注意：美国国家公园管理局《联邦公报》通知要求评论人员在发布个人识别信息时应使用标准化语言，相关要求可参见附录 D.8。

美国国家公园管理局规定管理总体规划 / 环境影响报告初稿进行公众评审的时间至少为 60 天，从《联邦公报》中发布环境保护局通知的当天算起，而不是从发布美国国家公园管理局可用性通知之日起算（可参见“4.2.3.《国家环境政策法》的公众参与要求”）。根据特定公园的具体规划需求，公众审议期可能会比《国家环境政策法》所要求的环境影响报告流程时间更长。

关于《联邦公报》程序的更多细节内容可参见附录 A.2，此外，网站 http://www.archives.gov/federal-register/write/handbook/ 中也提供了一些信息，可以用来指导如何准备文件以在《联邦公报》中进行发布。规划团队还应当与地区相关环境协调员进行商议，检查并确定提交《联邦公报》通知所涉及的其他程序。

管理总体规划 / 环境影响报告初稿的受众

规划团队必须向以下机构或个人发送环境影响报告初稿或初稿副本，并向他们征集意见：

◆ 有法律管辖权或具备特殊专长的所有联邦机构，以及所有相关且适宜的联邦、州或地方机构或印第安部落；

◆ 利益相关的或受影响的个人或组织；

◆ 要求得到初稿的个人。

管理总体规划 / 环境影响报告制定过程中通常需要与以下机构进行商议：

◆ 就受到威胁的和濒危的物种与美国渔类和野生动物管理局进行商议；就某些海洋濒危物种与国家海洋渔业管理局进行商议。

◆ 就文化资源问题与国家历史保护官员和 / 或部落历史保护官员、历史保护咨询委员会以及相关部落（如适用）进行商议。

◆ 若公园位于海岸带，则应与国家海岸带管理办公室进行商议

如果索要管理总体规划 / 环境影响报告初稿的人可以收到电子版管理总体规划 / 环境影响报告初稿，那么也可以采用电子文档的形式发送材料。同时，鉴于纸制品印刷成本高，寄送 CD 已变得越来越流行。向寄送清单上的所有机构和个人邮寄明信片，询问他们各自希望获取什么形式的管理总体规划 /EIS 初稿（如纸质版、CD 或是可以自行下载打印的网站），或者通知他们除非规划团队收到了希望获取纸质材料的请求，否则就将以 CD 形式寄送。当发放完所有的纸质 /CD 材料之后，想要获取环境影响报告的个人可以从“规划、环境和公共评论系统”、周边的图书馆或者是有相关

副本的政府部门处获取。

管理总体规划／环境影响报告初稿评审的时间表

如上文所述，从环境保护局在《联邦公报》发布可用性通知之日算起，美国国家公园管理局应提供至少 60 天的管理总体规划/环境影响报告初稿评审期。但是，仍然鼓励各公园办公室尽可能获取最新评论，从此公园负责人可以根据需要酌情决定是否延长评审时间，同时还需要由环境保护局发布相应通知。通常，决定延长评审期可能基于以下部分或全部考虑：

◆ 延长评审期是否会引起与生命或安全问题相关项目的无故延误？

◆ 批准延长评审期是否会损害整个公众参与力度？

◆ 批准延长评审期是否会危及必须立即做出的决议？

◆ 延长评审期是否会对自然、文化资源甚至资金来源造成负面影响？

通常，在没有正式宣布延长审议期的情况下，可能适合收集审议期结束后前几天内收到的反馈意见。

公众会议或听取会

规划团队可以提供对管理总体规划／环境影响报告初稿进行口头评审的机会，但应在环境保护局在《联邦公报》中发布可用性通知 30 天后就立即召开此类会议或听证会。白宫环境质量委员会相关规定要求，出现下列任一情况时，规划团队就应组织公众评审会议：

◆ 所提议的措施的存在重大环境争议，或是公众对召开此类会议有很大兴趣。

◆ 对规划中所提议措施有管理权限的其他机构要求召开此类会议，并且有充分的理由。

会议形式可以是研讨会、座谈会、听证会或是其他类型，但必须允许参会者就管理总体规划／环境影响报告初稿表达真实想法。参会者的发言时间可以控制在几分钟之内，以确保所有想要发表观点的人都有机会发言，而且参会者都应当清楚会议的目的是就初稿是否合理收集意见，而不是对赞成或反对优选方案进行投票。公众会议期间参会者可以通过书面形式表明态度，是赞成还是反对管理总体规划/环境影响报告初稿，或者也可以鼓励他们在之后的审议期内以书面形式进行回应。

应当通过在当地报纸上刊登通知或广告、直接邮寄通知、发送电子邮件、在当地人群聚集地张贴海报等形式，或是通过社区或其他组织等来告知公众本次会议。新闻报道通常受媒体意见的影响，因而不如付费广告可靠，并且也没有后者效率高。

使用规划、环境和公共评论系统来分析并回应公众关于环境影响报告初稿的意见

规划、环境和公共评论系统（规划、

环境和公共评论系统）中的公众沟通、材料整理和意见分析等模块（步骤6和7）是满足《第12号局长令》中关于公众意见与回应等相关要求的有效手段。公众可以通过填写在线意见表（http://parkplanning.nps.gov）直接在规划、环境和公共评论系统中投递评审意见。公园需要从纸质信件或口头表述中搜集信息，之后再人工输入意见内容。两者相比，规划、环境和公共评论系统使得这一转换过程更加简单方便，因此强烈建议将规划、环境和公共评论系统作为公众唯一可用的电子意见收集途径，以减少人工输入所花费的时间。通过在规划过程中反复引导公众使用规划、环境和公共评论系统网站（为了评论公开调查、评审时事通讯等），可以使系统中直接收集的意见数量最大化，同时使员工工作量最小化。

由于规划、环境和公共评论系统是一个基于网络的系统，因此可以简化回应过程，因为所有的意见信都以电子方式储存在某个中心位置，所有小组成员在多个地点都可以获取这些信息。

一旦将所有的意见信都存储到规划、环境和公共评论系统中，那么就很容易标记每封信件的实质性内容。可以使用主题或学科代码来对意见进行分类汇总，归纳为不同的问题主题，并且可以同时答复涉及相同问题的多个意见。

规划、环境和公共评论系统的另一个好处是其自动化字符识别系统在收到信件时能够自动检查套用信函。一旦确定了主要的套用信函，系统就会拿它与其他来信进行比较：如果系统核查发现信中至少90%的字符与主要的套用信函相一致，那么就可以把这封信件标记为套用信函。对于这类信件就不需要再提取实质性意见内容或单独进行编号，因为这种流程只适合用于主要的套用信函。

规划、环境和公共评论系统生成的报告对观察、分析和回应公众意见十分有用。这些报告可以以超文本标记语言、Word文档或是Excel表格的形式进行下载，供规划团队进行进一步处理。

在整个公众评审期内，规划团队可以利用规划、环境和公共评论系统报告来判断公众观念的发展趋势、识别环境影响报告初稿中哪些方面需要重新考虑、或者筹备面向美国国家公园管理局经理或者相关合作机构的吹风会。由于规划、环境和公共评论系统是联网的，每次获取的报告都是自动更新过的，从而规划团队成员能够获取最新消息。

完成意见分析工作之后，“问题回应”报告中就会有每个代码（话题）下的每个关注点（问题）的回复和代表性回应文本。对于任意一份无重大影响的调查结果或环境影响报告终稿来说，“问题回应”报告都非常关键，因为它揭示了规划团队是如何回应公众意见的——这也是《第12号局长令》以及《国家环境政策法》的要求。

持续改进和提高《国家环境政策法》中的公共文件和评论分析模块（步骤 7，以便为更广泛的游客群提供更强大的功能。改进后的这一步骤有利于规模较小的项目更加方便地运用规划、环境和公共评论系统进行管理，并且使得只收到少量意见来信的规划团队能够逐一处理意见内容，而不用建立一套代码体系或者创作一份关注事项声明。步骤 7 中的报告功能也得到了拓展，允许一定的灵活性。现在游客可以自定义报告，只反映涉及自身需求的领域，如同一份“特别报告”。在规划、环境和公共评论系统主页的“工具”按钮下有很多辅助信息和培训材料，包括一份关于步骤 7 的常见问题解答清单。

管理总体规划 / 环境影响报告初稿的商议 / 协商文档

管理总体规划 / 环境影响报告初稿中应当包含公众参与和机构商议的简明过程、编制小组成员名单及其专业方向、受众名单和制定环境影响报告过程中使用的参考文献清单。如果是环境影响报告终稿，这部分还必须包含评论回应。规划团队需要准备的材料有：

◆ 描述所有的公开调查活动或者其他公众参与工作。

◆ 总结在确定问题和影响性话题的过程中、制定备选方案和缓解措施的过程中、以及编写环境影响报告的过程中所进行的重大协商工作，包括与国家历史保护官员、历史保护咨询委员会、美国鱼类和野生动物管理局、国家海洋渔业管理局和国家海岸带管理机构（如适用）所进行的商议活动。应当注意商议讨论中没有解决的环境问题或矛盾。罗列出进行过协商的所有相关联邦、州和地方机构、全国性组织和专家。

◆ 描述现有的或提议的合作机构机制，或是按照其他法律和规定所进行的商议，包括与印第安部落进行的政府间的商议活动。（以下材料应附在环境影响报告后，或者随时供公众查阅：协议或谅解备忘录、正式协议、主要合作协议以及证明相关法律或规定最终符合要求的相关文件，例如国家历史保护办公室的意见。）

◆ 总结为认定和包括将受到提议和备选方案影响的低收入群体和少数民族所采取的措施。

12.2 环境影响报告终稿

在完成管理总体规划 / 环境影响报告初稿的公众评审之后，规划团队应当制定并发布环境影响报告终稿。

12.2.1 回应意见

规划团队必须彻底处理在 60 天评审期内公众或机构所提出的所有书面或口头意见，并且尽一切合理努力考虑提出的问题或提议的其他备选方案。规划团队通常注重对书面意见进行分析，然而不要忘记分析公众会议意见也同样重要。

实质性意见

根据《美国国家公园管理局第12号局长令手册》（第4.6.A条）中所指出的，实质性意见的定义符合以下一种或多种情况：

（1）质疑环境影响报告中信息的准确性，并且有合理依据

（2）质疑环境分析的充分性，并且有合理依据

（3）提出环境影响报告中所含备选方案之外的合理方案

（4）使所提议的措施和方案发生改变或修订

规划团队回应实质性意见有几种方式，包括：

◆ 按照要求修改备选方案。

◆ 制定并评估所推荐的备选方案。

◆ 补充、改进或调整分析内容。

◆ 根据事实纠正某些不精确的信息。

◆ 解释为什么机构没有进一步回应某些意见，列举可用来支持机构立场的依据、权威观点或者原因。

非实质性意见包括那些只简单表明赞成或反对所提议备选方案的立场、仅仅表示同意或不同意美国国家公园管理局政策的意见、或者表达某种缺少证据支持的个人偏好或观点的意见。虽然规划团队只有义务对实质性意见做出回应，但出于一些原因（例如政治因素、回应人数、澄清机构立场的需要等）还可能会有选择地回应部分非实质性意见。

回应的形式

处理实质性意见通常有两种基本方法。如果意见数量不多，规划团队则可以对来信中的实质性意见进行编号，在收到意见信后的较短时间内或立即做出回应。这种形式的范例有2004年《彩岩国家湖滨区管理总体规划/荒野研究/环境影响报告终稿》和2004年《大弯国家公园管理总体规划/环境影响报告终稿》。如果意见数量较多，则需要使用另一个方法，即将所有实质性意见按照不同的问题或话题进行解释和总结，然后再做出回应。这种方法的相关范例有2001年《芒特雷尼尔国家公园管理总体规划/环境影响报告终稿》、2005年《岩溪公园以及岩溪和波多马克林荫大道管理总体规划/环境影响报告终稿》和2007年《大沙丘国家公园与保护区管理总体规划/荒野研究/环境影响报告终稿》。

每一条实质性意见都有一定的价值，无论它是一个人还是多个人提出的意见。规划团队应当阅读并评估所有的实质性意见，并力求在分析过程中抓住所有相关的公众关注话题。面对那些简单要求改正或阐明管理总体规划/环境影响报告中某些陈述的实质性意见、或

要求增加新内容的意见时，应尽可能在文件的文本中进行回应。但是，因为公众或机构成员可能想要知道规划团队具体是如何回应他们提出的意见的，因此，也可以对每条实质性意见都给出简短回复或说明调整的部分或所在页码，而且这种方法可能也比较合适。（注意：分析时应把包含同类实质性意见的格式信函或明信片当作一条意见进行考虑，而不管通过大量邮寄收到了多少份信函或明信片。遵守这种程序就向公众强调种意见回应过程并不是统计选票的过程。）更多相关指导可以参见《美国国家公园管理局第 12 号局长令手册》。

12.2.2 缩略版管理总体规划 / 环境影响报告终稿

在不需要对环境影响报告初稿进行实质性调整的情况下，白宫环境质量委员会相关条例鼓励使用缩略版环境影响报告终稿。《美国国家公园管理局第 12 号局长令手册》中的第 4.6.D 条指出，如果只需要对环境影响报告初稿的所有意见做出少量回应（例如，纠正某些不精确的信息或者解释为什么机构没有进一步回应某条意见），则规划团队就可以制定一个缩略版环境影响报告终稿。此外，该手册还指出，“在决定是否适合制定一份缩略版环境影响报告终稿时，规划团队应当考虑项目是否具有争议性或者是否关系到国家利益、接收到的实质性意见的数量、以及项目范畴。一般来说美国国家公园管理局文件比较偏好完整版的环境影响报告终稿。”但由于预算和时间限制，常常会准备一份缩略版环境影响报告终稿。如果环境影响报告初稿满足以上条件，则可以向华盛顿地区办事处环境质量部申请制定缩略版环境影响报告终稿。一旦华盛顿地区办事处环境质量部与美国内政部环境政策与管理办公室商议后批准了申请，那么规划团队就可以着手制定一份缩略版环境影响报告终稿。

缩略版环境影响报告终稿必须包括一个封面、关于该文件必须与环境影响报告初稿共同构成完整的环境影响报告终稿的一份说明、一张勘误表、所有的意见回复、以及机构信函和实质性意见信函的副本。

根据各公园、地区和华盛顿地区办事处的情况，获得制定缩略版环境影响报告终稿许可的过程也会不同。这个过程中需要记住两个重点：

◆ 地区办公室的支持非常关键。

◆ 需要一份强有力的理由陈述（例如，用文件证明环境影响报告初稿不涉及争议性问题、公众对环境影响报告初稿没有实质性意见、管理总体规划中没有提出重大改变等）。

缩略版环境影响报告终稿的范例有第一夫人国家历史遗址、米尼多卡拘留营国家古迹和巨山影掌国家公园的管理总体规划。

12.3 决议记录

决议记录是由地区负责人签署的、认可环境影响报告某个决定的证明性文件。一份决议记录的篇幅通常是10页纸，阐述所要实施的备选方案，并具体论述选择这个方案所凭借的依据。决议记录中应当提供关于备选方案及其影响、决策者选择某个备选方案的依据和预计的缓解力度等方面的足够详细的信息，保证阅读者不查阅环境影响报告就可以理解这些问题。

白宫环境质量委员会相关条例（《美国联邦法规》第40编第1505.2条）规定决议记录中应当包含以下内容：

◆ 对环境影响报告中分析的所有备选方案的总结性阐述。

◆ 辨识环保优选方案的过程。

◆ 论述做出某项决议所凭借的依据，包括在挑选备选方案时所采用的标准（例如，成本、环境影响度、技术方面的考虑、目标实现程度、后勤保障等）、如何衡量这些标准、以及怎样用这些标准来比较各个备选方案。

◆ 明确声明如果缓解措施不是明显属于所选备选方案，那么则应当实施这些缓解措施；另外还应总结所有的监测项目、其他执行项目或计划。关于缓解措施和监测的说明要足够充分，以便使公众据此判断这些措施是否得到了有效落实，但却不必像环境影响报告中的内容一样详尽。

◆ 声明是否会采纳可用来避免或最大限度地降低所选备选方案的环境影响的所有可行措施；如果不是，则说明理由。

除这些要求之外，《美国国家公园管理局第12号局长令手册》（第6.2条）还罗列了在签署决议记录之前必须满足的其他一些要求。

损害——基于EIS分析中呈现的和决议记录中总结的事实，决议记录必须指明在充分评审即将实施的备选方案的影响之后，认为其不会对公园资源或价值造成损害，或不会违反《美国国家公园管理局组织法》的相关规定。

湿地／漫滩——如果所选备选方案中部分提议措施的实施地点位于湿地或漫滩内，或者可能对它们造成负面影响，那么EIS初稿和终稿中都必须包含一份湿地或漫滩影响声明。、地区负责人签署这份声明之后，则可以将其作为一份单独的可辨识文档附在决议记录之后。

历史建筑物——如果即将实施的备选方案可能会对历史建筑物造成影响，那么根据《国家历史保护法》第106条的相关规定，就需要与有关机构进行商议。第106条审议过程中所收集的信息必须包含在环境影响报告中，而且签署决议记录之前必须完成地106条的所有程序。决议记录中必须包含有按照《国家历史保护法》第106条进行相关商议活动的阐述。

受威胁物种和濒危物种——《濒危物种法案》第7条中规定的所有商议工作都必须在签署决议记录之前完成。

海岸带——如果公园位于海岸带内，那么签署决议记录之前需要由相关政府机构发布一份海岸带管理一致性声明。

决议记录，或者是决议记录概要，必须在《联邦公报》和当地的记录报上进行公布（可参见“4.2.3 《国家环境政策法》中的公众参与要求”）。另外，决议记录还必须在规划、环境和公共评论系统中进行公布。应当注意的是《联邦公报》上发布了决议记录通知之后才能够实施相关管理总体规划。

管理总体规划/环境影响报告中决议记录的范例可参见附录K.4。

12.4 管理总体规划/环境评估书的特殊考虑事项

上文所述的关于管理总体规划/环境影响报告的所有内容也同样适用于管理总体规划/环境评估书。但是，两种文件之间仍然存在一些差异，下文将进行论述。此外，也可以参见表1.3中管理总体规划/环境评估书的工作流程，以及第5章中关于《美国国家公园管理局第12号局长令手册》的有关内容。

12.4.1 管理总体规划/环境评估书的公开评审

《美国国家公园管理局第12号局长令手册》明确要求，必须在当地记录报和美国国家公园管理局规划、环境和公共评论系统网站上发布可用性通知之后，向公众提供至少30天的管理总体规划/环境评估书审议时间。不同的管理总体规划/环境评估书提供的公众审议期限会有所不同，这取决于公园本身和多种因素，如备选方案的范畴、即将召开的公众会议次数、最近一次制定管理总体规划距今的时间跨度、待解决的关键问题的多少、所涉及利益的层次、利益相关者的数量、正在进行的或悬而未决的其他事项、承诺完成的其他计划是否已经定期交付、部落协商情况、与其他政府机构进行商议的复杂程度、参与团体的数量、管理总体规划中是否包括荒野或其他方面的研究、公众评审管理总体规划的时间安排等。所有这些因素都会影响到关于公众审议最佳时间长度的决定。如果公众审议是规划过程中最有价值的环节，那么则非常有必要将公众审议时间增加到30天以上。

虽然没有要求就环境评估书专门召开公开调查会议，但是大多数情况下仍然会召开公众会议。如同《美国国家公园管理局第12号局长令手册》（第5.5.C条）所指出的，当地记录报刊登广告或发布可用性通知之日（二者中较晚的那个日期）起15天后就应立即召开公众会议。环境评估书的审议期必须在最后一场会议结束之日后起延续至少15天。

与管理总体规划/环境影响报告不同，管理总体规划/环境评估书没有终稿的概念。发布管理总体规划/环境评估书之后，规划团队应当检查所有的书面和口头意见，并判断其中是否提出了新的重大问题、合理的备选方案或缓解措施。《美国国家公园管理局第12号局长令手册》（第5.5.D条）指出，如果评审者提出了尚未完全解决的、重要的实质性问题，或者是提出了规划团队希望考虑的新的备选方案，那么就必须重新编写并发布环境评估书。如果有意见指出所选备选方案可能对环境造成了显著影响，并且规划团队最终也认定了这一判断，那么就必须制定一份环境影响报告（可参见表1.3中管理总体规划/环境影响报告要求经历的步骤，以在《联邦公报》上重新发布意向公告作为开端）。

如果所提意见内容只是纠正或添加一些事实信息，而与重大影响判定工作无关，或者不会加重环境评估书中所阐述的影响程度，那么则应当使用勘误表将这些信息附加到文本中去。如果其他实质性意见并不需要改变环境评估书的文本内容，那么规划团队则应当在"回应公众意见"的独立章节中对这些意见进行回复。环境评估书、勘误表和对公众意见的回应共同构成了撰写无重大影响的调查结果时所依据的记录文件。

12.4.2 无重大影响的调查结果与环境评估程序完结

在公众审议期结束后就要分析公众意见，并在勘误表中注明所作的相应调整和对意见的回应；假设不存在实质性影响，那么这时候就应当着手制定一份无重大影响的调查结果。管理总体规划的无重大影响的调查结果通常需包含以下内容：

- 阐述优选方案及选择依据；
- 缓解措施；
- 考虑过的备选方案；
- 辨识环保优选方案及辨识依据；
- 如果所选的与优选方案不是环保优选方案，则要解释理由；
- 解释为什么优选方案不会对人类环境造成显著影响（例如，逐条解释为什么白宫环境质量委员会的各个显著性标准在此处都不适用）；
- 损害结果；
- 总结公众参与活动；
- 需要时还应当包括与其他机构的商议记录（例如，按照《国家历史保护法》第106条或《濒危动物法案》第7条进行的商议）；
- 结论陈述；
- 如有必要，还应将"回应公众意见"部分当作对实质性公众意见的答复，并单独附在无重大影响的调查结果后面；
- 如有必要，应附上处理事实错误的勘误表；

◆ 如有必要，应描述对湿地或漫滩的研究结果。

关于无重大影响的调查结果内容的更多详细信息，以及关于缓解措施、勘误表和其他合规性要求的更多要点，则可以参见《美国国家公园管理局第 12 号局长令手册》第 6.3 条。关于无重大影响的调查结果初稿的范例可参阅附录 K.5。

完成管理总体规划 / 环境评估书流程还需要满足其他一些要求，包括应在当地报纸和《联邦公报》上发布通告，宣告已经签署了无重大影响的调查结果，以及在管理总体规划实施之前需要预留 30 天的等待期（可参见表 1.3 和“4.2 《国家环境政策法》对管理总体规划的要求”）。

12.5 终版计划书（展示规划书）

签署了决议记录并在《联邦公报》上公布之后，有些情况下还需要制定一份终版展示规划书（与《国家环境政策法》所有合规性文件相分离），以此指导未来 15 到 20 年的公园管理工作。这项计划是可选项，而是否制定这样一份计划书则由公园员工决定，但是所作决定应当写入项目协议中。展示规划书是用来与合作伙伴和其他利益相关者共享关于公园目的和长期目标等信息的一份公共文件。管理总体规划展示规划书不需要批准签字，因为地区负责人签署决议记录时就意味着整个规划已经通过了审批。但必须警惕环境影响报告或环境评估书终稿中展示的规划不能有任何实质性变动。

公园展示版管理总体规划中应当包含以下信息：

制定展示规划提纲的两种常用方法可参见附录 K.7。

表 12.1：管理总体规划终稿的典型提纲

主标题	副标题 / 内容
引言	概要——管理总体规划的目的是什么？ 历程简要回顾——何时、用何种方式制定的规划？
基础评估	公园的目的——为什么要留出这片土地？ 公园的特殊显著性——为什么说公园特殊且重要？ 要诠释的主要主题——所有游客都需要了解公园的哪些

	内容？ 特殊要求——什么样的特殊协议或者法律授权可能会与公园目的相冲突？ 美国国家公园管理局法律与政策要求——概述制约国家公园体系中所有机构的联邦法律、政策和规定。 基础资源和价值——对于维护公园目的和特殊显著性来说，什么至关重要？
计划	概念——公园的未来发展愿景是什么？ 管理分区——公园需要维护的、与公园目的和基础资源及价值相一致的资源条件和游客体验所覆盖的地域。 期望状况——关于公园所需资源条件、游客体验机会、以及分区基础上的特定区域的管理、开发和开放类型和水平的区域特定指导；还包括游客容量指标和标准。 边界调整——建议进行的、符合法律标准的公园边界调整，以及调整理由。
附录	法律——包括公园成立法副本或公告副本。 决议记录或无重大影响的调查结果——包括已签署的决议记录副本或无重大影响的调查结果副本。 对规划制定流程的总结，包括相关准备文件。
参考书目	规划制定过程中参考了哪些资源？
编制与商议人员	参与规划制定的人员有哪些，各自的专业是什么？规划制定过程中哪些人参与了商议工作？

12.6 项目收尾

管理总体规划流程中的一个重要部分就是项目收尾，这部分应当包含：

- ◆ 后项目评审；
- ◆ 管理记录的整理与归档；
- ◆ 对实施计划需要采取的下一步工作的讨论。

12.6.1 后项目评审

整个管理总体规划流程中还有一个

非常重要的步骤就是后项目评审，这部分主要是检查规划过程中的优点和不足，从而帮助国家公园管理改进未来的管理总体规划。关于组织后项目评审的更多信息可以与华盛顿地区办事处公园规划与特别研究部进行确认，该机构开发设计了一份调查表，一些公园的管理总体规划中已经在使用，例如拉森火山国家公园、魔塔国家古迹以及圣塔莫妮卡山脉国家休闲娱乐区等。

推荐参与后项目评审的人员有：

◆ 公园负责人；

◆ 规划团队组长；

◆ 公园、地区和丹佛管理中心（如果适用）的主要参与员工；

◆ 主要合作伙伴；

◆ 华盛顿地区办事处规划项目领导。

后项目评审的目的在于：

◆ 明确并分享公园规划中主要的成功经验，以改进其他项目；

◆ 识别公园规划中效果欠佳的方面；

◆ 找出未来项目中有可能节省的成本；

◆ 通过总结成功的经验和失败的教训，完善美国国家公园管理局管理总体规划的整体制定流程。

应当完成以下两项后评估工作：

1. 签署决议记录之后，个人应当填写一份标准调查问卷（最低要求）；附录K.1中有两种后项目评审表格的副本（一种给公园负责人，另一种给参与规划工作的人员）。最终完成的所有调查问卷应寄送给华盛顿地区办事处公园规划与特别研究部。

2. 规划团队的主要成员以及其他项目相关人员应当通过会面或电话会议的方式，来共同讨论和分享他们所观察和领悟到的内容。撰写一份简短的报告，强调那些值得与其他规划人员共享的成功的关键方面，并应当提交给华盛顿地区办事处公园规划与特别研究部。

12.6.2 管理记录

管理记录收集了记录美国国家公园管理局决策过程的一系列联邦记录文件，同时也确定最终行政行动的基础。为了应对按照《信息自由法》的要求和/或诉讼（可参见附件K.2），有必要保存一套完整有序的管理记录。在诉讼案中，法庭会查阅该项目的所有管理记录，从而判断美国国家公园管理局的措施是否存在独断专行、变化莫测、滥用职权或者不遵守相关法律等情况。

如果规划团队没有编写整个管理记录，则会大大影响机构对某个备受质疑的决策进行辩护，也不利于法院的审查工作。

管理记录中应当包含的文件有：

◆ 与美国国家公园管理局项目、决策活动、政策以及相关事务有关的信息；

◆ （单个或多个）美国国家公园管

理局员工以官方名义创建或收到的文件；

◆ 包含的主题事项涉及某授权美国国家公园管理局活动；

◆ 回答主体、内容、原因、地点、时间以及方式等问题的文件。

管理记录中所应包含材料的相关范例有：

◆ 规划团队在制定与文件内容、需要详细检查的问题以及备选方案等内容相关的关键决定时的会议记录或笔记。

◆ 公众参与活动的相关文件，包括公共会议、电话和电子邮件的记录。

◆ 信件，包括所有的公众意见来信（复印文本和电子版）。

◆ 相关辅助文件，例如地图、报告 / 研究、媒体出版物和视频、照片、地理信息系统数据层、数据库以及可检索的网络数据库等。

◆ 内部文件（辅助研究、白皮书、评审意见、随后将用于编制环境评估书或环境影响报告的主要阶段性初稿、公众意见与回复）。

◆ 公共文件（包括新闻通稿、环境影响报告 / 环境评估书、决议记录、无重大影响的调查结果、网站公告等）。

如果在决定是否将某一份文件纳入管理总体规划管理记录中时存在疑问，那么为了保险起见，最好将其包括在内。

将文件印制出来后，负责编写管理记录的部门就应当将某个项目的管理记录中的所有文件整合成一份纸质版文档。这一职责应当在项目协议中予以明确（可参见下文的“记录的管理”）。

记录的管理

管理总体规划管理记录经过汇总、编排和登记以后，就被提交到丹佛管理中心的技术信息中心。丹佛管理中心的技术信息中心是收录关于新建项目、重大修缮工程、以及主要的公园规划和研究等方面的所选美国国家公园管理局记录的中央文库。正如《第 19 号局长令：记录的管理》和相关手册所描述的，公园和相关部门必须提交属于丹佛管理中心的技术信息中心当前收录范围内的文件。无论丹佛管理中心是否直接参与了该项目，都适用上述要求。同时，公园员工也有责任保留公园和 / 或地区的中心文档库中与公园规划过程相关的记录。

关于规划过程的联邦记录有四个主要文库（可参见附录 K. 3）：

◆ 项目信息报备系统——在制定或收到与决策相关的通信和其他文件时，可以发送到项目信息报备系统的“荷花记录”邮箱，也可以在项目收尾期间单独提交这些文件。

◆ 丹佛管理中心的技术信息中心——制定或收到研究、评估、调查、报告以及管理总体规划、环境影响报告和环境评估书的初稿和终稿等文件时，可以提交到该技术信息中心，或者在项目收尾期单独提交这些文件。打算发送或已经发送给公众的所有规划和新闻通告应当以电子文档的形式提交给该技术信息中心。

◆ 合同——工作范围、任务单、合同变更以及其他财务记录都需要提交到丹佛管理中心合同管理处或者是公园/地区的合同管理办公室。大部分此类记录将通过美国国家公园管理局电子桌面采购系统提交给合同管理官员。

◆ 公园中心文档库——生成的或保留的联邦规划记录需要进行编码并存放到公园/地区的中心文档库中。

无论联邦记录存储在哪个文档库中，所有包含有原始签名的文档都要以复制文本的形式进行保存。

规划、环境和公共评论系统与管理记录

根据项目性质和复杂程度，规划、环境和公共评论系统可以用作项目管理记录所需部分主要文件和辅助文件的来源，这样能够大大节省查询要式表格所花费的时间和工作量。规划、环境和公共评论系统可以用来生成表格、报告以及其他需要签署的文件，还可以用来打印报告、调查结果、研究成果、公共意见及回应内容、以及系统中存储的其他项目相关材料。但是，规划、环境和公共评论系统不能够成为"纸质复印文本"管理记录的替代物，因为管理记录要求文件中必须有真实的签名，而这是规划、环境和公共评论系统无法存储的。

有些事项必须纳入管理记录中，但是规划、环境和公共评论系统中却无法捕捉相关信息，例如关于项目的日常往来信件以及一些项目相关决议。规划、环境和公共评论系统中也没有收集管理记录中所必须包含的电子邮件文档。

关于管理记录的更多指导可以参见《第88号局长令：诉讼所需文件》，http://home.nps.gov/applications/npspolicy/DOrders.cfm 网站上有公布。

12.7 管理总体规划的实施

一旦完成了管理总体规划，公园员工就需要明确在可预见的未来公园应当最优先开展哪些活动。更新公园项目计划和战略规划应当排在前面，因为它们解决的是具体问题。公园员工开始确定需要准备或更新什么计划，或者是决定需要开展什么活动时，应邀请管理总体规划的主要编制成员继续参与并共同商讨，这样做才可能比较合适。例如，为了实施新通过的管理总体规划，需要制定相应的规章制度，应当就成本预算申请准备项目管理信息系统声明，并且可能需要完成额外的场地规划工作等。如同《公园规划项目标准》所指出的，这些"后管理总体规划"探讨活动不能预先制止公园的项目管理或战略规划流程，但却应当渗透进去，对两者产生影响，并促使将这些想法和流程整合成一个可用于指导公园规划与决策的单个框架。

附录列表[2]

- ◆ 附录 A：华盛顿地区办事处磋商和协调程序
- ◆ 附录 B：项目启动
- ◆ 附录 C：法律要求章节示例
- ◆ 附录 D：公众参与
- ◆ 附录 E：基础评估
- ◆ 附录 F：备选方案
- ◆ 附录 G：游客容量
- ◆ 附录 H：管理供体规划成本估算工具示例
- ◆ 附录 I：影响分析
- ◆ 附录 J：优势选择法和环保优选方案
- ◆ 附录 K：项目竣工
- ◆ 附录 L：规划数据需求和来源
- ◆ 附录 M：带有注释的适用法律、行政命令和政策列表

2. 所有附录，可登陆网址 http://parkplanning.nps.gov/GMPSourceBook.cfm 上查阅。